地区电网调控运行人员岗位培训教材

王 波 ◎ 著

中国纺织出版社有限公司

内 容 提 要

本书总结提炼了国家电网公司，浙江省和宁波市供电公司颁布的电控运行各种管理规定，规范了调控运行交接班、设备运行监视、故障应急处置等流程，对调度及监控专业规范化、标准化工作有很好的推动作用；同时本书可以作为电网调度和监控人员的岗位培训教材，进一步提升调度、监控人员的业务水平；也可以作为电网调度、监控专业竞赛的实践考试试题；还可以作为调控人员日常工作中拟写工作票及操作票的范本，真正做到一本通。

图书在版编目（CIP）数据

地区电网调控运行人员岗位培训教材 / 王波著 . --北京：中国纺织出版社有限公司，2022.10
ISBN 978-7-5180-9981-8

Ⅰ.①地… Ⅱ.①王… Ⅲ.①电力系统调度－岗位培训－教材 Ⅳ.①TM73

中国版本图书馆 CIP 数据核字（2022）第 198043 号

责任编辑：张 宏 责任校对：高 涵 责任印制：储志伟

中国纺织出版社有限公司出版发行
地址：北京市朝阳区百子湾东里 A407 号楼 邮政编码：100124
销售电话：010—67004422 传真：010—87155801
http://www.c-textilep.com
中国纺织出版社天猫旗舰店
官方微博 http://weibo.com/2119887771
三河市宏盛印务有限公司印刷 各地新华书店经销
2022 年 10 月第 1 版 第 1 次印刷
开本：787×1092 1/16 印张：18.5
字数：328 千字 定价：89.90 元

凡购本书，如有缺页、倒页、脱页，由本社图书营销中心调换

前言

　　本书是电网调度及监控专业人员岗位培训教材，以提升电网调控人员职业能力为宗旨。本书不仅介绍了电网基础知识，如电网组成及厂站接线概述、一二次设备基础、调控管理规范及岗位要求；还对电力监控系统功能进行了阐述，如电力监控系统的信息分类及信号释义、无功电压控制、遥控操作、信息联调以及监控处置的基本流程和处置方式；此外，介绍了电网调控及操作方式，对日常调度应用，如PAS、DTS、AVC、典型异常及故障处置进行了重点分析。本书理论与实践相结合，图文并茂，知识点全面，能够有效地提升电网调度及监控人员的业务水平，对电网监控及安全调度有重要意义。

著　者

2022 年 4 月

目 录

地区电网调控员岗位培训组织和学时管理 1

第一部分 公共基础 15

第一章 电网概述 15
第一节 电网组成 15
第二节 厂站接线 19

第二章 设备基础 25
第一节 一次设备 25
第二节 二次设备 34

第三章 调控管理 62
第一节 制度规范 62
第二节 岗位要求 78

第二部分 电网监控 86

第四章 监控系统 86
第一节 系统介绍 86
第二节 功能应用 88
第三节 优化设置 91

第五章 监控信号 93
第一节 信息分类 93
第二节 信号释义 95

第六章 监控操作 116
第一节 无功控制 116
第二节 遥控操作 119
第三节 信息联调 120

第七章　监控处置 122
第一节　基本业务流程 122
第二节　典型事故处理 124

第三部分　电网调度 126
第八章　电网调控 126
第一节　频率调整 126
第二节　电压调整 132
第三节　负荷控制 133
第四节　负荷预测 137
第九章　电网操作 140
第一节　单一设备操作 140
第二节　关联设备操作 143
第三节　新设备启动操作 145
第十章　调度应用 147
第一节　PAS 147
第二节　DTS 149
第三节　AVC 150
第十一章　调度处置 153
第一节　典型异常处理 153
第二节　典型事故处理 166

附录A　地区电网调度术语 179
附录B　地区电网操作术语 188

地区电网调控融合手册 193
地区电网调控员岗位试题集 202

参考答案 263

地区电网调控员岗位培训组织和学时管理

第一部分　公共基础

第一章　电网概述

一、阶段目标

1. 熟悉电能从产生到用户用电的整个过程；
2. 了解电网主要由哪些部分组成；
3. 熟悉典型变电站接线方式。

二、组织方式

■集中授课　　□分组学习　　□岗位见习　　□外委培训

三、培训形式

■理论讲解　　□专题汇报　　□专题讲座　　■现场培训　　□仿真操作

四、学时管理

序号	培训内容	培训课时	培训地点	课时小计
1	电网组成	1	培训课堂	5
2	发电厂	1	培训课堂	

续表

序号	培训内容	培训课时	培训地点	课时小计
3	变电站	2	培训课堂/变电站	5
4	输电线路	1	培训课堂	

五、评价方法

■理论笔试　　□随堂提问　　□上机测试　　□专题报告　　□专业面试
□情境模拟　　□反事故演习

第二章　设备基础

一、阶段目标

1. 熟悉变电站的典型光字表；
2. 掌握各光字的含义；
3. 掌握各光字的处置方法；
4. 掌握OPEN3000信号分类原则。

二、组织方式

■集中授课　　■分组学习　　■岗位见习　　□外委培训

三、培训形式

■理论讲解　　■专题汇报　　■专题讲座　　□现场培训　　■仿真操作

四、学时管理

序号	培训内容	培训课时	培训地点	课时小计
1	变电站的典型光字表	8	培训课堂	32
2	各光字的含义	8	培训课堂	
3	各光字的处置方法	8	培训课堂	32
4	OPEN3000 信号分类原则	8	培训课堂	

五、评价方法

■理论笔试　　■随堂提问　　■上机测试　　■专题报告　　■专业面试
■情境模拟　　■反事故演习

第三章　调控管理

一、阶段目标

1. 掌握调控相关的制度规范；
2. 掌握调控常用的规范术语；
3. 了解调控员应具备的技能要求；
4. 了解调控员应具备的职业素养。

二、组织方式

■集中授课　　■分组学习　　■岗位见习　　□外委培训

三、培训形式

■理论讲解　　□专题汇报　　□专题讲座　　■现场培训　　□仿真操作

四、学时管理

序号	培训内容	培训课时	培训地点	课时小计
1	调控相关的制度规范	5	培训课堂	
2	调控常用的规范术语	2	培训课堂	10
3	调控岗位要求讲解	3	培训课堂	

五、评价方法

■理论笔试　　■随堂提问　　□上机测试　　□专题报告　　■专业面试
■情境模拟　　■反事故演习

第二部分　电网监控

第四章　监控系统

一、阶段目标

1. 了解监控系统的组成形式及信号上传原理；
2. 熟悉信号分类原则，掌握查询和操作方法；
3. 了解系统的功能，熟悉信号抑制方法。

二、组织方式

■集中授课　　□分组学习　　□岗位见习　　□外委培训

三、培训形式

■理论讲解　　□专题汇报　　□专题讲座　　□现场培训　　■仿真操作

四、学时管理

序号	培训内容	培训课时	培训地点	课时小计
1	系统及网络组成	4	培训课堂	28
2	信号分类	8	培训课堂	
3	查询与操作方法	8	机房	
4	系统功能	8	机房	

五、评价方法

■理论笔试　　□随堂提问　　■上机测试　　□专题报告　　□专业面试
□情境模拟　　□反事故演习

第五章　监控信号

一、阶段目标

1. 熟悉变电站的典型光字表；
2. 掌握各光字的含义；
3. 掌握各光字的处置方法；
4. 掌握 OPEN3000 信号分类原则。

二、组织方式

■集中授课　　■分组学习　　■岗位见习　　□外委培训

三、培训形式

■理论讲解　　■专题汇报　　■专题讲座　　□现场培训　　■仿真操作

四、学时管理

序号	培训内容	培训课时	培训地点	课时小计
1	变电站的典型光字表	8	培训课堂	32
2	各光字的含义	8	培训课堂	
3	各光字的处置方法	8	培训课堂	
4	OPEN3000 信号分类原则	8	培训课堂	

五、评价方法

■理论笔试　　■随堂提问　　■上机测试　　■专题报告　　■专业面试
■情境模拟　　■反事故演习

第六章　监控操作

一、阶段目标

1. 了解无功电压调节的原理，熟悉调节的目标及方法；
2. 熟悉遥控操作的原则，记忆紧急情况下可进行的遥控操作；
3. 了解信息联调概念，熟悉信息联调方法和安措要求。

二、组织方式

■集中授课　　□分组学习　　□岗位见习　　□外委培训

三、培训形式

■理论讲解　　□专题汇报　　□专题讲座　　□现场培训　　■仿真操作

四、学时管理

序号	培训内容	培训课时	培训地点	课时小计
1	无功电压调节	8	培训课堂	24
2	遥控操作	8	培训课堂	
3	信息联调方法与安措	4	培训课堂	
4	信息联调实践	4	机房	

五、评价方法

■理论笔试　　□随堂提问　　□上机测试　　□专题报告　　□专业面试
□情境模拟　　□反事故演习

第七章　监控处置

一、阶段目标

1. 熟悉一二次设备事故异常监控处理流程；
2. 熟悉监控系统异常处理流程；
3. 掌握一二次设备典型事故异常监控处理方法；
4. 掌握监控系统异常处理方法。

二、组织方式

■集中授课　　□分组学习　　■岗位见习　　□外委培训

三、培训形式

■理论讲解　　□专题汇报　　□专题讲座　　□现场培训　　□仿真操作

四、学时管理

序号	培训内容	培训课时	培训地点	课时小计
1	一二次设备事故异常监控处理流程	1	培训课堂	5
2	监控系统异常处理流程	1	培训课堂	
3	一二次设备事故异常监控处理方法	2	培训课堂	
4	监控系统异常处理方法	1	培训课堂	

五、评价方法

■理论笔试　　■随堂提问　　□上机测试　　□专题报告　　□专业面试
■情境模拟　　□反事故演习

第三部分　电网调度

第八章　电网调控

一、阶段目标

1. 熟悉电网调控的含义；
2. 了解电厂的分类、特点，熟悉出力与频率的关系、出力调整手段与影响因素等；
3. 了解电压的含义与特点、电压中枢点的含义，掌握电压调整手段、方法；
4. 了解负荷的含义、分级、特性及经济调度的概念、方法，熟悉控制负荷的意义与方法；
5. 了解负荷预测的概念、方法、影响因素等。

二、组织方式

■集中授课　　□分组学习　　□岗位见习　　□外委培训

三、培训形式

■理论讲解　　□专题汇报　　■专题讲座　　□现场培训　　□仿真操作

四、学时管理

序号	培训内容	培训课时	培训地点	课时小计
1	频率调整	2	培训课堂	7
2	电压调整	2	培训课堂	
3	负荷控制	2	培训课堂	
4	负荷预测	1	培训课堂	

五、评价方法

■理论笔试　　■随堂提问　　□上机测试　　□专题报告　　□专业面试
□情境模拟　　□反事故演习

第九章　电网操作

一、阶段目标

1. 掌握一二次设备及其对应的操作方法；
2. 熟悉地区电网相关操作及注意事项；
3. 合理安排电网操作的优先顺序；
4. 掌握变电站新设备启动方案。

二、组织方式

■集中授课　　■分组学习　　■岗位见习　　□外委培训

三、培训形式

■理论讲解　　□专题汇报　　□专题讲座　　■现场培训　　□仿真操作

四、学时管理

序号	培训内容	培训课时	培训地点	课时小计
1	设备操作方法	8	培训课堂	32
2	地区电网操作注意事项	8	变电站	
3	电网操作优先顺序	8	培训课堂	
4	新设备启动方案	8	培训课堂	

五、评价方法

■理论笔试　　□随堂提问　　□上机测试　　■专题报告　　■专业面试
□情境模拟　　□反事故演习

第十章　调度应用

一、阶段目标

1. 掌握 PAS 的概念及其常用功能；
2. 掌握 DTS 的概念及其常用功能；
3. 掌握 AVC 的概念及其常用功能。

二、组织方式

■集中授课　　■分组学习　　■岗位见习　　□外委培训

三、培训形式

■理论讲解　　□专题汇报　　■专题讲座　　■现场培训　　■仿真操作

四、学时管理

序号	培训内容	培训课时	培训地点	课时小计
1	PAS 的概念及其功能讲解演示	3	培训课堂/仿真实验室	
2	DTS 的概念及其功能讲解演示	5	培训课堂/仿真实验室	11
3	AVC 的概念及其功能讲解演示	3	培训课堂/仿真实验室	

五、评价方法

■理论笔试　　■随堂提问　　■上机测试　　□专题报告　　□专业面试
□情境模拟　　□反事故演习

第十一章　调度处置

一、阶段目标

1. 熟悉电网异常及事故处理流程及原则；
2. 了解电网常见异常的类型；
3. 熟悉常见异常的影响，掌握常见异常的处理方法；
4. 了解电网典型事故类型及影响；
5. 掌握各类电网事故处理的要点及步骤。

二、组织方式

■集中授课　　■分组学习　　■岗位见习　　□外委培训

三、培训形式

■理论讲解　　□专题汇报　　■专题讲座　　□现场培训　　□仿真操作

四、学时管理

序号	培训内容	培训课时	培训地点	课时小计
1	电网异常和事故处理流程及原则	4	培训课堂	52
2	电网常见异常的类型和影响	8	培训课堂	
3	电网常见异常的处理方法	16	培训课堂	

续表

序号	培训内容	培训课时	培训地点	课时小计
4	电网典型事故类型及影响	8	培训课堂	52
5	各类电网事故处理要点及步骤	16	培训课堂	

五、评价方法

■理论笔试　　□随堂提问　　□上机测试　　■专题报告　　■专业面试
□情境模拟　　■反事故演习

第一部分 公共基础

第一章 电网概述

第一节 电网组成

电力系统是由发电厂、输电网、配电网和电力用户组成的整体，是将一次能源转换成电能并输送和分配到用户的一个统一系统。输电网和配电网统称为电网，是电力系统的重要组成部分。发电厂将一次能源转换成电能，经过电网将电能输送和分配到电力用户的用电设备，从而完成电能从生产到使用的整个过程。电力系统还包括保证其安全可靠运行的继电保护装置、安全自动装置、调度自动化系统和电力通信等相应的辅助系统（一般称为二次系统），如图1-1所示。

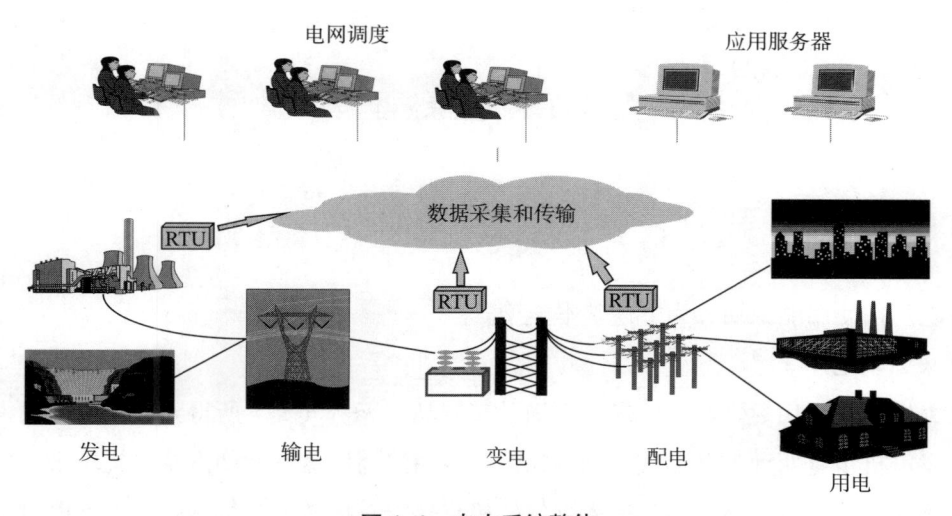

图1-1 电力系统整体

输电网是电力系统中最高电压等级的电网，是电力系统的主要网络（简称主网），起到电力系统骨架的作用，所以又可称为网架。在一个现代电力系统中既有超高压交流输电，又有超高压直流输电。这种输电系统通常称为交、直流混合输电系统。

配电网是将电能从枢纽变电站直接分配到用户区或用户的电网，它的作用是将电力分配到配电变电站后再向用户供电，也有一部分电力不经配电变电站直接分配到大用户，由大用户的配电装置进行配电。

在电力系统中，电网按电压等级的高低分层，按负荷密度的地域分区。不同容量的发电厂和用户应分别接入不同电压等级的电网。大容量主力电厂应接入主网，较大容量的电厂应接入较高电压的电网，容量较小的可接入较低电压的电网，如图1-2所示。

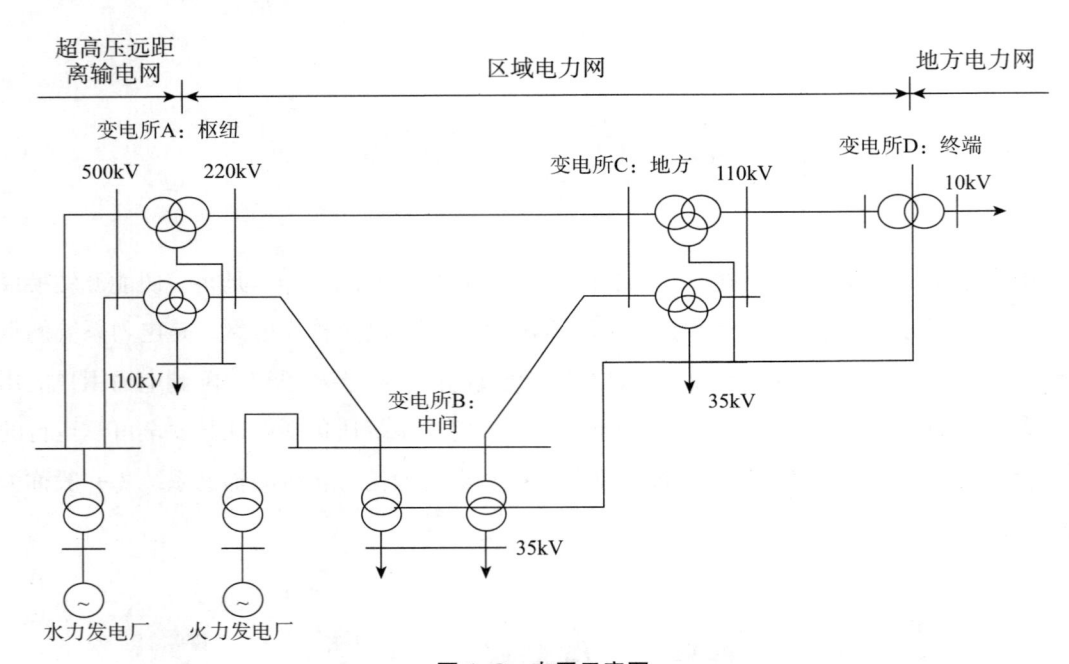

图1-2 电网示意图

一、发电厂

发电厂按使用能源划分为下述基本类型。

1. 火力发电厂

火力发电是利用燃烧燃料（煤、石油及其制品、天然气等）所得到的热能发电。火力发电的发电机组有两种主要形式：利用锅炉产生高温高压蒸汽冲动汽轮机旋转带动发电机发电，称为汽轮发电机组；燃料进入燃气轮机将热能直接转换为机械能驱动发电机发电，

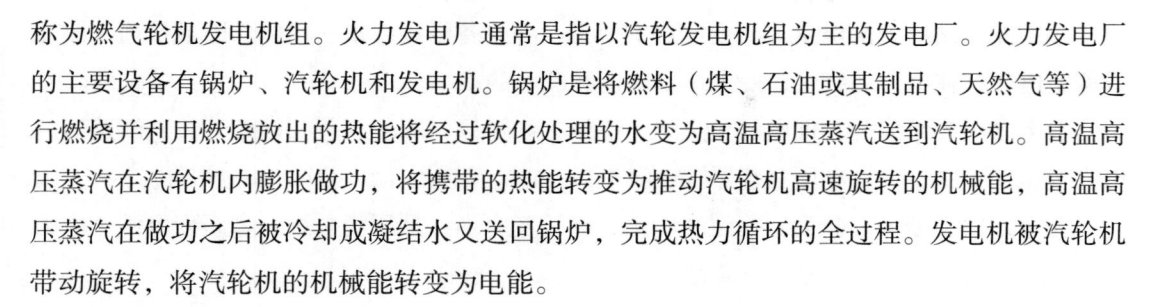

称为燃气轮机发电机组。火力发电厂通常是指以汽轮发电机组为主的发电厂。火力发电厂的主要设备有锅炉、汽轮机和发电机。锅炉是将燃料（煤、石油或其制品、天然气等）进行燃烧并利用燃烧放出的热能将经过软化处理的水变为高温高压蒸汽送到汽轮机。高温高压蒸汽在汽轮机内膨胀做功，将携带的热能转变为推动汽轮机高速旋转的机械能，高温高压蒸汽在做功之后被冷却成凝结水又送回锅炉，完成热力循环的全过程。发电机被汽轮机带动旋转，将汽轮机的机械能转变为电能。

2. 水力发电厂

水力发电是将高处的河水（或湖水、江水）通过导流引到下游形成落差推动水轮机旋转带动发电机发电。用水轮发电机组发电的发电厂称为水力发电厂。水力发电厂按水库调节性能又可分为：①径流式水电厂：无水库，基本上来多少水发多少电的水电厂；②日调节式水电厂：水库很小，水库的调节周期为一昼夜，将一昼夜天然径流通过水库调节发电的水电厂；③年调节式水电厂：对一年内各月的天然径流进行优化分配、调节，将丰水期多余的水量存入水库，保证枯水期放水发电的水电厂；④多年调节式水电厂：将不均匀的多年天然来水量进行优化分配、调节，多年调节的水库容量较大，将丰水年的多余水量存入水库，补充枯水年份的水量，以保证电厂的可调出力。

3. 核能发电厂

核能发电是利用原子反应堆中核燃料（例如铀）慢慢裂变所放出的热能产生蒸汽（代替了火力发电厂中的锅炉）驱动汽轮机再带动发电机旋转发电。以核能发电为主的发电厂称为核能发电厂，简称核电站。根据核反应堆的类型，核电站可分为压水堆式、沸水堆式、气冷堆式、重水堆式、快中子增殖堆式等。

4. 风力发电场

利用风力吹动建造在塔顶上的大型桨叶旋转带动发电机发电称为风力发电，由数座、十数座甚至数十座风力发电机组成的发电场地称为风力发电场。

5. 其他

还有地热发电厂、潮汐发电厂、太阳能发电厂等。

二、变电站

变电站是改变电压的场所。为了把发电厂发出来的电能输送到较远的地方，必须把电压升高，变为高压电，到用户附近再按需要把电压降低，这种升降电压的工作靠变电站来完成。变电站的主要设备是开关和变压器。通常而言，规模较大的变电站称为变电所，规模较小的变电站称为配电室等。变电站主要把一些设备组装起来，用以切断或接通、改变或调整电压，在电力系统中，变电站是输电和配电的集结点。

变电站主要组成为：馈电线（进线、出线）和母线，隔离开关，接地开关，断路器，电力变压器（主变），电压互感器 TV（PT），电流互感器 TA（CT），避雷针。

变电站按类型可划分为：枢纽变电站、终端变电站；升压变电站、降压变电站；电力系统的变电站、工矿变电站、铁路变电站（27.5kV、50Hz）。

变电站按电压等级可划分为：1000kV、750kV、500kV、330kV、220kV、110kV、66kV、35kV、10kV、6.3kV 等电压等级的变电站；10kV 开闭所；箱式变电站。

三、输电线路

电力系统之间通过输电线连接，形成互联电力系统。连接两个电力系统的输电线称为联络线。输电是用变压器将发电机发出的电能升压后，再经断路器等控制设备接入输电线路来实现的。按结构形式，输电线路可划分为架空输电线路和电缆线路。架空输电线路由线路杆塔、导线、绝缘子、线路金具、拉线、杆塔基础、接地装置等构成，架设在地面之上。按照输送电流的性质，输电可划分为交流输电和直流输电。

输电的基本过程是创造条件使电磁能量沿着输电线路的方向传输。线路输电能力受到电磁场及电路的各种规律的支配。以大地电位作为参考点（零电位），线路导线均需处于由电源所施加的高电压下，称为输电电压。输电线路在综合考虑技术、经济等各项因素后所确定的最大输送功率，称为该线路的输送容量。输送容量大体与输电电压的平方成正比。因此，提高输电电压是实现大容量或远距离输电的主要技术手段，也是输电技术发展水平的主要标志。

从发展过程看，输电电压等级大约以两倍的关系增长。当发电量增至 4 倍左右时，即出现一个新的更高的电压等级。通常将 35~220kV 的输电线路称为高压线路（HV），330~750kV 的输电线路称为超高压线路（EHV），750kV 以上的输电线路称为特高压线路（UHV）。一般来说，输送电能容量越大，线路采用的电压等级就越高。采用超高压输电，可有效地减少线损，降低线路单位造价，少占耕地，使线路走廊得到充分利用。

四、用户

由于电力的特殊性，目前，供电企业对电力市场客户主要有如下分类：

（1）按销售场所、渠道可划分为直供、趸售、城市、农村市场。

（2）按客户用电量大小可划分为大客户与中、小客户。

（3）按电价类别可划分为工业用电、农业用电、商业用电与居民生活用电等客户，细分如下：

居民生活用电（电压等级不满 1kV、10kV）；

大工业用电（电压等级为 10kV、35kV、110kV）；

普通工业和非工业用电，后者为机关、机场、学校、医院、科研单位等用电；

商业用电、部队、敬老院用电等；

农业生产用电，中、小化肥厂用电，贫困县农业排灌用电等。

（4）按可靠性要求可划分为一、二、三类负荷客户（电力用户的这种分类方法，其主要目的是为确定供电工程设计和建设标准，保证建成投入运行的供电工程的供电可靠性能满足生产或安全、社会安定的需要）。各类负荷定义如下：

一类用户：是指突然中断供电将会造成人身伤亡或会引起周围环境严重污染的；将会造成经济上巨大损失的；将会造成社会秩序严重混乱或在政治上产生严重影响的用户。

二类用户：是指突然中断供电会造成经济上较大损失的；将会造成社会秩序混乱或在政治上产生较大影响的用户。

三类用户：是指不属于上述一类和二类负荷的其他用户。

《中华人民共和国电力法》规定，供电企业应当保证供给用户的供电质量符合国家标准。对公用供电设施引起的供电质量问题，应当及时处理。用户对供电质量有特殊要求的，供电企业应当根据其必要性和电网的可能，提供相应的电力。电力用户应当按照国家核准的电价和用电计量装置的记录，按时交纳电费；对供电企业查电人员和抄表收费人员依法履行职责，应当提供方便。供电企业和用户应当遵守国家有关规定，采取有效措施，做好安全用电、节约用电和计划用电工作。

第二节 厂站接线

一、500kV 厂站接线

500kV 变电所在高压系统中一般担负汇集电能、重新分配负荷、输送功率等多重任务，因此，它在高压输电系统中占有重要地位。目前，我国 500kV 变电所电气主接线一般采用双母线四分段带旁路和 3/2 断路器的接线方式。3/2 断路器接线方式的运行优点日渐凸显，所以，现在用 3/2 接线方式的居多，3/2 断路器接线如图 1-3 所示。

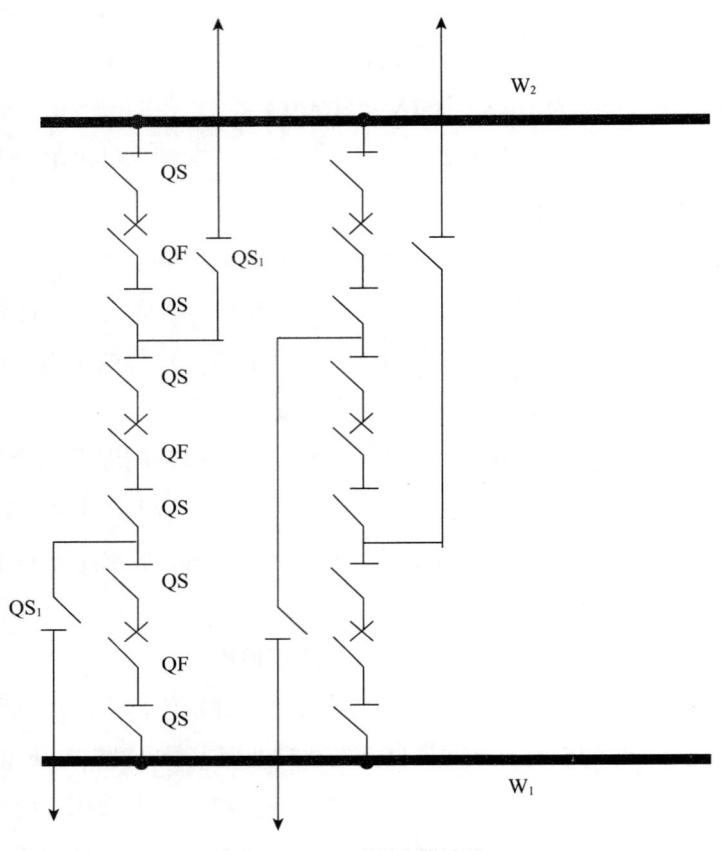

图 1-3　3/2 断路器接线

1. 主要运行方式

（1）正常运行方式。两组母线同时运行，所有断路器和隔离开关均合上。

（2）线路停电、断路器合环的运行方式。线路停电时，考虑到供电的可靠性，常常将检修线路的断路器合上，检修线路的隔离开关拉开。

（3）断路器检修时的运行方式。任何一台断路器检修，都可以将两侧开关拉开。

（4）母线检修时的运行方式。断开母线断路器及其两侧隔离开关。这种方式相当于单母线允许，运行可靠性低，所以应尽量缩短单母线运行时间。

2. 3/2 断路器主接线的优缺点

（1）优点。

1）供电可靠性高。每一回路有两台断路器供电，发生母线故障或断路器故障时不会导致出线停电。

2）运行调度灵活。正常运行时两组母线和所有断路器都投入工作，从而形成多环路供电方式。

3）倒闸操作方便。隔离开关一般仅作检修用。检修断路器时，直接操作即可。检修母线时，二次回路无须切换。

（2）缺点。二次接线复杂。特别是 CT 配置比较多。在重叠区故障，保护动作繁杂。再者，与双母线相比，运行经验还不够丰富。

综上所述，3/2 断路器接线方式的利大于弊。针对这种接线方式的弊端，我们可以在继电保护选用上下功夫，在满足选择性、快速性、灵敏性、可靠性的基础上，提高继电保护动作的精度，简化范围配置，实现单一保护，避免重复性。

二、220kV 厂站接线

220kV 电网是地区的主干电网，线路输送功率较大、供电范围较广，电网故障对地区供电安全有重大影响，也会影响上一级电网（500kV 电网）的安全运行。在一些超高压电网未完善地区，220kV 电网还要与 500kV 电网构成电磁环网。

220kV 侧是 220kV 变电站电源侧，是地区主干电网的节点，需满足电网各种运行方式和向下一级电网可靠供电的要求，多采用双母线、双母线带旁路或双母线分段的接线方式，如图 1-4 和图 1-5 所示。

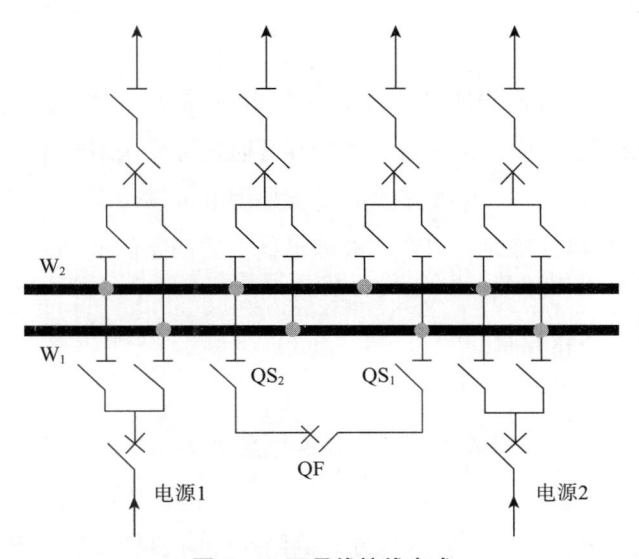

图 1-4 双母线接线方式

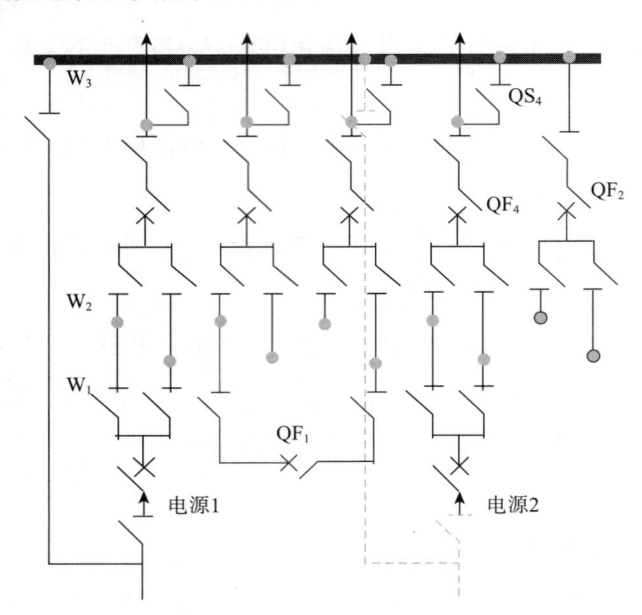

图 1-5 双母线带旁路接线方式

1. 双母线主要运行方式

母联 QF 断开，一组母线工作，另一组母线备用，全部进出线接于运行母线上。

母联 QF 断开，进出线分别接于两组母线上，两组母线分裂运行。

母联 QF 闭合，电源和馈线平均分配在两组母线上。

2. 各种接线方式优缺点

（1）双母线接线。

优点：

1）将工作线、电源线和出线通过一台断路器和两组隔离开关连接到两组（一次/二次）母线上，且两组母线都是工作线，而每一回路都可通过母线联络断路器并列运行。

2）与单母线接线相比，双母线接线的优点是供电可靠性高，可以轮流检修母线而不使供电中断，当一组母线故障时，只要将故障母线上的回路倒换到另一组母线，就可迅速恢复供电。

3）调度、扩建、检修方便。

缺点：

1）每一回路都增加了一组隔离开关，使配电装置的构架及占地面积、投资费用都相应增加。

2）由于配电装置复杂，在改变运行方式倒闸操作时容易发生误操作，且不宜实现自动化；尤其当母线故障时，须短时切除较多的电源和线路，这对特别重要的大型发电厂和变电站是不允许的。

（2）双母线带旁路接线。它是在双母线接线的基础上，增设旁路母线。其特点是具有双母线接线的优点，当线路（主变压器）断路器检修时，仍有继续供电，但旁路的倒换操作比较复杂，增加了误操作的概率，也使保护及自动化系统复杂化，投资费用较大，一般为了节省断路器及设备间隔，当出线多于 5 个回路时，才增设专用的旁路断路器，当出线少于 5 个回路时，则采用母联兼旁路的接线方式。

三、110kV 厂站接线

1. 线变组（图 1-6）

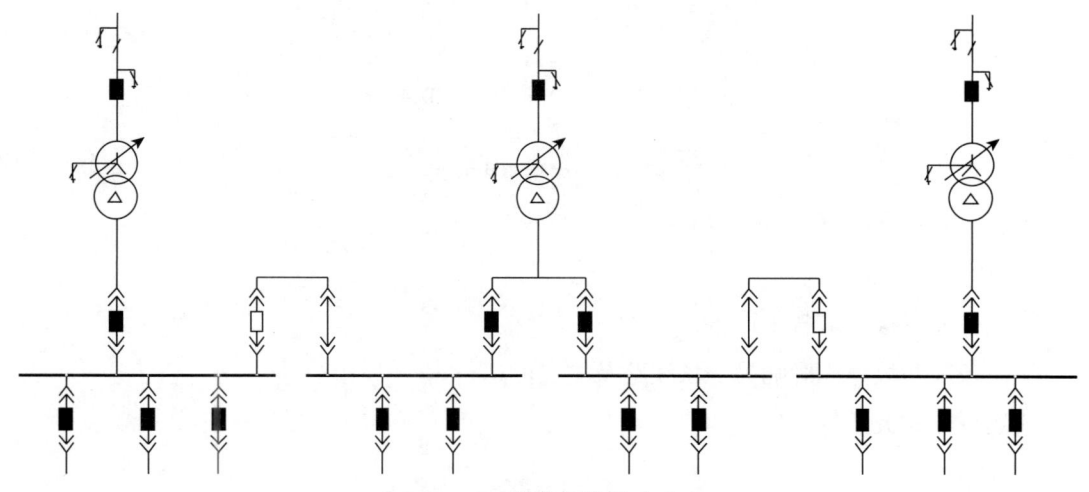

图 1-6 线变组接线方式

（1）主要运行方式。在正常运行方式下，线路各带一台主变，系统接线简单，运行可靠、经济，有利于变电所实现自动化、无人化。

（2）优缺点。

1）优点：断路器少，接线简单，造价省。

2）缺点：可靠性相对较低，当主变或线路发生故障时，供电企业需要通过相邻变电所联络线来转移部分负荷，实现相互支援。因此，对于地方电网中 110kV 终端变电所，如主变容量满足其较适合用于正常二运一备的城区中心变电所。

2. 内桥接线（图 1-7）

（1）主要运行方式。

1）3 个断路器 DL1、DL2、DL3 合上，两条线路并列运行。

2）1 号主变或 2 号主变停运检修，两回线同时向不停运的变压器送电。

3）DL1、DL3 合上运行，DL2 热备用，线路 2 为线路 1 的备用供电电源，采用备自投进行投切。

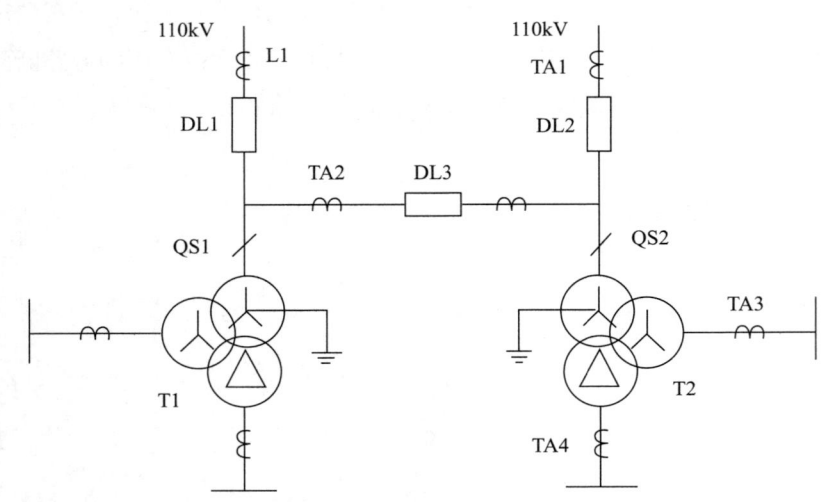

图 1-7　内桥接线方式

（2）内桥接线的优缺点。

1）优点。

①比普通桥接线节省了设备。

②一条线路故障不影响另一条线路及主变的运行。

③运行方式灵活。

2）缺点。

①主变故障涉及两台变压器，保护相对复杂。

②变压器的停、投比较麻烦，需要操作两台断路器。

第二章　设备基础

第一节　一次设备

一、设备状态

1. 运行状态

（1）基本定义。"运行状态"的设备，是指设备的闸刀、开关都在合上位置或无开关设备的闸刀（过渡小车）在合上位置，将电源端至受电端的电路接通；所有继电保护及自动装置均在投入位置（调度有要求的除外），控制及操作回路正常。

（2）操作步骤。各种状态的操作步骤如表2-1所示。

表2-1　各种状态的操作步骤

设备状态	改变后状态			
	运行	热备用	冷备用	检修
运行	—	1. 拉开必须切断的开关。 2. 检查所切断的开关处在断开位置	1. 拉开必须切断的开关。 2. 检查所切断开关处在断开位置。 3. 拉开必须断开的全部闸刀。 4. 检查所拉开的闸刀处在断开位置	1. 拉开必须切断的开关。 2. 检查所切断开关处在断开位置。 3. 拉开必须断开的全部闸刀。 4. 检查所拉开的闸刀处在断开位置。 5. 合上接地闸刀或挂上保安用临时接地线。 6. 检查合上的接地闸刀处在接通位置

续表

设备状态	改变后状态			
	运行	热备用	冷备用	检修
热备用	1. 合上设备所有的开关。 2. 检查所合上的开关处在接通位置	—	1. 检查所切断开关处在断开位置。 2. 拉开必须断开的全部闸刀。 3. 检查所拉开的闸刀处在断开位置	1. 检查所切断开关处在断开位置。 2. 拉开必须断开的全部闸刀。 3. 检查所拉开的闸刀处在断开位置。 4. 合上接地闸刀或挂上保安用临时接地线。 5. 检查所合上的接地闸刀处在接通位置
冷备用	1. 检查设备上无接地线或接地闸刀。 2. 检查所切断开关确在断开位置。 3. 合上必须合上的闸刀。 4. 检查所合上的闸刀处在接通位置。 5. 合上必须合上的开关。 6. 检查所合上的开关处在接通位置	1. 检查设备上无接地线或接地闸刀。 2. 检查所切断开关确在断开位置。 3. 合上必须合上的闸刀。 4. 检查所合上的闸刀处在接通位置	—	1. 检查所切断的开关确在断开位置。 2. 检查所断开的闸刀确在拉开位置。 3. 合上接地闸刀或挂上保安用临时接地线。 4. 检查所合上的接地闸刀处在接通位置
检修	1. 拆除全部保安用临时接地线或拉开接地闸刀。 2. 检查所拉开的接地闸刀处在断开位置。 3. 检查所切断的开关确在断开位置。 4. 合上必须合上的闸刀。 5. 检查所合上的闸刀处在接通位置。 6. 合上必须合上的开关。 7. 检查所合上的开关处在接通位置	1. 拆除全部保安用临时接地线或拉开接地闸刀。 2. 检查所拉开的接地闸刀处在断开位置。 3. 检查所切断的开关确在断开位置。 4. 合上必须合上的闸刀。 5. 检查所合上的闸刀处在接通位置	1. 拆除全部保安用临时接地线或拉开接地闸刀。 2. 检查所拉开的接地闸刀处在断开位置。 3. 检查所切断的开关确在断开位置。 4. 检查所断开的闸刀确在断开位置	—

2. 热备用状态

"热备用状态"的设备，是指设备只有开关断开，而闸刀仍在合上位置，其他同运行状态。

3. 冷备用状态

"冷备用状态"的设备，是指设备的开关、闸刀都在断开位置（包括线路压变闸刀），取下线路压变次级熔丝及母差保护、失灵保护压板。

当线路压变闸刀连接避雷器者，线路改冷备用操作时线路压变闸刀不拉开，只有当线路改检修状态时，才拉开线路压变闸刀。

当线路压变闸刀没有连接避雷器者，线路改冷备用状态时应把线路压变闸刀拉开后（无高压闸刀的电压互感器当低压熔丝取下后）即处于冷备用状态。

4. 检修状态

"线路检修"，是指线路的开关、母线及线路闸刀都在断开位置，如有线路压变者应将其闸刀拉开或取下高低压熔丝。线路接地闸刀在合上位置（或装设接地线）取下母差保护，失灵保护压板。

"开关检修"，是指开关两侧闸刀均拉开，开关操作回路熔丝取下。开关的纵差CT脱离纵差回路、母差CT脱离母差回路（先停用母差，母差流变回路拆开并短路接地，测量母差不平衡电流在允许范围，再投母差保护）。母差保护具备母差CT按母线闸刀位置自动切换的，应检查切换情况，然后在开关两侧或一侧合上接地闸刀（或装设接地线）。

主变压器检修也可分为"开关"或"主变"检修，即在开关两侧或主变压器各侧合上接地闸刀（或挂上接地线）。对于无主变高压侧闸刀的线路变压器组接线方式，主变压器任何一侧合上接地闸刀（或挂上接地线）定义为"主变"检修，进线开关两侧合上接地闸刀（或挂上接地线）定义为"主变及开关"检修。

二、变压器

（一）主变的作用

变压器是一种静止的电气设备，属于一种旋转速度为零的电机。电力变压器在系统中工作时，可将电能由它的一次侧经电磁能量的转换传输到二次侧，同时根据输配电的需要将电压升高或降低。故，它在电能的生产输送和分配使用全过程中，作用十分重要。整个电力系统中，变压器的容量通常约为发电机容量的3倍。

变压器变换电压时，是在同一频率下使其二次侧与一次侧具有不同的电压和电流。由于能量守恒，其二次侧与一次侧的电流与电压的变化是相反的，即要使某一侧电路的电压升高，则该侧的电流就必然减小。变压器并不是也决不能将电能的"量"变大或变小。在电力转换过程中，因变压器本身要消耗一定能量，所以输入变压器的总能量应等于输出的能量加上变压器工作时本身消耗的能量。由于变压器无旋转部分，工作时无机械损耗，且新产品在设计、结构和工艺等方面采取了众多节能措施，故，其工作效率很高。通常，中小型变压器的效率不低于95%，大容量变压器的效率则可达80%以上。

（二）主变的分类

根据电力变压器的用途和结构等特点，主变可划分为如下几类。

1. 按用途划分

升压变压器（使电力从低压升为高压，然后经输电线路向远方输送）；降压变压器（使电力从高压降为低压，再由配电线路向近处或较近处负荷供电）。

2. 按相数划分

单相变压器；三相变压器。

3. 按绕组划分

单绕组变压器（为两级电压的自耦变压器）；双绕组变压器；三绕组变压器。

4. 按绕组材料划分

铜线变压器；铝线变压器。

5. 按调压方式划分

无载调压变压器；有载调压变压器。

6. 按冷却介质和冷却方式划分

（1）油浸式变压器。冷却方式一般包括自然冷却、风冷却（在散热器上安装风扇）、强迫风冷却（在前者基础上装有潜油泵，以促进油循环）。此外，大型变压器还有采用强迫油循环风冷却、强迫油循环水冷却等。

（2）干式变压器。绕组置于气体（空气或六氟化硫气体）中，或是浇注环氧树脂绝缘。它们大多在部分配电网内用作配电变压器。目前供电企业可制造到35kV级，其应用前景非常广阔。

三、断路器

（一）断路器的作用

断路器又叫高压开关，是变电所的重要设备之一。它对维持电力系统的安全、经济和可靠运行起着非常重要的作用。当负荷投入或转移时，它应该准确地开、合。在设备（如发电机、变压器、电动机等）出现故障或母线、输配电线路出现故障时，它能自动地将故障切除，保证非故障点的安全连续运行。断路器主要包括：

（1）导流部分。

（2）灭弧部分。

（3）绝缘部分。

（4）操作机构部分。

（二）断路器的分类

按操动机构断路器可分为：

（1）手动操动机构断路器。直接用人力关合断路器的机构，用于12kV及以下短路容量很小的地方。

（2）电磁操动机构断路器。靠直流螺管电磁铁产生的电磁力进行合闸，以储能弹簧分闸的机构。用于110kV及以下电压等级的断路器。

（3）弹簧操动机构断路器。它是目前最常用的机构。以储能弹簧为动力对断路器进行分、合闸操作的机构。用于220kV及以下电压等级的断路器。

（4）液压操动机构断路器。以气体储能，以高压油推动活塞进行分、合闸操作的机构。用于110kV及以上电压等级的断路器，特别是超高压断路器。

（5）气动操动机构断路器。以压缩空气推动活塞进行分、合闸操作的机构，或者仅以压缩空气进行单一的分、合操作，而以储能弹簧进行对应的合、分操作的机构。用于220kV及以下电压等级的断路器，特别适宜于压缩空气断路器或有空压设备的地方。

为了可靠地完成断路器的分合闸操作，操作机构应满足以下基本条件：

（1）具有足够的操作功，即要有使断路器的动触头做分合闸运动时所需要的功。

（2）具有高度的可靠性，操作机构不应拒绝动作或误动作。

（3）动作迅速，即断路器分合闸动作要快。

（4）结构简单，尺寸小，重量轻，价格低廉。

高压开关按灭弧介质可分为：油断路器，空气断路器，真空断路器，六氟化硫断路器，固体产气断路器，磁吹断路器。

（1）油断路器。利用变压器油作为灭弧介质，分多油和少油两种类型。

（2）空气断路器。利用高速流动的压缩空气来灭弧。

（3）真空断路器。触头密封在高真空的灭弧室内，利用真空的高绝缘性能来灭弧。

（4）六氟化硫断路器。采用惰性气体六氟化硫来灭弧，并利用它所具有的高绝缘性能来增强触头间的绝缘。

（5）固体产气断路器。利用固体产气物质在电弧高温作用下分解出来的气体来灭弧。

（6）磁吹断路器。断路时，利用本身流过的大电流产生的电磁力将电弧迅速拉长而吸入磁性灭弧室内冷却熄灭。

四、隔离开关

闸刀又称为隔离开关，它的主要功能是，在断路器断开电路后，由于闸刀的断开，使有电与无电部分造成明显的断开点，起辅助断路器的作用。由于断路器触头位置的外部指示器既缺乏直观，又不能绝对保证它的指示与触头的实际位置相一致，用闸刀把有电与无电部分明显隔离是非常必要的。有的闸刀在打开后能自动接地（一端或二端），以确保检修人员的安全。此外，闸刀具有一定的自然灭弧能力，常用在电压互感器与避雷器等电流很小的设备投入和断开上，以及一个断路器与几个设备的连接处，使断路器经过闸刀的倒换更为灵活方便。

闸刀的结构形式很多，户外闸刀按其绝缘支柱结构的不同可分为单柱式，双柱式和三柱式。常用产品结构形式一般分为双柱式闸刀水平旋转和伸缩式。

闸刀的操动机构形式很多，常用的有手动操动机构和电动操动机构两类。手动操动机构大都由四杆件组传递手力，电动操动机构则有驱动电机经减压装置驱动闸刀主轴进行分、合闸操作。

五、互感器

（一）电压互感器

（1）作用。电压互感器的作用是将电路上的高电压变换为适合电气仪表及继电保护装置需要的低电压。电压互感器按原理分为电磁式和电容式两种；按每相绕组数分为双绕组和三绕组两种；按绝缘方式可分为干式、浇注绝缘式和油浸式、SF_6等。

（2）电压互感器在使用中的注意事项。

1）要根据用电设备的实际情况，确定电压互感器的额定电压、变比、容量、准确度等级。

2）电压互感器在接入电路前，要进行极性校核。要"正极性"接入。电压互感器接入电路后，其二次绕组应有一个可靠的接地点，以防互感器一二次绕组间绝缘击穿时，危及人身和设备安全。

3）运行中的电压互感器在任何情况下都不得短路，否则，会烧坏电压互感器或危及系统和设备的安全运行。所以，电压互感器的一二次侧都要装设熔断器，同时，在其一次侧应装设隔离开关，作为检修时确保人身安全的必要措施（有明显断开点）。

4）电压互感器在停电检修时，除应断开一次侧电源隔离开关外，还应将二次侧熔断器也拔掉，以防其他电源串入二次侧引起倒送电而威胁检修人员的安全。

（二）电流互感器

（1）作用。电流互感器也称变流器，是用来将大电流变换成小电流的电气设备。其工作原理与变压器一样，一次绕组匝数很少，串接在线路中，一次电流 I_1 经电磁感应，使二次绕组产生较小的标准电流 I_2，我国规定标准电流为 5A 或 1A。由于电流互感器二次回路的负载阻抗很小，所以，正常工作时二次侧接近于短路状态。根据绝缘结构，电流互感器可分为干式、浇注式、油浸式、套管式、SF_6 式五种形式。根据用途，电流互感器一般可分为保护用、测量用和计量用三种。区别在于计量用互感器的精度相对较高，另外，计量用互感器更容易饱和，以防发生系统故障时大的短路电流造成计量表计的损坏。电流互感器根据原理可分为电磁式和电子式两种。

（2）电流互感器在使用中的注意事项。

1）根据用电设备的实际选择电流互感器的额定变比、容量、准确度等级以及型号，应使电流互感器一次绕组中的电流在电流互感器额定电流的 1/3~2/3。电流互感器经常运行在其额定电流的 30%~120%，否则，电流互感器误差增大等。电流互感器的过负荷运行，电流互感器可以在 1.1 倍额定电流下长期工作，在运行中如发现电流互感器经常过负荷，应及时更换，一般允许超过 CT 额定电流的 10%。

2）电流互感器在接入电路时，必须注意电流互感器的端子符号和其极性。通常用字母 L1 和 L2 表示一次绕组的端子，二次绕组的端子用 K1 和 K2 表示。一般一次侧电流从 L1 流入、L2 流出时，二次侧电流从 K1 流出经测量仪表流向 K2（此时为正极性），即 L1 与 K1、L2 与 K2 同极性。

3）电流互感器二次侧必须有一端接地，目的是防止其一二次绕组绝缘击穿时，一次侧的高压电串入二次侧，危及人身和设备安全。

4）电流互感器二次侧在工作时不得开路。当电流互感器二次侧开路时，一次电流全部被用于励磁。二次绕组感应出危险的高电压，其值可达几千伏甚至更高，严重威胁人身和设备安全。所以，运行中电流互感器的二次回路绝对不许开路，并注意接线牢靠，不许装接熔断器。

六、其他设备

（一）母线

母线是指在变电所中各级电压配电装置的连接，以及变压器等电气设备和相应配电装置的连接，大都采用矩形或圆形截面的裸导线或绞线，这统称为母线。母线的作用是汇集、分配和传送电能。

在电力系统中，母线将配电装置中的各个载流分支回路连接在一起，起汇集、分配和传送电能的作用。母线按外形和结构，大致分为以下三类：

硬母线：包括矩形母线、圆形母线、管形母线等。

软母线：包括铝绞线、铜绞线、钢芯铝绞线、扩径空心导线等。

封闭母线：包括共箱母线、分相母线等。

（二）避雷器

避雷器是用来限制过电压，保护电气设备绝缘的电器。避雷器通常接于导线和地之间，与被保护设备并联。通常情况下，避雷器中无电流通过。一旦线路上传来危及被保护设备绝缘的过电压，避雷器立即击穿动作，使过电压电荷释放泄入大地，将过电压限制在一定的水平。过电压作用消失后，避雷器又能自动切断工频电压作用下通过避雷器泄入大地的工频流续流，使电力系统恢复正常工作。

避雷器主要包括管型避雷器、阀型避雷器、氧化锌避雷器等。目前应用最广泛的是氧化锌避雷器。

（三）电容器

变电站的负荷是动态变化的，功率因素也是动态变化的，任何固定容量的电容器都无法实现最佳的"全天候"补偿。容量偏小则在重负荷、低功率因素时补偿不足，容量偏大则在轻负荷时过补偿，使输电线路中的电容电流增加，从而增加线损。通常而言，电容器是按照变电站正常运行时实际无功缺额选定容量进行部分补偿并结合人工投切措施，但这种方式难以达到较佳经济效果，可以装设多组集合式电容器根据负荷情况而运行其中一部分。集合式高压并联电容器是将适当数量的电容器单元集装在充满绝缘油的大箱壳中构成的并联电容器。这种电容器是全密封免维护型的产品，具有占地面积小、运行安全可靠等特点。集体式电容器主要用于工频电力系统进行无功补偿，以提高电网功率因数，减少线路损耗，改善电压质量，充分发挥发电、供电设备的效率。

（四）电抗器

电力系统一旦发生短路，会产生数值很大的短路电流。如果不加以限制，要保持电气设备的动稳定和热稳定是非常困难的。因此，为了满足某些断路器遮断容量的要求，供电企业常在出线断路器处串联电抗器，增大短路阻抗，限制短路电流。由于采用了电抗器，当发生短路时，电抗器上的电压降较大，所以起到了维持母线电压水平的作用，使母线上的电压波动较小，保证了非故障线路上的用户电气设备稳定运行。

电抗器分类如下：

（1）按结构及冷却介质，电抗器可分为空心式电抗器、铁心式电抗器、干式电抗器、油浸式电抗器等，例如，干式空心电抗器、干式铁心电抗器、油浸铁心电抗器、油浸空心电抗器、夹持式干式空心电抗器、绕包式干式空心电抗器、水泥电抗器等。

（2）按接法，电抗器可分为并联电抗器和串联电抗器。

（五）消弧线圈

电力系统输电线路经消弧线圈接地，为小电流接地系统的一种，当单相出现断路故障时，流经消弧线圈的电感电流与流过的电容电流相加为流过断路接地点的电流，电感电容上电流相位相差180度，相互补偿。当两电流的量值小于发生电弧的最小电流时，电弧不会发生，也不会出现谐振过电压现象。10~63kV电压等级下的电力线路多属于这种情况。当电网发生单相接地故障时，提供电感电流，补偿接地电容电流，使接地电流减小，也使得故障相接地电弧两端的恢复电压速度降低，达到熄灭电弧的目的。当消弧线圈正确调谐时，不仅可以有效地减少产生弧光接地过电压的概率，还可以有效地抑制过电压的幅值，同时最大限度地减小故障点热破坏作用及接地网的电压等。

第二节　二次设备

一、设备状态

（一）线路保护

110kV 及以上线路一般配置以下保护：纵联（包括高频和光纤差动）保护、距离保护、零序保护。每套保护（纵联、距离或零序）均有单独的投入压板控制其投退，但本侧线路开关的跳闸出口压板为唯一。10kV 线路各保护均定义跳闸、信号、停用状态，三种调度操作状态定义的主要依据是对应操作压板的投或退、对应装置电源的开或启。状态如表2-2和表2-3所示。

表 2-2　保护状态

保护名称	跳闸	信号	停用
线路保护	放上出口压板	取下出口压板	1. 取下出口压板 2. 电源关闭
纵联保护	放上纵联保护投入压板	取下纵联保护投入压板	1. 通道接口装置电源关闭 2. 取下纵联保护投入压板
距离保护	放上距离保护投入压板	取下距离保护投入压板	无此状态
零序保护	放上零序保护投入压板	取下零序保护投入压板	无此状态

图 2-3　线路保护三种状态下对应压板的状态

状态	含义
××线线路保护信号，纵联保护跳闸	线路的出口压板取下，纵联保护投入压板放上
××线线路保护跳闸，纵联保护信号	线路的出口压板放上，纵联保护投入压板取下
××线线路保护跳闸，纵联保护跳闸，距离保护跳闸，零序保护跳闸	线路的出口压板放上，纵联保护投入压板放上，距离保护投入压板放上，零序保护投入压板放上

（二）主变保护

目前使用的 220kV 变电所的主变保护均为微机保护，但由于新老变电所时间跨越较长，因此所配置的保护有所不同，各 220kV 变电所主变保护的配置可查看附表。具体分为：

单主单后、双主单后、浙江版双主双后、国网版双主双后。

主变保护定义跳闸、信号、停用三种状态，调度不发主变保护的停用令，当有特殊情况需停用状态时，经值班员申请，调度可在信号状态的基础上同意值班员自行停用。

> **220kV 主变保护命名及状态定义**
>
> 一套主变差动、一套各侧后备、一套主变失灵，简称单主单后。差动、后备、失灵均为单独装置，非电量装置独立，不与失灵保护共用。两套主变差动、一套各侧后备、一套主变失灵及非电量保护，简称双主单后。差动、后备、失灵（含非电量保护）均为单独装置（注：非电量和失灵为同一个装置，若关闭装置电源两个保护同时停用）。
>
> 两套主变保护（含差动、后备）、一套主变失灵及非电量保护，简称浙江版双主双后。主变保护（含差动和各侧后备）为一个单独装置，非电量保护（含失灵）为单独装置。（注：非电量和失灵为同一个装置，若关闭装置电源两个保护同时停用）。
>
> 220kV 主变保护分"跳闸""信号""停用"三种状态，各状态定义如下：
>
> （1）"跳闸"，是指各保护投入压板按要求投入，跳闸出口压板投入；
>
> （2）"信号"，是指各保护投入压板按要求投退，跳闸出口压板按要求投退；
>
> （3）"停用"，是指在信号状态基础上关闭装置电源。

（三）母差保护

目前使用的母差保护有：固定连接式母差、中阻抗母差、微机型母差，母差保护分"跳闸""信号""停用"三种状态，各状态定义如下：

（1）"跳闸"，是指保护投入压板按要求投入，跳闸出口压板投入。

（2）"信号"，是指保护投入压板按要求投退，跳闸出口压板退出。

（3）"停用"，是指在"信号"状态基础上关闭装置电源。

二、继电保护装置

（一）220kV 线路保护

1. 以 PSL603A 保护装置为例

（1）启动元件。保护启动元件用于启动故障处理程序及开放出口继电器负电源。各保护以相电流突变量为主要启动元件，辅之以零序电流启动元件和静稳破坏检测元件。

CPU1 是电流差动保护模块，CPU2 是距离零序保护模块，每个模块都有独立的完全相同的保护启动元件。保护可以由两个 CPU 启动才开放出口继电器负电源，即构成"二取二"方式，形成独特的出口继电器闭锁措施。由于本保护装置 CPU1 模块中还多了低电压启动元件和利用 TWJ 的辅助启动元件，所以保护只能采用"二取一"方式。

（2）分相电流差动保护区内故障跳闸逻辑（图 2-1）。

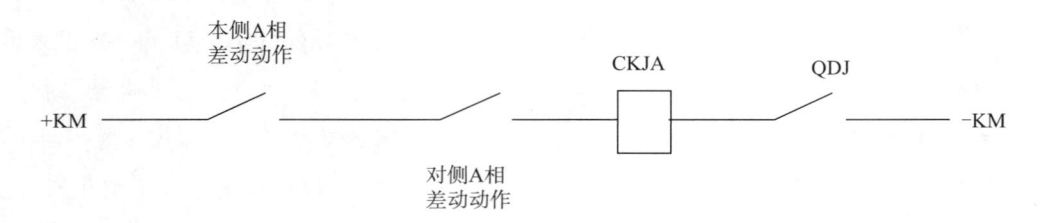

```
+KM ——/ 本侧A相 ——/ 对侧A相 ——[ CKJA ]——/ QDJ ——-KM
       差动动作      差动动作
```

本侧跳闸逻辑，对侧同理

图 2-1 分相电流差动保护区内故障跳闸逻辑

（3）CT 断线对光纤保护的影响。正常负荷下 CT 断线时不会引起纵差保护误动，因为纵差保护需要由启动元件带入故障诊断程序，而各侧启动元件是由相电流突变量、零序电流辅助启动元件及静稳破坏检测元件共同组合而成的，断线侧在断线后能够被零序电流辅助启动元件拉入故障诊断程序，出口负电源也会开放；因为断线差流肯定大于整定值，差动元件会动作。但非断线侧启动元件不会启动，所以无法进入故障诊断程序，差动元件无从动作，如此，对于断线侧虽然本侧断线相差动动作，出口负电源也开放，但是因为对侧差动不动作，断线侧跳闸的条件不满足，所以保护不会误动。

当 CT 断线伴随区外故障时，非断线侧的相电流突变量作为启动元件会启动（启动元件是不带方向性的），当 CT 断线相负荷电流大于差动整定值时会引起两侧差动都动作，从而跳开该相，重合后无济于事，因为此时差动继电器抗干扰能力很差，最终可能导致两侧三跳。

CT 断线后区内故障能正确动作。

（4）PT 断线对保护的影响。PT 断线由保护根据判据计算得出，当 PT 断线后纵联保护和距离保护退出，并退出静稳破坏启动元件。零序保护的方向元件退出。

（5）信号输出。如图 2-2 所示，端子 10X02 表示的告警 1 信号、10X07 表示的告警 2 信号为装置故障告警输出，为自保持接点；端子 10X03 表示的动作 1 信号、10X08 表示的动作 2 信号为保护动作出口输出，为自保持接点。

端子 10X04 表示的 PT 断线 1 信号、端子 10X09 表示的 PT 断线 2 信号、端子 10X05 表示的呼唤 1 信号、端子 10X10 表示的呼唤 2 信号为瞬时动作瞬时返回信号。

端子 10X11～10X12 表示的 TXJ（保护动作信号）输出为自保持接点。

端子 10X13～10X14 为差动保护的光纤通道故障时第一副告警信号。

端子 10X15～10X16 表示的 BDJ1（保护动作信号 1）、10X17～10X18 表示的 BDJ2（保护动作信号 2）、10X19～10X20 表示的 BDJ3（保护动作信号 3）、10X21～10X22 表示的 BDJ4（保护动作信号 4）均输出为瞬时动作瞬时返回接点。

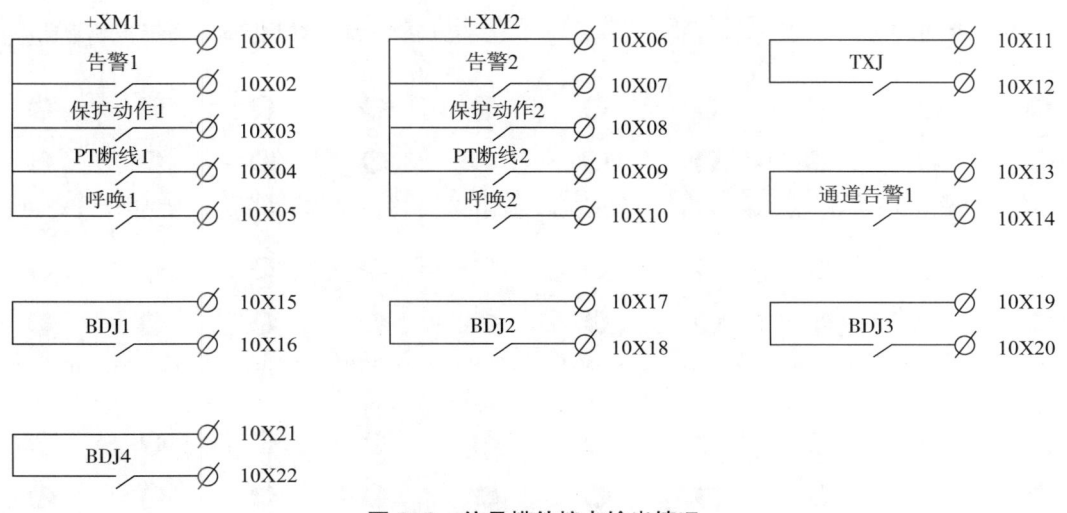

图 2-2 信号模件接点输出情况

2. 以 PSL631C 装置为例

（1）重合闸充放电条件。

1）不满足重合闸放电条件。

2）断路器在"合闸"位置（接进保护装置的跳闸位置继电器 TWJ 不动作）。

3）重合闸启动回路不动作。

重合闸放电条件为（或门条件）：

1）重合闸方式在停用方式。

2）重合闸在单重方式时保护动作三跳或者开关三相偷跳。

3）收到外部闭锁重合闸信号（如手跳闭锁重合闸或永跳闭锁重合闸等）。

4）有"压力降低"开入后 200ms 内重合闸仍未启动。

5）重合闸脉冲发出的同时"放电"。

6）重合闸"充电"未满时，有跳闸位置继电器 TWJ 动作或有保护启动重合闸信号开入。

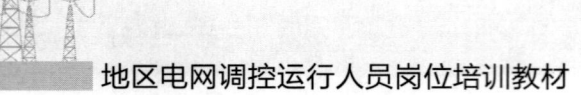

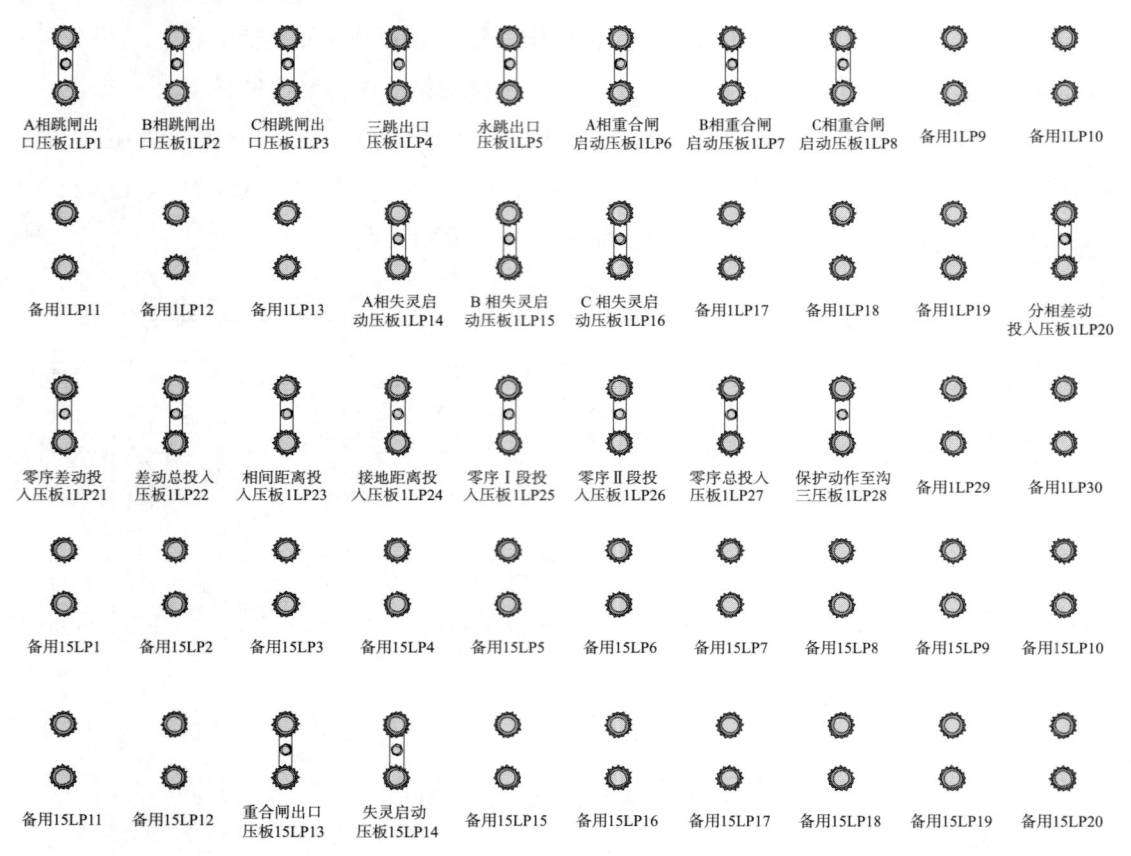

A相跳闸出口压板1LP1	B相跳闸出口压板1LP2	C相跳闸出口压板1LP3	三跳出口压板1LP4	永跳出口压板1LP5	A相重合闸启动压板1LP6	B相重合闸启动压板1LP7	C相重合闸启动压板1LP8	备用1LP9	备用1LP10	
备用1LP11	备用1LP12	备用1LP13	A相失灵启动压板1LP14	B相失灵启动压板1LP15	C相失灵启动压板1LP16	备用1LP17	备用1LP18	备用1LP19	分相差动投入压板1LP20	
零序差动投入压板1LP21	差动总投入压板1LP22	相间距离投入压板1LP23	接地距离投入压板1LP24	零序Ⅰ段投入压板1LP25	零序Ⅱ段投入压板1LP26	零序总投入压板1LP27	保护动作至沟三压板1LP28	备用1LP29	备用1LP30	
备用15LP1	备用15LP2	备用15LP3	备用15LP4	备用15LP5	备用15LP6	备用15LP7	备用15LP8	备用15LP9	备用15LP10	
备用15LP11	备用15LP12	重合闸出口压板15LP13	失灵启动压板15LP14	备用15LP15	备用15LP16	备用15LP17	备用15LP18	备用15LP19	备用15LP20	

图 2-3　正常运行时 PSL603A 压板投退情况

（2）输出沟通三跳。如下条件满足时，输出沟通三跳接点：

1）重合方式为三重方式或退出。

2）重合闸 CPU 告警。

3）重合闸充电未满。

4）装置失电。

（3）信号输出。端子 10X02 表示的告警 1 信号、10X07 表示的告警 2 信号为装置故障告警输出，为电保持接点，装置掉电才能复归；端子 10X04 表示的保护动作 1 信号（为磁保护接点，通过复归键复归）、10X10 表示的保护动作 2 信号（瞬时动作瞬时返回接点）为保护动作出口输出；端子 10X05 表示的失灵重跳信号 1 为磁保持接点，通过复归键复归；端子 10X11 表示的失灵重跳信号 2 为瞬时动作瞬时返回接点。

端子 10X06 表示的 PT 断线 1 信号、端子 10X12 表示的 PT 断线 2 信号、端子 10X03 表示的呼唤 1 信号、端子 10X09 表示的呼唤 2 信号为瞬时动作瞬时返回信号。

端子 10X17~10X18 和端子 10X19~10X20 两副接点用于指示过流压板的投入状态，如图 2-4 所示。

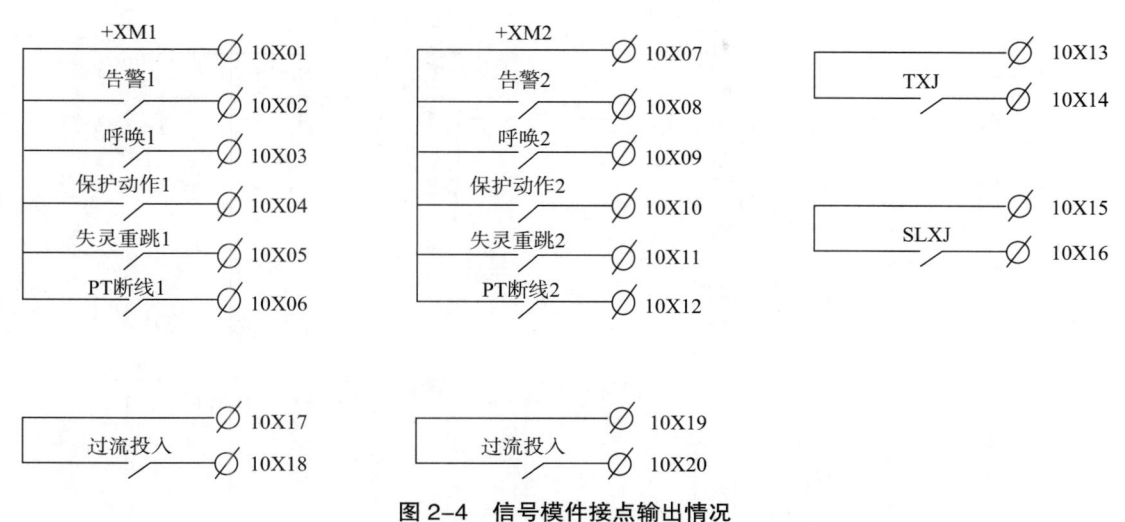

```
+XM1 ──┐  ⌀ 10X01      +XM2 ──┐  ⌀ 10X07           ┌──────┐  ⌀ 10X13
       │                      │                    │ TXJ  │
  告警1 ⌿  ⌀ 10X02        告警2 ⌿  ⌀ 10X08          └──────┘  ⌀ 10X14
       │                      │
  呼唤1 ⌿  ⌀ 10X03        呼唤2 ⌿  ⌀ 10X09
       │                      │
保护动作1⌿  ⌀ 10X04      保护动作2⌿  ⌀ 10X10          ┌──────┐  ⌀ 10X15
       │                      │                    │ SLXJ │
失灵重跳1⌿  ⌀ 10X05      失灵重跳2⌿  ⌀ 10X11          └──────┘  ⌀ 10X16
       │                      │
PT断线1 ⌿  ⌀ 10X06      PT断线2 ⌿  ⌀ 10X12

       ⌀ 10X17                 ⌀ 10X19
过流投入⌿                过流投入⌿
       ⌀ 10X18                 ⌀ 10X20
```

图 2-4　信号模件接点输出情况

（二）110kV 线路保护

以 PSL621C 线路保护装置为例。

1. 启动元件

保护启动元件用于开放保护跳闸出口继电器的电源及启动该保护故障处理程序。各保护 CPU 的启动元件相互独立且基本相同。启动元件包括相电流突变量启动元件、零序电流辅助启动元件和静稳破坏检测元件（零序电流保护模件没有静稳破坏检测元件）。任一启动元件动作则保护启动。

2. 区内故障跳闸逻辑

距离Ⅰ、Ⅱ、Ⅲ段段的出口逻辑分别如图 2-5 所示。图中，$k=$Ⅰ、Ⅱ、Ⅲ段段，$\varphi=a$、b、c、ab、bc、ca。$Z^k_{py\varphi}$ 表示 k 段的 φ 相偏移阻抗；$X^k0\varphi$ 表示 k 段的 Φ 相零序电抗（$\varphi=a$、b、c，相间距离无零序电抗元件）；$F_1\varphi$、$XX\varphi$ 表示 φ 相的正序方向和选相。$ZD^Ⅰ$、$ZD^Ⅱ$ 分别是振荡闭锁元件的距离Ⅰ、Ⅱ段开放输出。对于距离Ⅱ段，阻抗动作后通过"与"门 2 和"或"门 1 将 $XX\varphi$ 和 $X^Ⅱ0\varphi$ 固定，目的是防止发展性故障时阻抗元件的误返回。对于距离Ⅲ段段，还将 $F_1\varphi$ 固定，目的是防止系统振荡和故障同时发生时，方向元件的周期性返回引起保护拒动。另外，距离Ⅲ段段还可以根据控制字选择带偏移特性。

图 2-5 距离保护逻辑

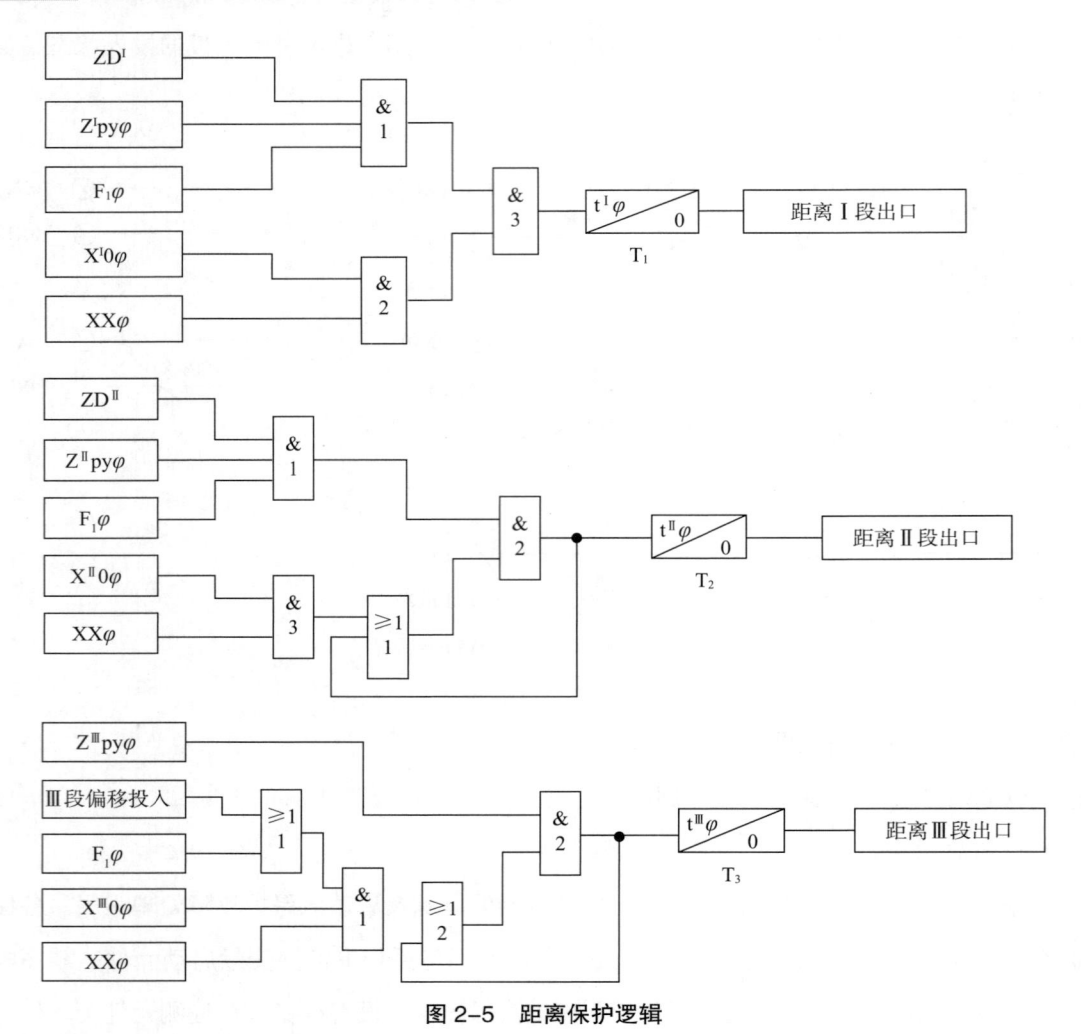

3. CT 断线对保护的影响

当最大相电流差大于最大相电流的 50% 时，延时 5 秒报 CT 负载不对称。零序电流大于零序段定值，但是零序各段都不动作，持续 10s 后报 CT 不平衡，并且闭锁零序辅助启动元件。当零序电流返回 1 秒后，保护立即恢复正常。

4. PT 断线对保护的影响

距离保护设有两段相过流保护元件及其延时元件，根据过流保护控制字投入或退出。在 PT 断线期间，即使过流保护控制字退出，只要"PT 断线过流保护控制字"投入，两段相过流保护仍然投入。PT 断线时，零序电流保护将其方向元件退出。PT 断线后若电压恢复正常，所有保护也随之恢复正常。

5. PT 断线对保护的影响

信号模块（Signal）安装在 9 # 插件位置，提供保护动作信号给中央控制信号。由继电器构成，主要包括保护动作、保护合闸、装置告警、PT 断线、呼唤信号继电器及其接点输出，还包括失灵启动继电器输出和合后接点（可代替 KK 把手合后接点）。接点输出如图 2-6 所示。

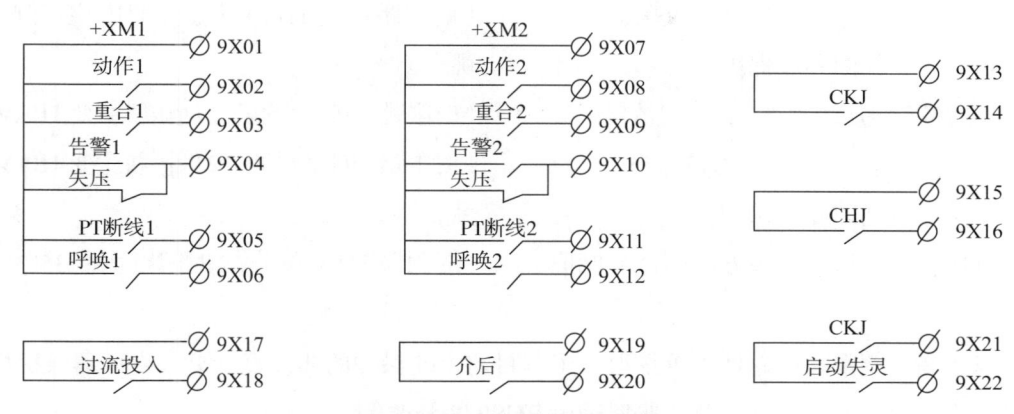

```
+XM1                        +XM2
  动作1   ⊘ 9X01              动作2   ⊘ 9X07              ┌─CKJ─┐ ⊘ 9X13
         ⊘ 9X02                     ⊘ 9X08              └─────┘ ⊘ 9X14
  重合1   ⊘ 9X03              重合2   ⊘ 9X09
         ⊘ 9X04                     ⊘ 9X10
  告警1                       告警2                       ┌─CHJ─┐ ⊘ 9X15
  失压                        失压                        └─────┘ ⊘ 9X16
  PT断线1 ⊘ 9X05              PT断线2 ⊘ 9X11
  呼唤1   ⊘ 9X06              呼唤2   ⊘ 9X12
                                                         ┌─CKJ─┐ ⊘ 9X21
  过流投入 ⊘ 9X17              介后   ⊘ 9X19              └启动失灵┘⊘ 9X22
          ⊘ 9X18                    ⊘ 9X20
```

图 2-6 信号模件接点输出情况

端子 9X01～9X12 为两组保护信号，可分别作为中央信号和远动信号。其中，端子 9X04 表示的告警 1 信号、9X10 表示的告警 2 信号为装置故障告警输出，为电保持接点，装置掉电才能复归，该信号接点并有失压继电器的常闭接点，信号电源失压情况下也有告警信号输出；端子 9X02 表示的动作 1 信号、9X03 表示的重合 1 信号为磁保持接点，通过复归键复归，端子 9X08 表示的保护动作 2 信号、9X09 表示的重合 2 信号为瞬动瞬返接点。

端子 9X05 表示的 PT 断线 1 信号、端子 9X11 表示的 PT 断线 2 信号、端子 9X06 表示的呼唤 1 信号、端子 9X12 表示的呼唤 2 信号为瞬时动作瞬时返回信号。

端子 9X13～9X14 表示的 CKJ（跳闸出口继电器）输出为瞬动瞬返接点。

端子 9X15～9X16 表示的 CHJ（重合闸出口继电器）输出为瞬动瞬返接点。

端子 9X17～9X18、端子 9X19～9X20 两组合后输出为磁保持接点，可代替 KK 把手合后接点。

端子 9X21～9X22 表示的启动失灵继电器输出和 CKJ 接点串联为瞬动瞬返接点。

（三）主变保护

以 PST1202-ZJ 系列主变保护装置为例。

1. 主变保护配置

第一套保护 PST1202A、第二套保护 PST1202B、本体保护 PST1210C、失灵启动装置 PST1206B，高压侧配 PST1212 三相双跳圈操作箱，中压侧配 PST1211 操作箱，低压侧配 PST1210 操作箱。主保护为差动和重瓦斯，动作跳三侧。

高后备：	复压闭锁过流保护	跳三侧
	复压闭锁（方向）过流保护	1时限跳主变110kV侧，2时限跳三侧
	零序过流保护	跳三侧
	零序（方向）过流保护	1时限跳主变110kV侧，2时限跳三侧
	间隙零序保护	跳三侧
中后备：	复压闭锁（方向）过流保护	1时限跳110kV母联，2时限跳主变110kV侧
	零序（方向）过流保护	1时限跳110kV母联，2时限跳主变110kV侧
	间隙零序保护	跳三侧
低后备：	复压闭锁（方向）过流保护	1时限跳35kV母分，2时限跳主变35kV侧，3时限跳三侧

以上是主变保护的总体配置情况。了解目前主变保护的典型设计见《变压器保护标准化设计会议纪要8月6日》及《典型运规RCS978修改》。

2. 零序（方向）过流保护和间隙零序保护目前的投退方式

目前，我们要求零序（方向）过流保护和间隙零序保护必须根据主变中性点的变化而变化，在操作过程中势必有一个短时间两种保护是同时投入的，因为需要实现保护切换的无死区。其实这种短时间的共会恰恰是以后保护的投入方式，两种保护任何时候均投入，不再考虑中性的变化。

3. 主变的失灵回路和线路失灵的区别

主变失灵启动回路情况如图2-7所示。

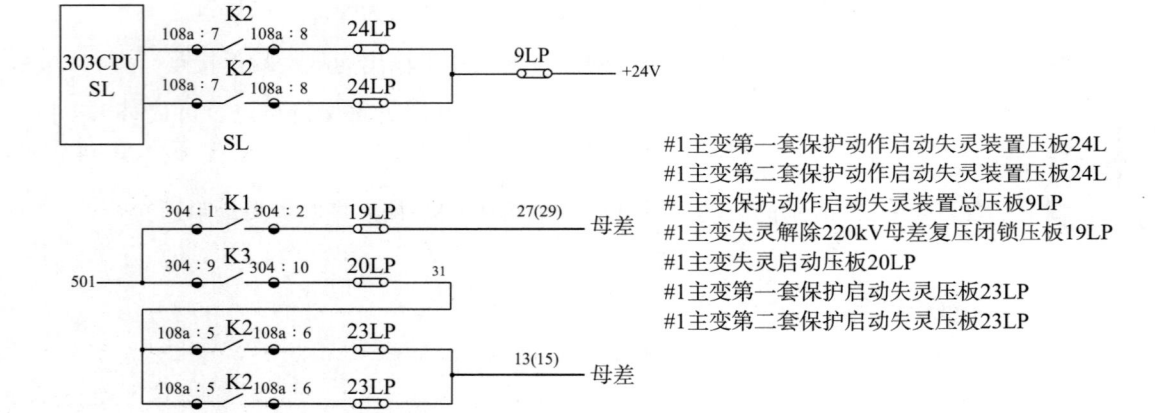

图2-7 主变失灵启动回路

#1主变第一套保护动作启动失灵装置压板24L
#1主变第二套保护动作启动失灵装置压板24L
#1主变保护动作启动失灵装置总压板9LP
#1主变失灵解除220kV母差复压闭锁压板19LP
#1主变失灵启动压板20LP
#1主变第一套保护启动失灵压板23LP
#1主变第二套保护启动失灵压板23LP

主变失灵和线路失灵主要有三个区别：一是主变失灵启动后还要解除母差复压闭锁，线路不用（原因见最后题）；二是由于主变非电气量动作后即使开关拒动也不满足失灵电

流条件,因此主变保护在动作时设置了电气量保护动作去启动失灵装置的回路;三是主变失灵采用相电流、自产零序电流、负序电流作为主变失灵的电流条件。

4. 典型设计后的主变失灵回路的变化

主变高压开关的失灵电流判别将由母差保护承担,主变保护通过跳闸接点启动失灵和解锁失灵复压闭锁,如图 2-8 所示。

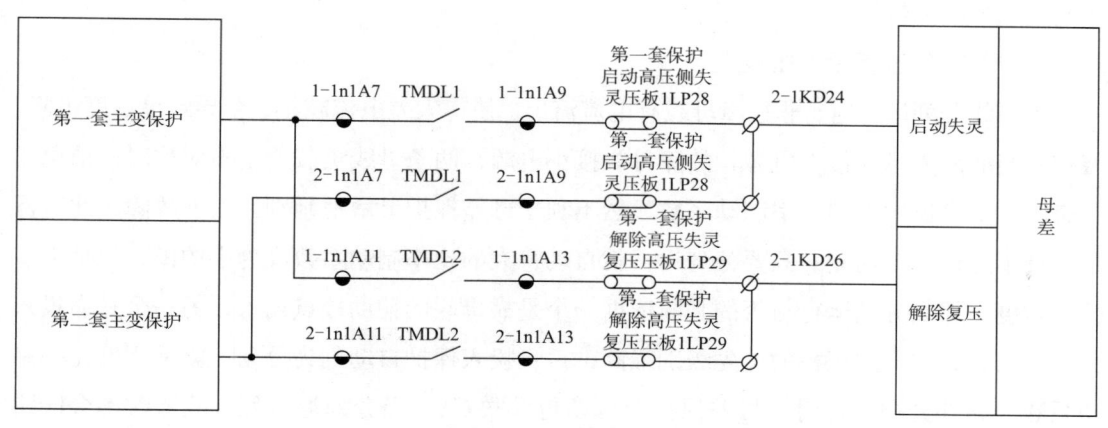

图 2-8 主变失灵启动

失灵联跳装置设有高压侧失灵联跳功能,用于母差或其他失灵保护装置通过变压器保护跳主变各侧的方式;当外部保护动作接点经失灵联跳开入接点进入装置后,经过主变保护内部灵敏的、不需整定的电流元件并带 50ms 延时后跳变压器各侧断路器,如图 2-9 所示。

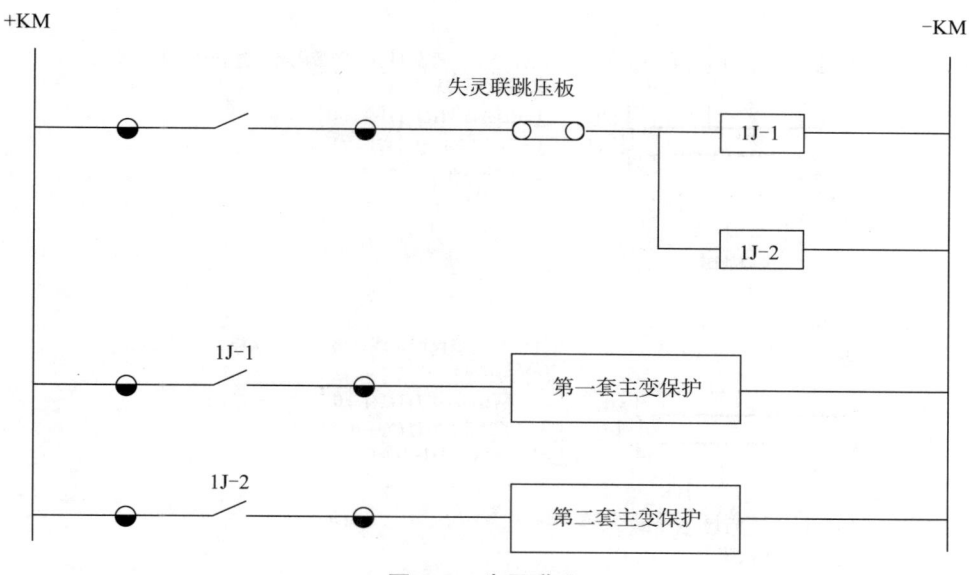

图 2-9 失灵联跳

（四）母差保护

以 BP-2B 母差保护装置为例。

1. "大差"和"小差"的概念

母线大差是指母线上除了母联和分段开关之外的所有支路电流之和，小差是指连接在一段母线上（包括母线和分段）的所有支路电流之和。大差用来判别区内还是区外故障，小差是选择故障母线。

2. 分列运行压板投入压板

当母线分列运行时，非故障母线有电流流出，使得大差电流减小，会导致灵敏度下降，特别是当非故障母线接大电源，故障母线接小电源，两条母线负载严重不对称时，情况尤其突出。如果还用大的比率制动系数显然不利于母差保护灵敏地判别区内外故障，此时保护设计了这样一个功能：只要分列运行就自动将大的比率制动系数降为小的值，保持大差的灵敏度。那么分列运行与否的判断依据一个是靠母联的辅助接点输入，另一个是靠投入分列压板，其中分列压板的优先级别最高，一旦投入保护自动判为分列，就采用低比率制动系数。另外分列运行时，母差保护会自动封母联 CT，当分列运行死区故障时不会误跳母线，当然，母联开关辅助接点能实现相同的功能，但当辅助接点不良时分列压板的投入意义尤为重大。

3. 定性分析区内和区外故障时"大差"和"小差"的变化

区内故障和区外故障时"大差"和"小差"的变化情况如图 2-10 所示。

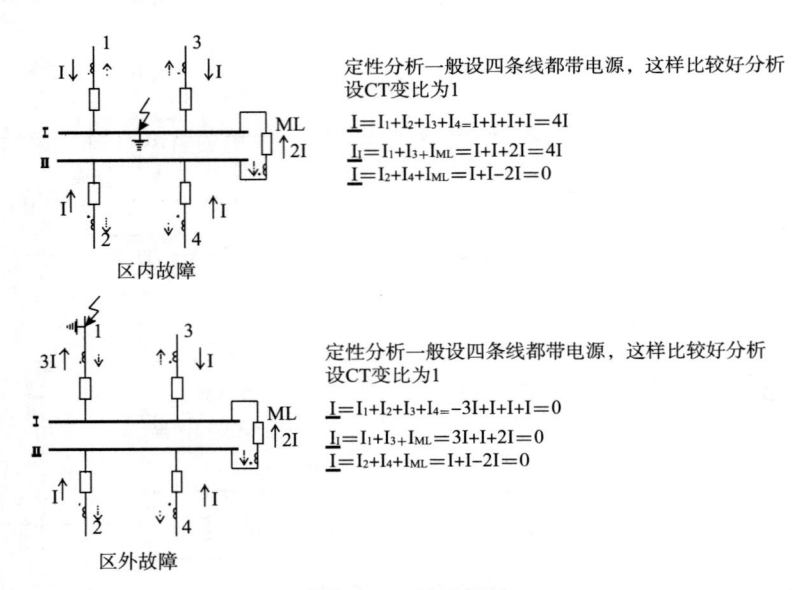

区内故障

定性分析一般设四条线都带电源，这样比较好分析
设CT变比为1
$\underline{I}=I_1+I_2+I_3+I_4=I+I+I+I=4I$
$\underline{I}_I=I_1+I_3+I_{ML}=I+I+2I=4I$
$\underline{I}=I_2+I_4+I_{ML}=I+I-2I=0$

区外故障

定性分析一般设四条线都带电源，这样比较好分析
设CT变比为1
$\underline{I}=I_1+I_2+I_3+I_4=-3I+I+I+I=0$
$\underline{I}_I=I_1+I_3+I_{ML}=3I+I+2I=0$
$\underline{I}=I_2+I_4+I_{ML}=I+I-2I=0$

图 2-10　差动保护

4. 母联失灵和死区故障的逻辑

母联失灵和死区故障的逻辑如图 2-11 所示。

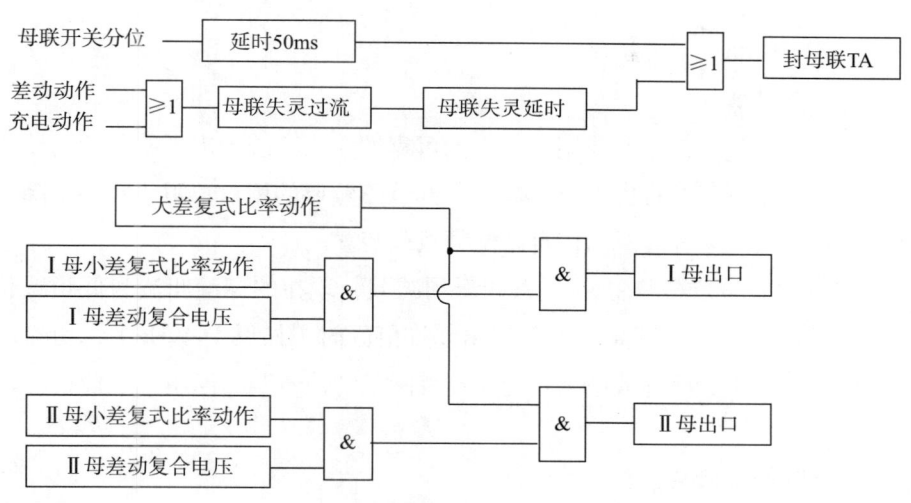

图 2-11　母联失灵和死区故障的逻辑

5. 母差的母联位置接点引入特点

引入母差的母联接点是断路器辅助接点，常开和常闭同时引入以便相互校验。母联的位置判别对母差来说至关重要，一方面，分列运行时要靠母联接点正确读入来调整大差的比率制动系数；另一方面，母联开关断开后要靠辅助接点的正确反应来封母联 CT，保证此时死区故障不会误跳另一条母线，所以为了可靠起见，同时引入常开和常闭相互校验。需要提醒的是，当常开和常闭不对应时，装置默认开关为合，并报"开入异常"告警信号。

6. 母联 CT 断线

母联 CT 断线后，母差保护会延时 20ms 报互联信号，并强制互联，此时母差自动改为单母方式，不闭锁母差保护，若电流回路恢复正常，需手动复归信号才能恢复双母差运行。出线支路 CT 断线后，母差会延时 9s 报 CT 断线，并闭锁母差保护。

7. 母联断开状态下互联压板投入和分列压板投入后母差的反应

母联断开状态下，互联压板投入后母差互联灯会点亮，液晶显示母联开关在合位，母差自适应改为单母方式；若分列压板投入，不会有特别反应，当然，若母联辅助接点不能正确指示一次状态时（也就是说，开关实际为断开，但二次反映为合）放上分列压板会报"开入异常"，并且液晶显示母联分位。

8. 分列压板的投退

分列压板应在母联开关断开后放上，而在合上前取下，典票的编制正是根据这个原则执行的。

三、安全自动装置

（一）重合闸装置

为了提高供电质量，保证重要用户供电的可靠性，当系统中出现有功功率缺额引起频率下降时，根据频率下降的程度，自动断开一部分不重要的用户，阻止频率下降，以使频率迅速恢复到正常值，这种装置叫作自动低频减载装置。

电力系统自动低频减载装置，过去叫低周减载，现在的标准叫法为低频减载，是电力部门（主要为电厂）在电网频率下降超出允许范围时（如低于49Hz），切除部分非重要用户的一种技术手段。低频减载装置定义"跳闸""信号""停用"三种状态。

（二）过载联切负荷装置

为了防止主变压器由于过负荷而跳闸，影响区域供电，所以事先将用电负荷根据其重要性进行分类。当主变发生过负荷时，会自动或者手动切除最不重要的一批负荷，以保证主变能够正常运行。如果主变还是过负荷，就再切除次重要的负荷，直至主变正常运行，以确保重要负荷的供电。主变过载联切负荷装置定义"跳闸""信号""停用"三种状态。

四、典型二次回路

（一）断路器控制回路

1. 回路作用

在发电厂和变电站中对断路器的跳、合闸控制是通过断路器的控制回路以及操动机构来实现的。控制回路是联结一次设备和二次设备的桥梁，通过控制回路，可以实现二次设备对一次设备的操控。通过控制回路，实现了低压设备对高压设备的控制。

2. 回路原理

例如，线路区内A相故障，保护诊断应该跳闸，遂发A相跳闸命令。由于现在都是计算机保护，这个命令在保护中起先是一个逻辑命令，通过出口继电器最终转化成一电气接点输出。以第一套保护为例，这个接点就是1CKJA1。这串符号中的第一个数字"1"代表这是第一个出口继电器（也许还有多个），前三个字母是汉语"出口继电器"拼音的首字母，第四个字母"A"表示A相，最后一个数字"1"表示这是1号出口继电器A相的第一副接点（一只继电器可以输出很多副接点）。

如图 2-12 所示，1CKJA1 接点左侧是直流的正电源，右侧是一块压板"1LP1"，压板实物如图般形状，通过它连接或者断开可以人为控制这条回路的通断。压板的意义在于当装置需要改变状态时可以通过投退压板来对应设备的各种状态。

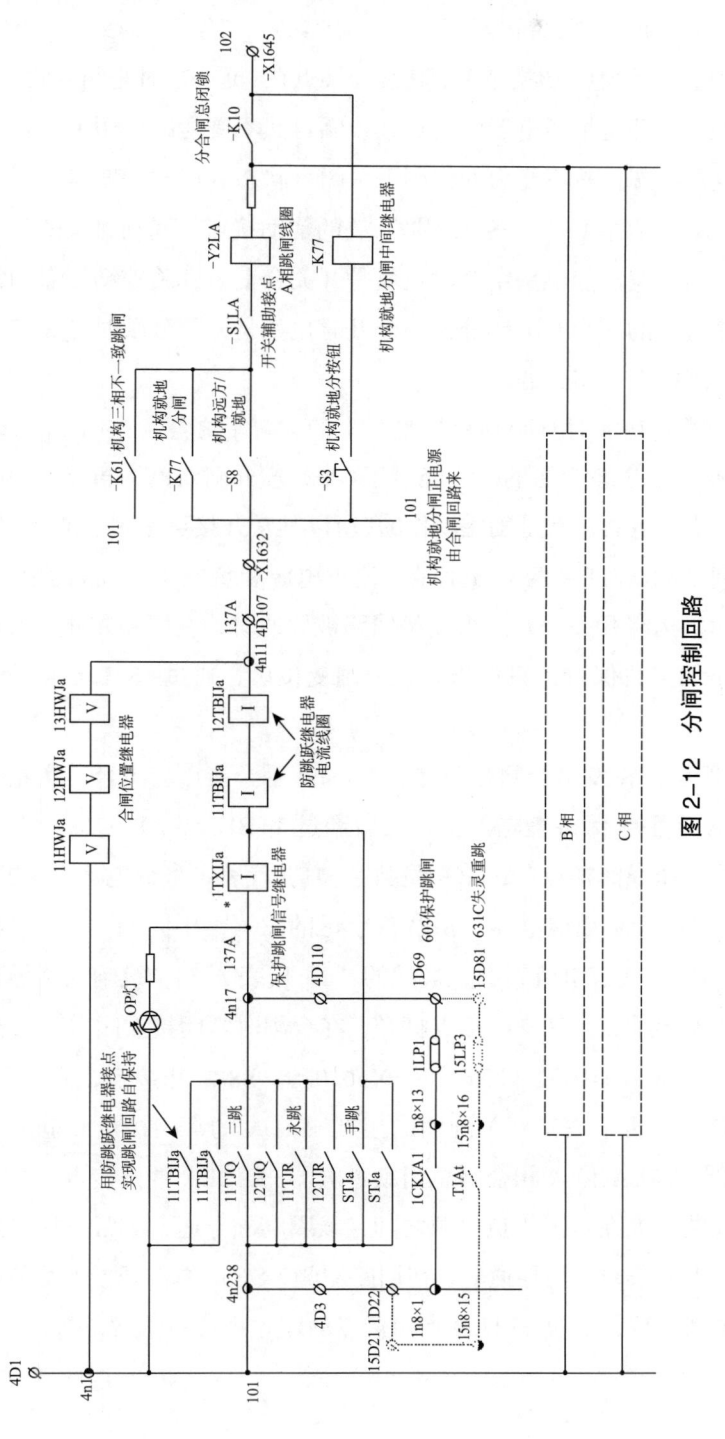

图 2-12 分闸控制回路

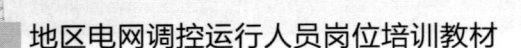

1LP1 我们命名为"A 相跳闸压板",正常是投入的。回路经过 1D69、4D110 到了 4n17 端子,由于左侧的接点都是断开的,所以回路继续往右走,之后一路经过了 1TXI-Ja、11TBIJa、12TBIJa 这三个继电器,分别称为"跳闸信号继电器电流线圈"和"防跳跃闭锁继电器电流线圈"。之后再经过 4n11、4D107、-X1632 碰到了 -S8 常开接点。-S8 是开关机构的"远方/就地"切换开关,其常开接点在"远方"时是闭合的,常闭接点在"就地"时是闭合的。常开是指继电器的接点在线圈自然不受力的作用下呈打开状态;常闭是指继电器的接点在线圈自然不受力的作用下呈闭合状态。正常 -S8 是处于"远方",该接点是闭合的,回路继续往下走,-S1LA 是开关的辅助接点,和动触头的状态是一致的。这里用的是常开,当开关动静触头结合时也就是开关合上时开关辅助接点的常开接点是闭合的,常闭接点是打开的;当开关动静触头分开时也就是开关分闸时开关辅助接点的常开接点是打开的,常闭接点是闭合的。

当开关执行跳闸功能时其必须首先是合上的,言下之意,这时的 -S1LA 常开接点应该是闭合的,所以回路继续往下走,经过了 -Y2LA 分闸线圈,再是 -K10 常开接点直到直流负电源(-K10 继电器正常是励磁动作的,所以其常开接点是闭合的,详细在后面介绍)。至此,A 相分闸线圈 -Y2LA 两端分别是直流正电源和负电源,线圈励磁导通,其常开接点闭合带动做功机构将开关分开。当整条回路被导通时,在回路左侧,有两副 11TBIJa 的常开接点给整条回路自保持,只有当开关分闸变位后,通过 -S1LA 常开接点返回才将跳闸回路切断。

如图 2-13 所示,在发出合闸命令之后,1SHJ 手合接点会闭合,其左侧的直流正电源会引至 SHJa(A 相手合保持继电器),之后经过 1TBUJa、2TBUJa 接点,称为"A 相防跳跃闭锁继电器电压线圈接点",第一位数字"1"代表 1 号继电器,"2"代表 2 号继电器。"TBJ"是"跳跃闭锁继电器"拼音首字母的缩写,中间的"U"代表电压线圈,与之对应的还有"I",代表电流线圈,最后的"a"代表 A 相。跳闸回路导通的时候跳跃闭锁继电器电压线圈会励磁,其常闭接点打开,在合闸时常闭接点闭合。

之后,经过 4n6、4D100、-X1611、-X1610 至 -S8 常开接点,正常打"远方"所以常开接点是闭合的,再下去是开关的辅助接点 -S1LA 的常闭接点,也是闭合的。最后到了 A 相合闸线圈 -Y1LA 和 A 相合闸总闭锁继电器 -K12LA 常开接点。至此,整条回路就导通了,合闸线圈被夹在直流正负电源之间,线圈励磁导通,其常开接点闭合带动做功机构将开关合上。当整条回路被导通时,在回路左侧,SHJa 的常开接点给整条回路自保持,只有在开关合闸变位后,通过 -S1LA 常闭接点动作才将合闸回路切断。

图 2-13 合闸控制回路

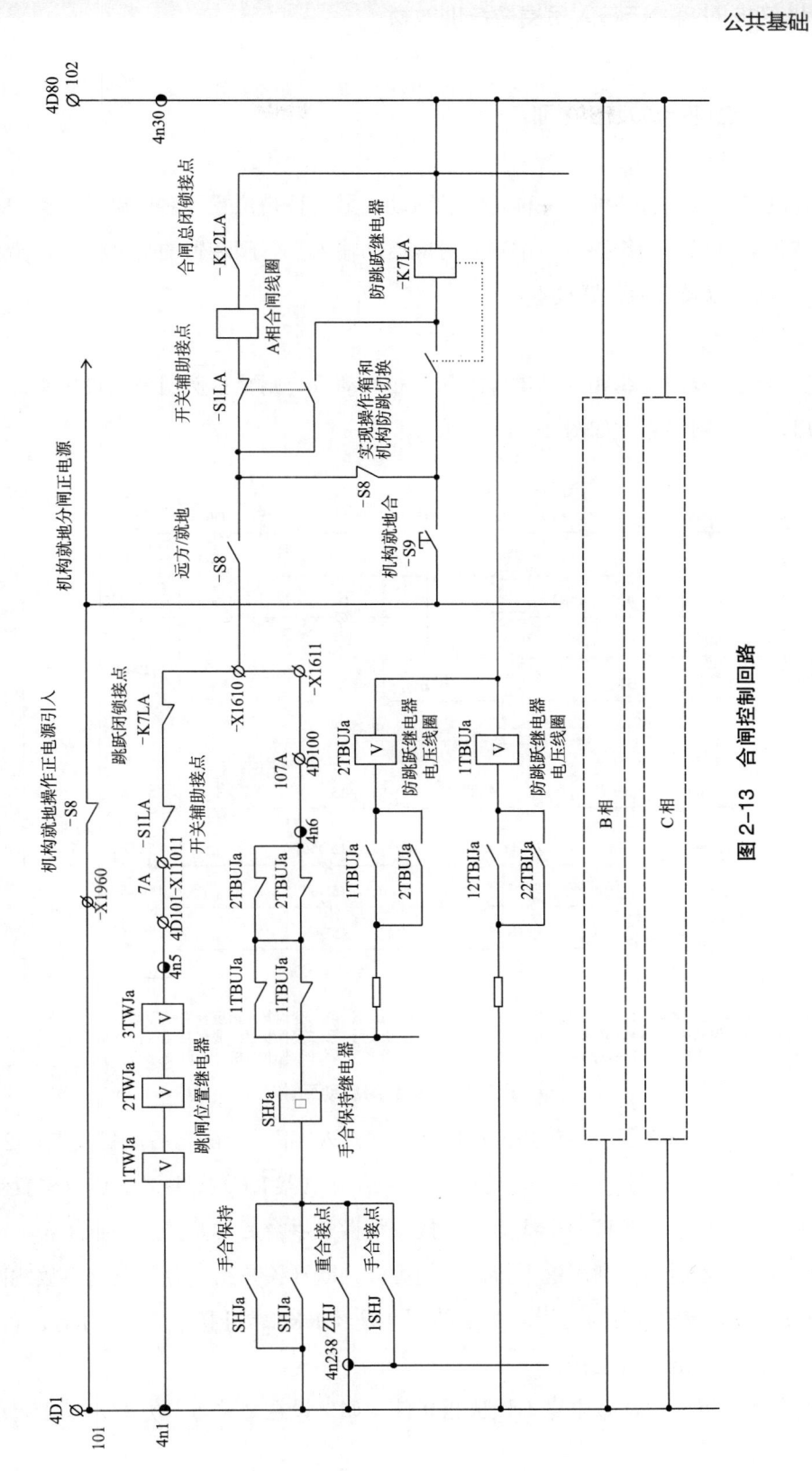

（二）重合闸启动及出口回路

1. 回路作用

重合闸启动方式有两种，一种是保护启动，另一种是位置不对应启动。保护启动输入重合闸装置的是保护动作接点；位置不对应启动输入重合闸装置的是开关跳位指示（一般取 TWJ 接点）以及合后位置接点。

2. 回路原理

保护启动重合闸分单相启动重合闸和三相启动重合闸，本例因为只投单重，只接了保护单相启动重合闸回路，如图 2-14 所示。

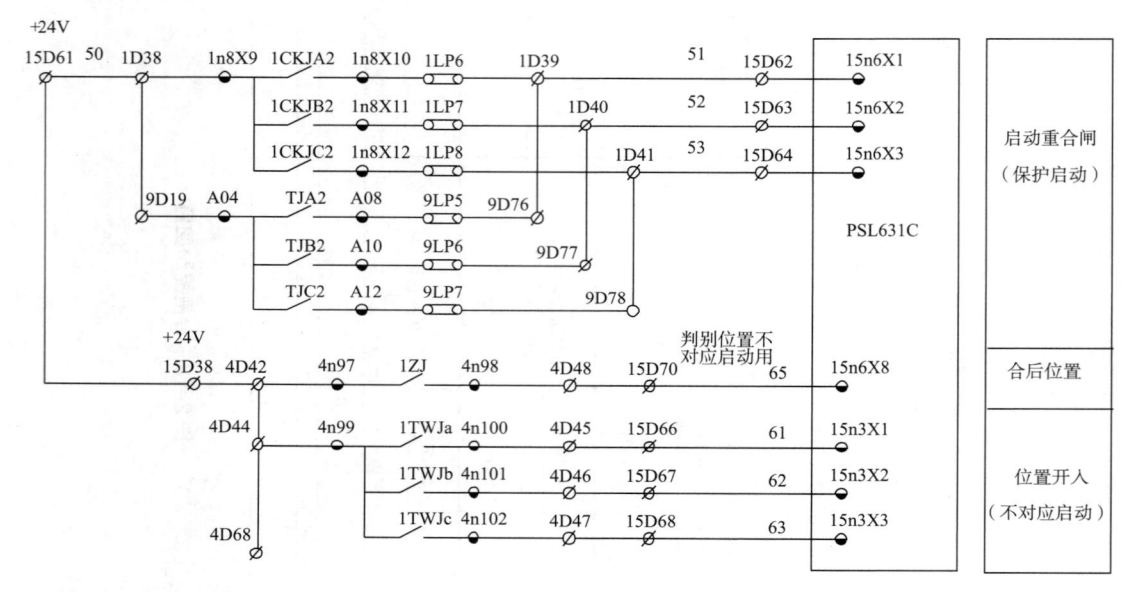

1LP6：第一套保护A相重合启动压板
1LP7：第一套保护B相重合启动压板
1LP8：第一套保护C相重合启动压板
9LP5：第二套保护A相重合启动压板
9LP6：第二套保护B相重合启动压板
9LP7：第二套保护C相重合启动压板

图 2-14 重合闸启动回路

位置不对应启动除了三相跳闸位置指示必须接入，很重要的合后位置接点也必须接入，判别开关是否偷跳主要依靠它。合后接点由手合继电器 KKJ 提供，它是双位置继电器，有两个线圈，手合手跳各接一个线圈。其接点特性是手合后常开接点一直闭合，除非再发一个手跳命令方才返回。利用这个特性我们可以判断开关是人为分闸还是事故跳闸，这是位置不对应启动能够存在的前提。图中的 1ZJ 是经 KKJ 常开接点重动后的接点，本质上是一回事，指示的是合后位置。

对重合闸装置来说，它本身不设选相元件，如果设在"单重"方式，只要启动接点输入的是单相，重合闸就把该相重新合上。选相跳闸的功能都是保护在完成，重合闸只是将输入启动量和选择的重合闸方式进行比较，满足重合闸逻辑就重合，否则就不动作。重合闸出口回路如图 2-15 所示。

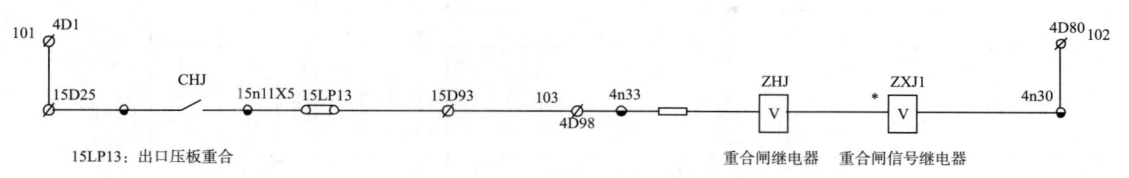

```
101  4D1                                                                    4D80 102
 ○───○  ──/ ──○───[]──○─────○──○─────[ZHJ]──*──[ZXJ1]──○
15D25   CHJ  15n11X5 15LP13   15D93  103   4n33   V        V      4n30
                              4D98
        15LP13：出口压板重合                    重合闸继电器  重合闸信号继电器
```

图 2-15 重合闸启动回路

重合闸动作则 CHJ 接点闭合将 ZHJ 继电器励磁，然后通过 ZHJ 的常开接点串在合闸回路中导通合闸线圈。ZHJ 的三副常开接点分别串在三相合闸回路中，在单重方式下，只有一相合闸回路会被 ZHJ 接点导通，未跳开的两相合闸回路不会被导通，ZHJ 接点只是空合一下。

（三）压变二次回路

1. 回路作用

保护要取到电压需分两步，第一步是将母线或线路电压引至二次电压小母线；第二步是将二次小母线电压引至保护装置。

2. 回路原理

第一步，母线电压通过母线压变将一次高电压变为二次小电压，根据二次负载精度要求不同，一般分为保护和测量线圈、计量线圈和开口三角形三个二次绕组。二次绕组一般装设空气开关或熔断器作为二次回路的保护和隔离装置。其中保护和测量线圈一般装设空气开关，而计量线圈一般装设熔断器，只有开口三角形不允许装设任何可能使回路断开的装置（见图 2-16）。

压变通过压变闸刀和母线相连，压变闸刀的重动接点一般会接入压变二次绕组中，避免在压变检修过程中并列的另一台压变将二次电压反充到检修压变的高压侧，如图 2-17 所示。当然，我们也会要求断开二次空气开关或者取下熔断器，但是自动切断二次回路可以更好地保护工作人员。

线路压变一般直接连接于线路，通过传变将一次高电压变换为二次低电压。线路压变只有一个二次线圈，同样，二次线圈的回路中也有空气开关作为二次回路的保护和隔离装置，如图 2-18 所示。

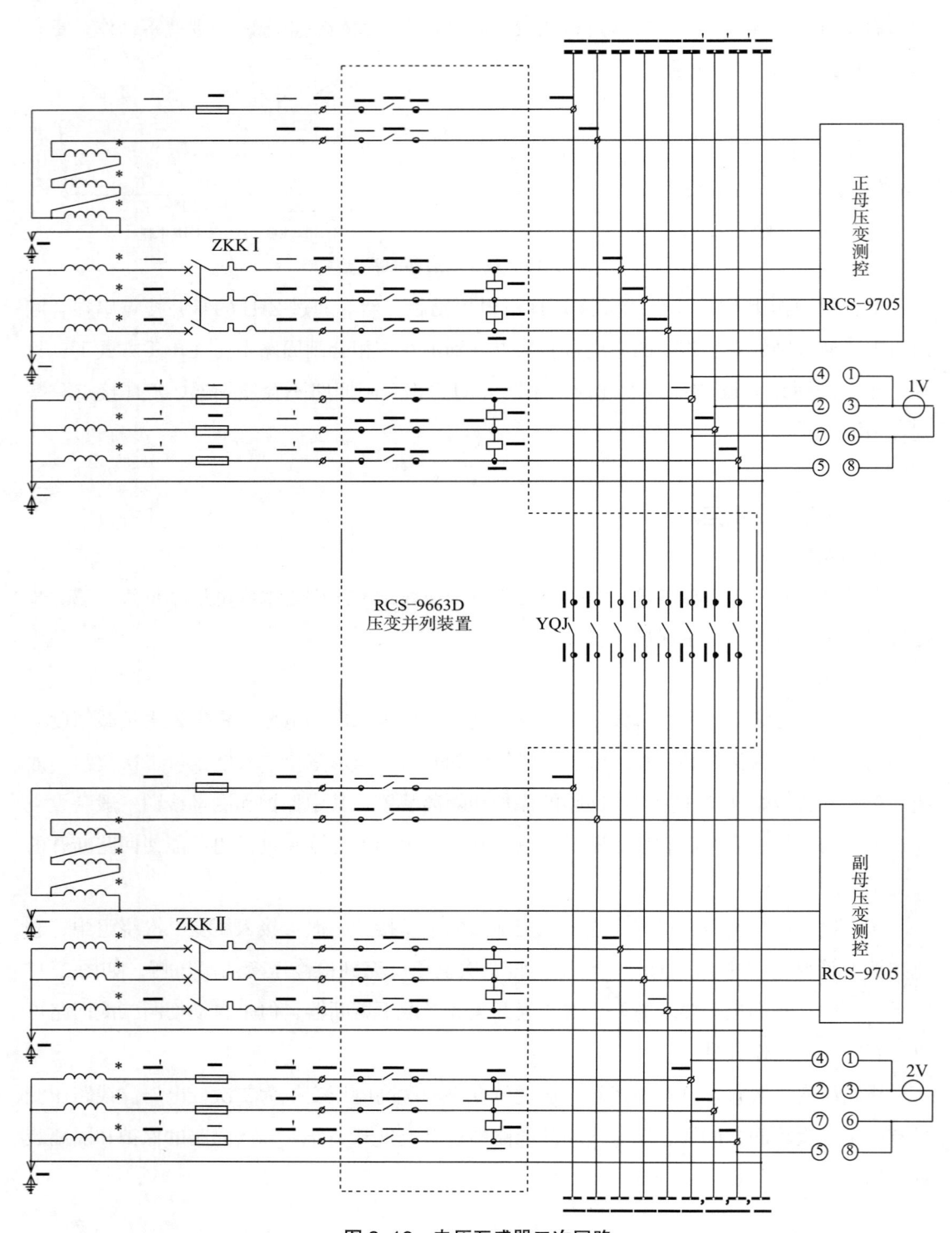

图 2-16 电压互感器二次回路

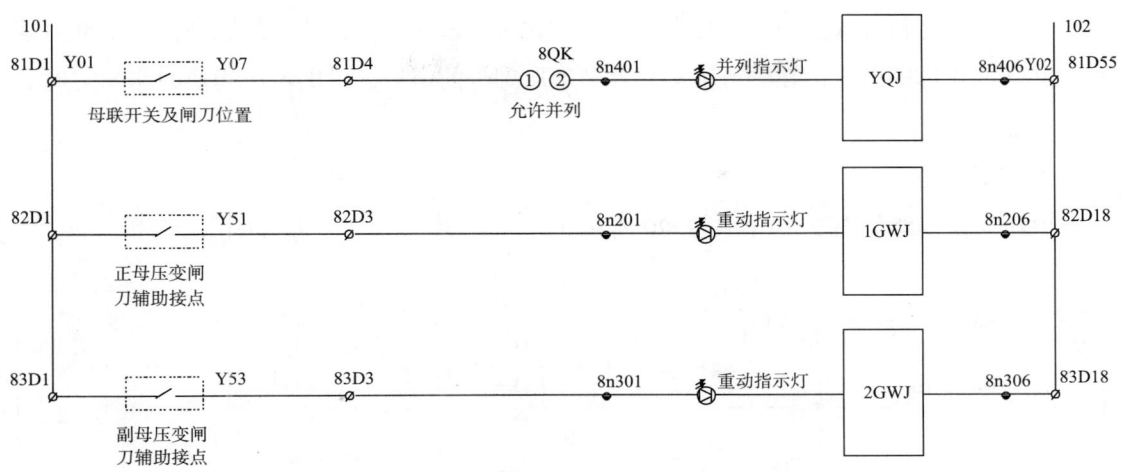

图 2-17　220kV 电压并列及重动回路

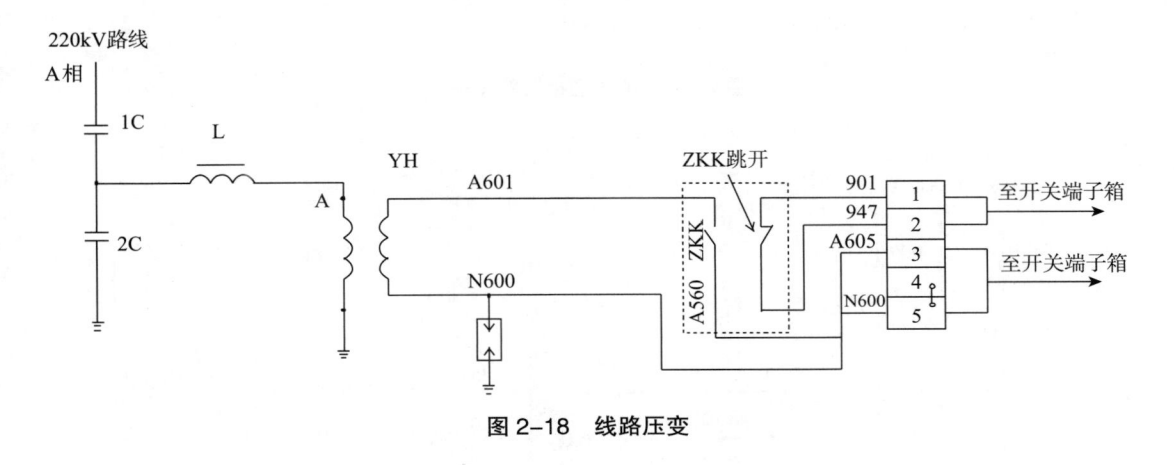

图 2-18　线路压变

第二步，母线压变将一次高电压转变为二次小电压，然后引至保护屏电压小母线后即完成了自身的任务。接下来，保护装置通过电压切换回路将屏顶电压小母线的电压引入保护装置参与运算。保护的电压切换回路一般有两种存在形式，一种是寄身于操作箱内，和保护装置空间上保持独立；另一种是作为保护装置的一个插件存在于保护装置中，空间上算是保护装置的一部分。无论是哪种形式，控制电压切换回路的电源都是独立的，我们称为"控制电源"，和保护装置的电源是不同的。

（四）保护装置电压切换回路

1. 回路作用

双母接线的变电所中，线路等间隔都有两组母线闸刀，这样每个间隔都可以根据需要灵活安排运行方式，或是连接正母线或是连接副母线。电压切换回路的存在意义其实是为了配合一次的运行方式。因为，根据"二次方式必须适应一次方式"的原则，在正母上运行就必须取正母的电压，在副母上运行就必须取副母的电压，借助电压切换回路就实现了这种功能。

2. 回路原理

电压切换回路如图 2-19 和图 2-20 所示。

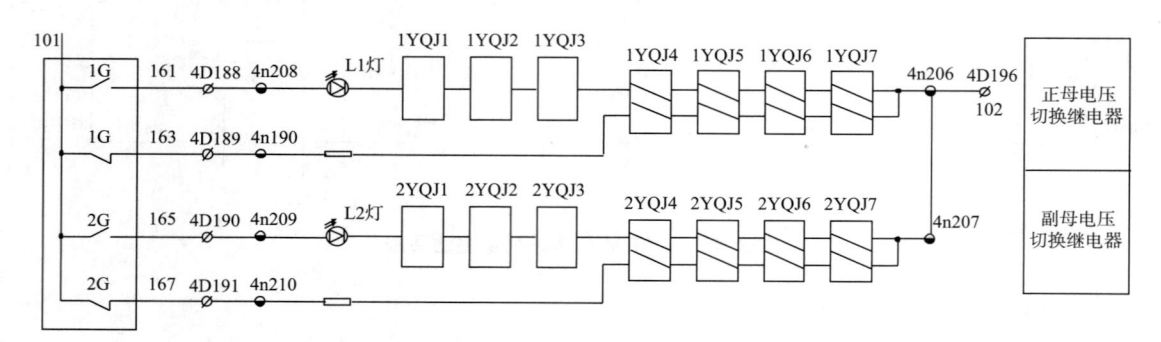

图 2-19　电压切换回路（一）

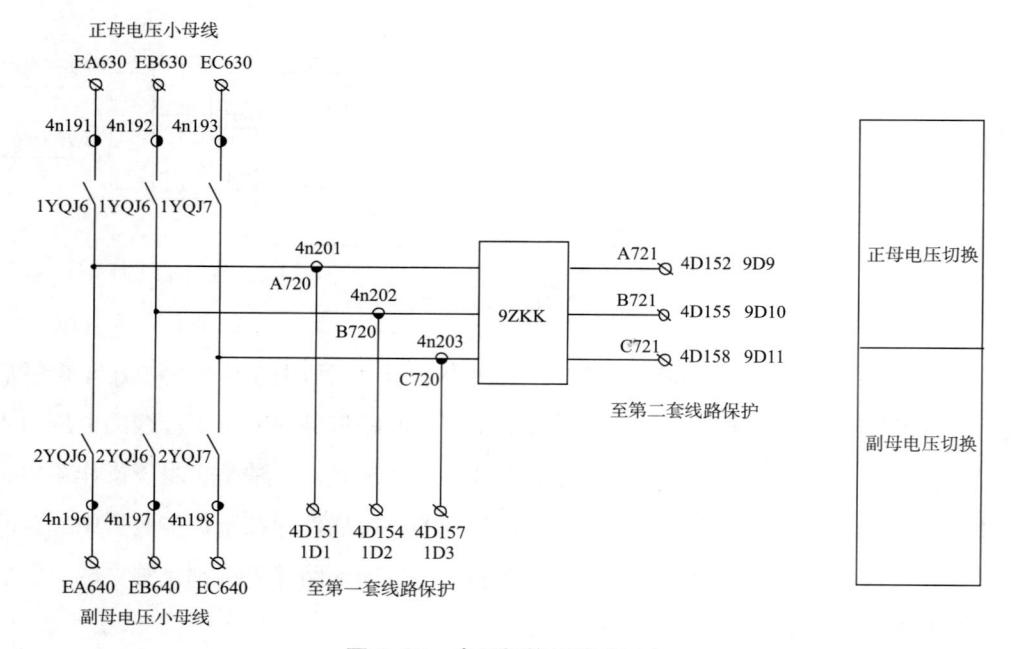

图 2-20　电压切换回路（二）

单母接线的变电所中，各间隔都是连接于指定的母线，不会出现运行于不同母线的情况，当然，也就不需要电压切换回路。各间隔的保护装置都直接从电压小母线取电压。线路电压一般直接从线路压变二次侧引入保护装置。

（五）闸刀操动机构回路

闸刀操动机构分为控制回路和操作回路。控制回路采用单相交流电控制电动机的正反转，操作回路采用三相交流电为闸刀的分合提供动力。

控制回路和操作回路中一般各装设一组空气开关，作为短路保护。也有机构只设一组空气开关，将控制电源和操作电源都经过该开关引入。为了防止闸刀自合或自分，闸刀的控制回路和操作回路的空气开关平时在断开位置，操作时才合上，操作完再断开。结合上述方式，目前闸刀仍以就地操作为主。

影响闸刀控制回路通断一般包含控制电源、测控闭锁、手动操作闭锁、限位开关动作、断相保护、热耦继电器动作等因素。

影响闸刀操作回路通断一般包含操作电源、热耦继电器动作等因素。

闸刀机构还设有远控模式，当机构箱内操作方式选择"远控"时，可以通过监控后台发送命令给测控装置，通过测控的分合接点控制闸刀。

在闸刀电动失灵后，一般允许通过专用的操作手柄手动操作。手动操作必须遵循先快后慢的原则，在分合的最后过程要一边操作一边观看闸刀触头位置，防止操作过头。也有的闸刀只允许在无电调试时手动操作，严禁带电手动分合闸刀，应注意区分。

（六）防跳跃闭锁回路

1. 回路作用

当开关合闸时，若手合接点 1SHJ 粘连，导致接点长期导通，此时开关合于永久性故障线路，保护立即动作会将故障切除，但此时由于 1SHJ 接点长期导通，随着分合闸回路中 -S1LA 常开和常闭接点的快速切换，开关会被再次合上，而保护再次动作，如此反复，直至开关机构损坏，这种现象就叫开关的跳跃现象。如果不加以制止，结果将不堪设想，由此防跳跃闭锁回路出现。

2. 回路原理

（1）操作箱防跳。支持开关跳跃现象存在三个条件：手合接点 1SHJ 粘连、合于永久性故障线路、保护正确动作。

当 A 相跳闸回路沟通时，11TBIJa、12TBIJa 防跳跃闭锁继电器电流线圈会励磁动作，12TBIJa 的常开接点接在合闸回路中导通了 1TBUJa 线圈，其常闭接点就会切断合闸回路，即使合闸接点粘连也不会再次合闸。同时，1TBUJa 线圈的常开接点导通 2TBUJa 线圈，并由其自身的常开接点实现自保持，而常闭接点去切断合闸回路，这样，随着跳闸命令返回,依然能将合闸回路切断,直到 1SHJ 接点断开为止。简言之,操作箱防跳跃闭锁回路是由跳闸回路的防跳跃闭锁继电器电流线圈启动,而由合闸回路的防跳跃闭锁继电器电压线圈自保持。

(2)开关机构防跳。现在的开关本身也有完善的防跳回路,以西门子 3AQ1EE 为例,无论是"远方"合闸命令还是"就地"-S9 合闸命令,一经发出合闸线圈即被导通,开关合上。开关辅助接点 -S1 常闭和常开立即切换,只要合闸接点粘连,则 -K7 线圈励磁动作,其常闭接点会切断 -K12 线圈的回路,从而串在合闸回路中的 -K12 常开接点会返回,则合闸回路被闭锁了,直到合闸接点打开。这样,若合于故障线路,开关不会再次合闸。但反措要求在"远方"时采用操作箱防跳,而在"就地"时采用开关机构防跳,不得两种防跳同时投入。做法是在合闸回路 -S8 和 -S9 之间的导线上加 -S8 的常闭接点,这种方法似乎完成了两种防跳回路的切换,但当 -S8 切至"就地"时其跳闸回路也被切断了,开关无法自我完成跳闸。所以就破坏了开关跳跃现象存在的三个条件,开关机构的防跳应该引起重视。

(七)遥控操作回路

1. 回路作用

遥控合闸如图 2-21 所示。

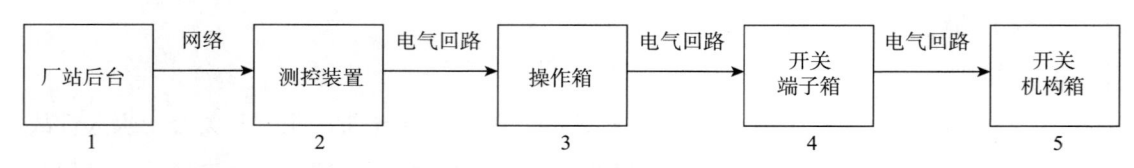

厂站后台	→网络→	测控装置	→电气回路→	操作箱	→电气回路→	开关端子箱	→电气回路→	开关机构箱
1		2		3		4		5

图 2-21 厂站开关遥控命令路线

"220kV 线路合闸回路解析"表述的是图 2-21 中的 3—4—5 环节,这里还原 1 和 2 两个环节。当后台在相应的界面操作遥控开关时,该命令首先通过网络传向测控装置,测控装置收到网络命令后驱动相应的继电器,继电器常开接点再去驱动手合中间继电器 1SHJ,由它的接点串在合闸回路中导通合闸线圈。

2. 回路原理

图 2-22 涉及测控"远方(远控)/就地(强制手动)"的区别,一般间隔中还涉及开关的"远方/就地",这里说一下两者的不同。测控的"远方(远控)/就地(强制手动)"说的是如果 1QK 切至"远方"则可以由监控计算机发出遥控命令;而切至"就地"则只能由测控装置的 1KK 手柄进行分合闸控制,此时不再接收后台的遥控命令。测控无论是"远方(远控)还是就地(强制手动)"均不影响保护跳闸。开关的"远方/就地"则不然,只有在"远

方"方式时才能保证控制回路完好,在"就地"方式时会切断一切经操作箱来的分合闸命令,只接受开关机构的分合闸命令。所以,正常运行的开关决不允许处于"就地"控制方式。

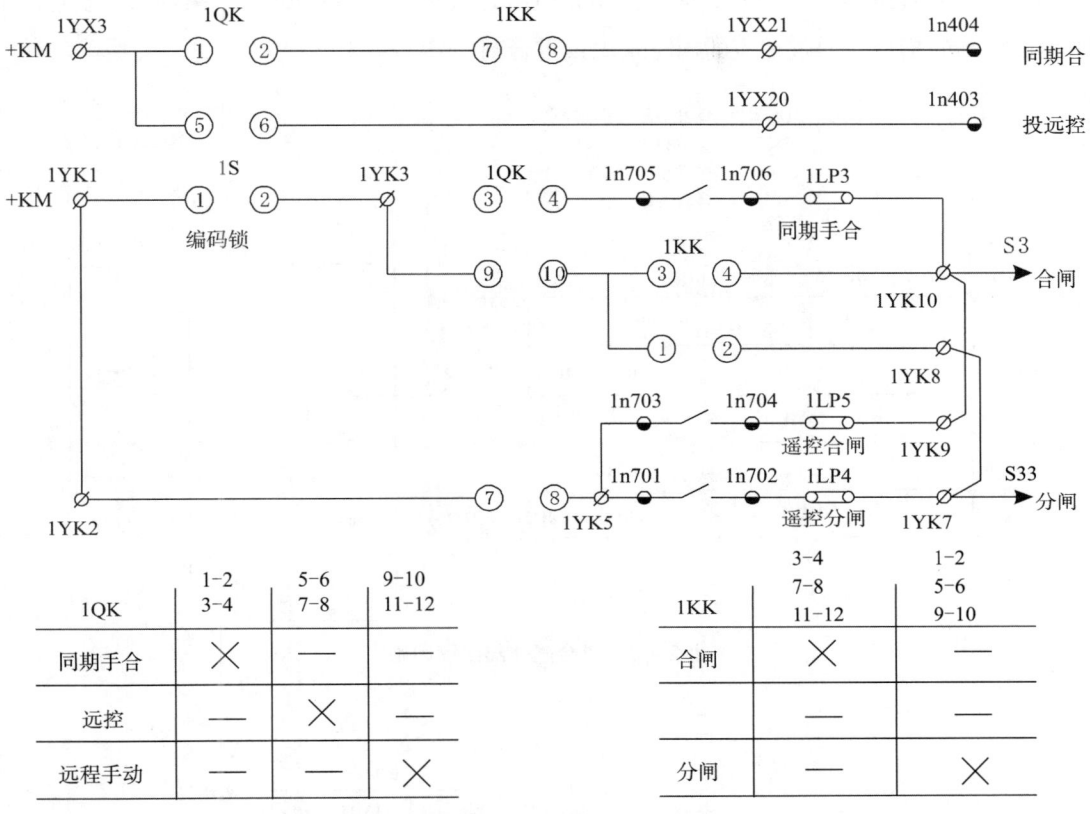

图 2-22 线路测控分合闸回路

(八) 重合闸外部闭锁回路

1. 回路作用

重合闸外部闭锁回路一般包括手合闭锁、手跳闭锁、永跳闭锁、低气压(油压)闭重,如图 2-23 和图 2-24 所示。当人为操作开关合于故障线路时,保护动作跳开开关,此时不允许重合闸将开关再次合闸,为此,通过手合接点 21SHJ 将重合闸闭锁。

2. 回路原理

当人为操作将开关分闸时,也不允许重合闸将分闸开关合上,通过 KKJ 的常闭接点将重合闸闭锁。

当出现母差跳闸、重合后加速动作、零序Ⅳ段跳闸等需要闭锁重合闸时,回路一般都会启动永跳继电器,通过永跳继电器的接点一方面去跳开关,另一方面去闭锁重合闸。当然也不全是这样，不同厂商有不同的解决方案，南瑞继保 RCS931A 就在选相无效、多相故障等应该永跳时通过 BCJ 接点去闭锁重合闸。

经气压或液压操动的开关机构在操动介质压力低时，若不能实现可靠合闸，也会发出闭锁重合闸的指令，通过相应的回路来闭锁重合闸。

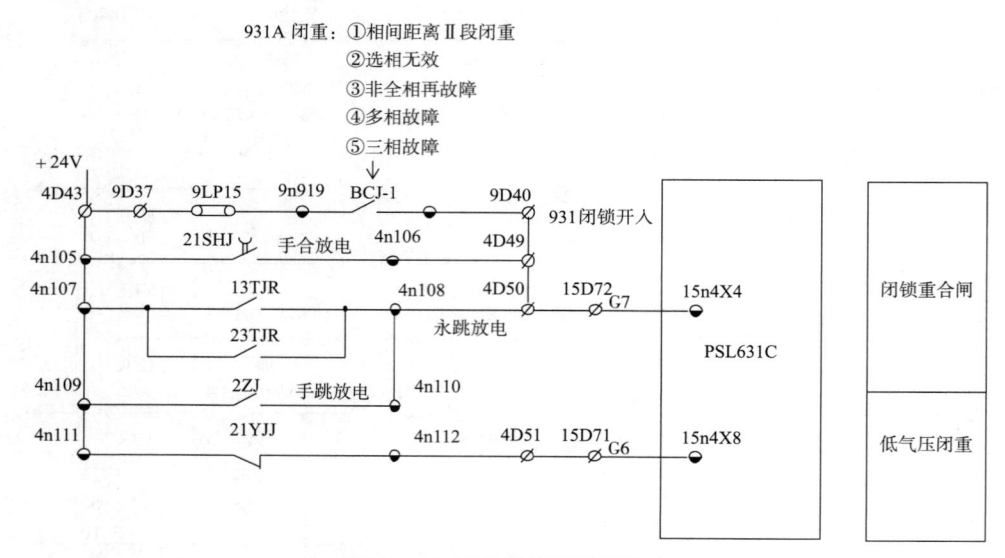

图 2-23　重合闸外部闭锁回路

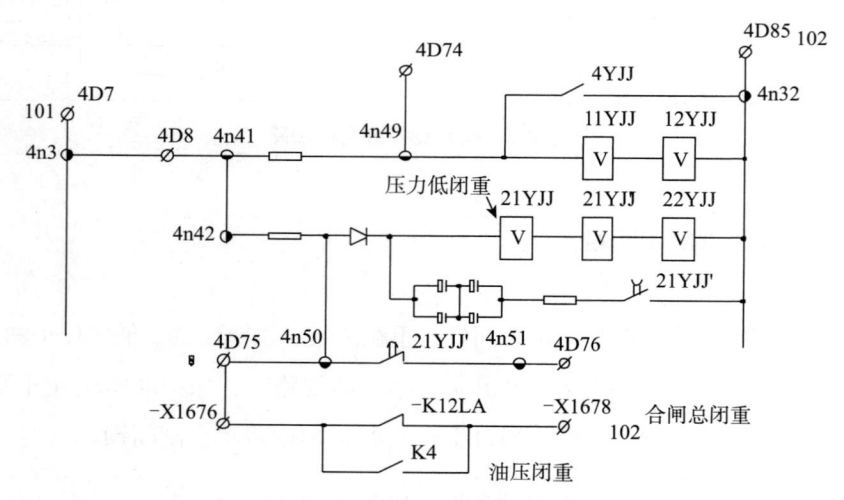

图 2-24　低气压闭锁重合闸回路

（九）失灵启动回路

1. 回路作用

保护动作跳开断路器的命令发出而断路器不执行，没有跳闸，这就是断路器的失灵。

此时跳闸命令没有到达断路器或断路器没有反应都是失灵,譬如电缆断线、跳闸线圈断线或者跳闸回路里某一副中间继电器的接点锁死等。失灵之所以重要,是因为保护动作通常都是故障引起,短路电流因断路器不跳闸得不到及时的切断,长时间就使得包括断路器在内的许多电气设备超出了它们的热稳定极限而损坏,严重的会发生爆炸。

因此,断路器失灵的对策就是改为跳这个失灵断路器的周边相关的其他断路器,最终达到切断故障电流、限制故障祸害范围的目的。

2. 回路原理

(1)主变保护失灵启动。主变高压开关的失灵电流判别将由母差保护承担,主变保护通过跳闸接点启动失灵和解锁失灵复压闭锁,如图 2-25 和图 2-56 所示。

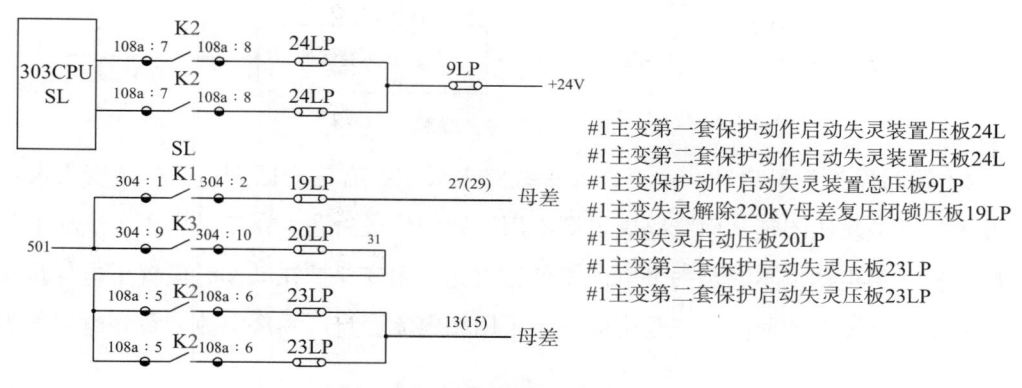

图 2-25 主变失灵启动回路(一)

失灵联跳装置设有高压侧失灵联跳功能,用于母差或其他失灵保护装置通过变压器保护跳主变各侧的方式;当外部保护动作接点经失灵联跳开入接点进入装置后,经过主变保护内部灵敏的、不需整定的电流元件并带 50ms 延时后跳变压器各侧断路器,如图 2-27 所示。

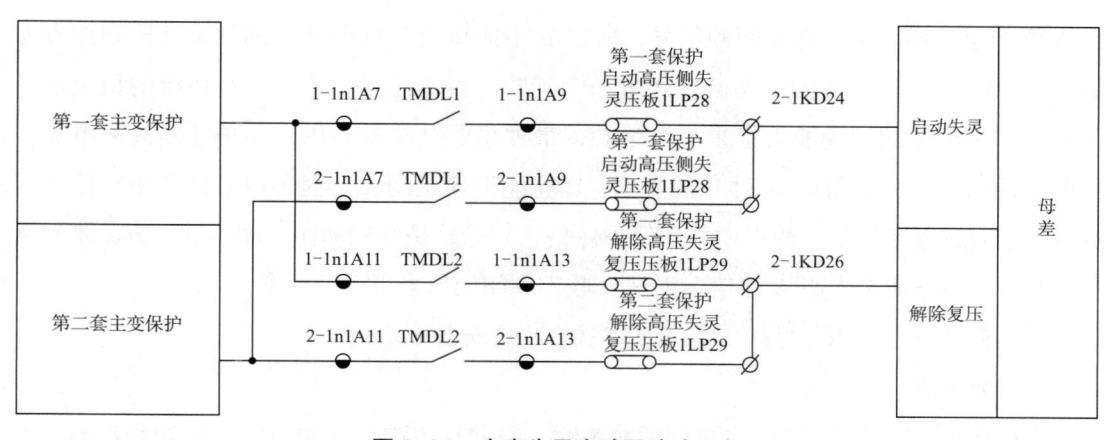

图 2-26 主变失灵启动回路(二)

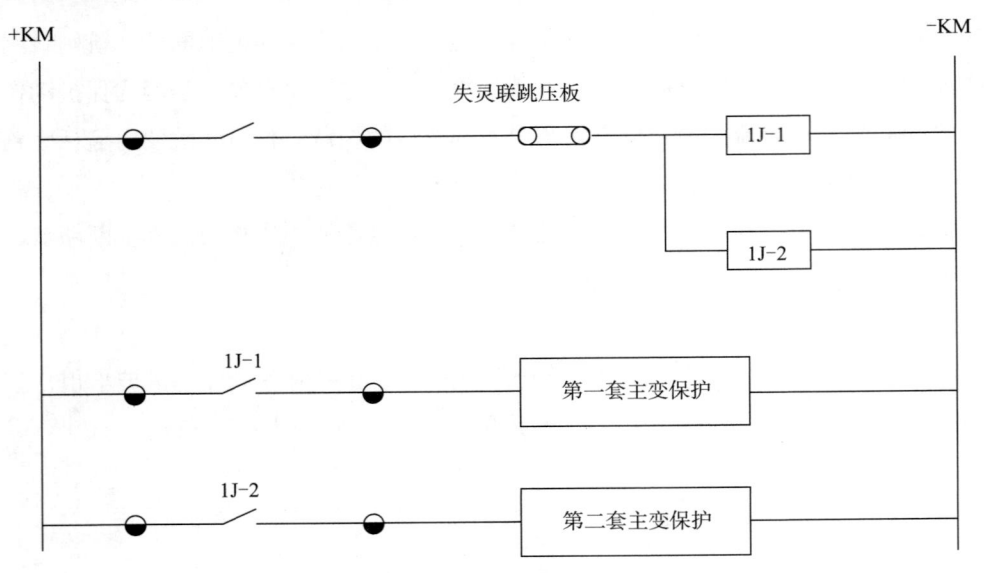

图 2-27 失灵联跳

（2）线路保护失灵启动。主变失灵和线路失灵主要有三个区别：一是主变失灵启动后还要解除母差复压闭锁，而线路失灵则不用（原因见最后题）；二是由于主变非电气量动作后即使开关拒动也不满足失灵电流条件，因此，主变保护在动作时设置了电气量保护动作去启动失灵装置的回路；三是主变失灵采用相电流、自产零序电流、负序电流作为电流条件。

（十）线路远跳回路

1. 回路作用

如图 2-28 所示，分两种情况，一种情况是开关和 CT 之间发生故障，M 侧母差动作后 B 侧仍然有短路电流送向故障点，然而 B 侧的主保护不能立即跳开开关，因为故障点在 A 侧的反方向，A 一直发闭锁信号，所以 B 不能跳闸。直到 B 侧的后备 II 段动作方才切断故障电流，但是 B 侧后备必须经过一个延时。显然这样一个延时对系统的稳定性是不利的，对设备的承受能力也是一个考验，最理想的结果是利用主保护速断故障电流。根据上述情况，只要解除 A 对 B 的闭锁，B 就能迅速跳闸。工程实现上就利用母差跳闸接点重动后去强制停信，叫作"其他保护停信"。母差是 0 秒动作，动作后一方面跳开 A 侧开关，另一方面去强制 A 停信，于是 B 收不到闭锁信号也立即跳闸。

另一种情况是故障在母线，但 A 侧开关拒动，分析和上述一样。

2. 回路原理

光纤保护在处理开关和 CT 之间的故障时，母差一边跳开 A 侧开关，一边利用第二副出口接点重动后开入光纤保护，借助光纤通道传递给对侧保护，对侧保护收到该信号后经本侧启动闭锁跳开 B 侧开关，也达到了利用主保护速断故障电流的目的。母差借光纤通道发的这个信号就叫作远跳信号，而远跳压板就串在母差第二副出口接点之后。另一种情况道理是一样的。

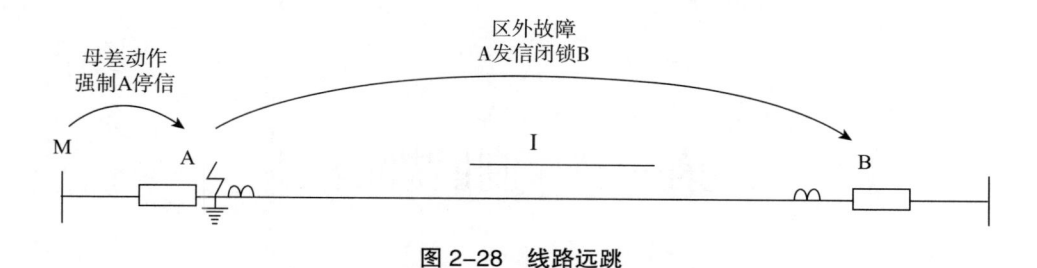

图 2-28 线路远跳

（十一）典型组屏

以下是 220kV 线路典型组屏方式之一。

由于 220kV 线路保护的设备电压等级比较高，电网重要程度也比较高，因此保护按双重化配置。不同厂家、不同原理的保护组合在一起，可避免家族化缺陷导致设备处于无保护或弱保护状态。为了便于读图，设计过程中功能回路往往用数字来表示，而且这种数字有统一的标准，只要按照该设计标准，不同厂站的同一个回路编号表示的意思应该是一样的。装置作为回路连接的一部分，自然也有编号，下面就来了解组屏装置编号，如图 2-29 所示。

1n——第一套保护（PSL603CA）；9n——第二套保护（RCS-931A）；

15n——断路器辅助保护（PSL631C）；4n——操作箱（CZX-12R1）；

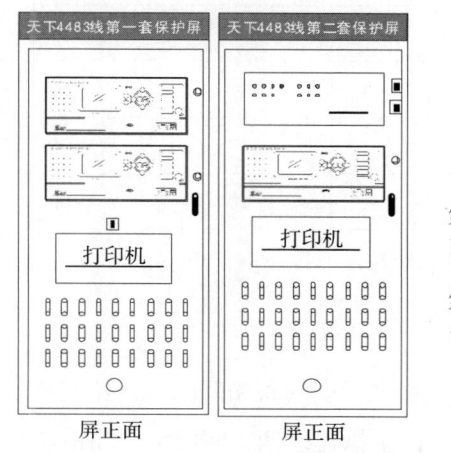

第一套保护屏：
PSL631C　　PSL603CA

第二套保护屏：
CZX-12R1　　RCS-931A

图 2-29 典型组屏

第三章　调控管理

第一节　制度规范

一、安全生产规程

（一）高压设备工作的基本要求

1. 设备不停电时的安全距离

了解高压设备工作的一般安全要求，掌握设备不停电时的安全距离，如表3-1所示。

表3-1　设备不停电时的安全距离

电压等级（kV）	安全距离（m）
10及以下（13.8）	0.70
20.35	1.00
63（66）、110	1.50
220	3.00
330	4.00
500	5.00

注：上表中未列电压按高一档电压等级的安全距离。

2. 待用间隔的管理要求

待用间隔是指母线连接排、引线已接上母线的备用间隔。待用间隔应有名称、编号，并列入调度管辖范围，其隔离开关（刀闸）操作手柄、网门必须加锁。

3. 高压设备的巡视要点

（1）雷雨天气，当巡视室外高压设备时，巡视人员应穿绝缘靴，并不得靠近避雷器和避雷针。

（2）当火灾、地震、台风、洪水等灾害发生时，如要对设备进行巡视，巡视人员应得到设备运行管理单位有关领导批准，并且与派出部门之间保持通信联络。

（3）当高压设备发生接地时，室内不得接近故障点 4m 以内，室外不得接近故障点 8m 以内。巡视人员进入上述范围时必须穿绝缘靴，接触设备的外壳和构架时，应戴绝缘手套。

（二）倒闸操作

1. 倒闸操作基本要求

倒闸操作必须根据值班调度员或运行值班负责人的指令，受令人复诵无误后执行。发布指令应准确、清晰，使用规范的调度术语和设备双重名称，即设备名称和编号。发令人和受令人应先互报单位和姓名，发布指令的全过程（包括对方复诵指令）和听取指令的报告时双方都要录音并做好记录。操作人员（包括监护人）应了解操作目的和操作顺序。受令人对指令有疑问时应向发令人询问清楚无误后执行。倒闸操作可以通过就地操作、遥控操作、程序操作完成。遥控操作、程序操作的设备必须满足有关技术条件。

2. 倒闸操作的分类

（1）监护操作：由两人进行同一项的操作。监护操作时，对设备较为熟悉者进行监护。特别重要和复杂的倒闸操作，由熟练的运行人员操作，运行值班负责人监护。

（2）单人操作：由一人完成的操作。

①单人值班的变电站操作时，运行人员根据发令人用电话传达的操作指令填用操作票，复诵无误。

②实行单人操作的设备、项目及运行人员需经设备运行管理单位批准，人员应通过专项考核。

（3）检修人员操作：由检修人员完成的操作。

①经设备运行管理单位考试合格、批准的本企业检修人员，可进行 220kV 及以下的电气设备由热备用至检修或由检修至热备用的监护操作，监护人应是同一单位的检修人员或设备运行人员。

②检修人员进行操作的接、发令程序及安全要求应由设备运行管理单位总工程师（技术负责人）审定，并报相关部门和调度机构备案。

二、电力调度规程

（一）调控范围

调度管辖范围是指调度机构行使调度指挥权的范围，简称调管范围；监控范围是指调度机构负责变电站设备监控业务的范围。操作人员应熟悉本地区的调度管辖范围和监控范围，并重点掌握以下概念：

调管设备分为直接调度设备、授权调度设备、许可调度设备和紧急调度设备。

直接调度设备是指由调度机构直接行使调度指挥权的发电、输电、变电等一次设备及相关的继电保护、自动化等二次设备，简称直调设备。调度机构直调设备统称为直调系统。直调设备划分应遵循有利于电网安全、优化调度的原则，并根据电网发展情况适时调整；下级调度机构直调设备范围调整，由上级调度机构协调并确定；同一设备原则上应仅由一个调度机构直接调度。

授权调度设备是指由上级调度机构授权下级调度机构直接调度的发电、输电、变电等一次设备及相关的继电保护、自动化等二次设备。授权调度设备的调度安全责任主体为被授权的调度机构。

许可调度设备是指运行状态变化对上级调度机构直调系统运行影响较大的下级调度机构直调设备，应纳入上级调度机构许可调度，简称许可设备。许可设备范围的确定和调整由上级调度机构确定。许可设备状态计划性变更前，应申请上级调度机构许可；许可设备状态发生改变，应及时汇报上级调度机构。

紧急调度设备是指电网紧急情况下，上级调度机构可直接下令行使调度指挥权的非直调设备。紧急调度设备的范围由上级调度机构确定。

（二）主要职责

掌握地区调控的主要职责：

（1）接受上级调度的调控管理和专业管理，接受上级调度授权或委托的与电力调度相关的工作。

（2）负责所辖电网的安全、优质、经济运行，对所辖电网及并网电厂实施统一调控管理。

（3）贯彻执行上级有关部门颁发的各种规程、规章和制度，负责制定并执行落实相关规程、规定及制度的实施细则和办法，负责所辖电网二次设备技术监督。

（4）负责所辖电网的电力调度、设备监控、方式计划、继电保护和调度自动化等专业管理，并对有关调度业务进行技术指导。

（5）负责所辖电网的调度运行和监控范围内输变电运行设备的集中监控，指挥直接调度管辖系统的运行操作和事故处理，使电能质量指标符合国家规定的标准。

（6）负责编制并执行所辖电网的运行方式，执行省调下达或批准的与本地区电网相联部分的电网运行方式，参与所辖电网规划、设计、建设、工程项目审查工作。

（7）负责所辖电网负荷预测工作，编制并执行所辖地区电网供电计划和地方电厂发电计划，执行省调下达的用电指标。上报、受理和批复地调直调及许可设备的停电检修申请，执行省调下达的检修计划及批复的停电检修工作。

（8）受理并批复新建或改建地调所辖设备投运申请，制订新设备启动调试调度方案并组织实施。

（9）负责所辖地区电网安全稳定管理和网源协调管理，组织开展地区电网运行风险等级评估，定期发布电网风险评估报告，督促并落实运行方式预控措施。

（10）负责地调直接调度管辖的继电保护及安全自动装置、调度自动化系统及设备的调控管理。

（11）负责所辖电网继电保护整定计算，制订和执行地调直接调度管辖系统的继电保护整定方案，对非直接管辖的上述设备和装置进行技术指导。

（12）执行省公司下达的所辖地区电网继电保护及安全自动装置、调度自动化等二次系统年度建设、技改和大修计划，组织实施有关调度自动化系统工程建设；负责所辖地区电网电力二次系统安全防护方案的实施及电力调度控制技术装备的运行和管理。

（13）负责所辖地区电网内并网电厂（含新能源）及大用户的调度管理，负责调度管辖范围内水电站的水库发电调度。

（14）负责所辖地区电网调控业务中涉及电网通信保障工作的评价。

（15）负责组织所辖县级电网调度系统及城区配网调度系统安全生产保障能力评价工作和所辖电网事故、调度自动化等二次系统事故的调查分析。

（16）行使设区市人民政府、市供电公司及省调赋予的其他职责。

（三）调度运行管理

重点掌握调度运行的一般规定：

（1）凡并（接）入电网运行的发电厂和变电站，均应服从电网的统一调度管理，严肃调度纪律，服从调度指挥，以保证调度管理的顺利实施。电力调度机构按相关合同或协议对发电厂、变电站和变电运维站（班）进行调控管理。

（2）发电厂、变电站要求并（接）入电网运行时，应事先向相应的电力调度机构提出并网申请，签订并网协议（包括调度协议），完成有关各项技术措施（如运行方式要求，满足电网安全稳定要求的继电保护及安全自动装置、通信和自动化设备等），具备并网条件者方可并网，否则，电力调度机构应拒绝其并网运行。

（3）地调值班调度员在其值班期间是地区电网运行、操作和事故处理的指挥人，按照本规程规定的调度管辖范围行使指挥权，并接受上级调度值班调度员的指挥。

①地调值班调度员应按照规定发布调度指令，并对其发布的调度指令的正确性负责。

②地调调管管辖范围内电网监控员、下级调度机构的调度员及厂、站、变电运维站（班）值班员接受地调值班调度员的调度指令和运行管理，并对执行指令的正确性负责。

③地调值班调度员发布的调度指令，调度管辖设备范围内的各级调度值班监控员和下级调度（含大用户的电力调度）、发电厂、变电运维站（班）及变电站的受令人应立即执行。例如，受令人在接到地调值班调度员发布的调度指令时或在执行调度指令过程中，认为调度指令不正确，应立即向地调值班调度员汇报，由地调值班调度员决定该调度指令的执行或撤消。当地调值班调度员重复其指令时，受令人原则上应执行。但当执行该指令确将威胁人身、设备或电网安全时，受令人应当拒绝执行，同时将拒绝执行的理由及改正指令内容的建议报告地调值班调度员和本部门直接领导。如有不执行或拖延执行调度指令者，一切后果均由受令人和允许不执行该指令的领导人负责。

（4）设备状态变更管理。

①凡属地调直接调度管辖的设备，未经地调值班调度员的指令，各有关单位不得擅自进行操作或改变其运行方式（对人身或设备安全有严重威胁者除外），但应及时向地调值班汇报。

②凡属地调调度许可范围内的设备，各有关单位应得到地调值班调度员的许可后，才能进行改变其运行状态的操作。

③对于电网其他辅助设施、设备、系统、通道或者回路，不作为直接调度设备，地调值班调度员应以是否影响直调一二次设备的正常运行为原则进行管理。涉及OPGW光缆本体、厂站自动化测控单元的工作和操作，应按照相应流程和规定执行。

（5）一旦发生威胁电力系统安全运行的紧急情况，地调值班调度员可直接（或者通过下级调度机构值班调度员）越级向下级调度机构管辖的厂、站、变电运维站（班）等发布调度指令，并告知相应调度机构。现场值班员在执行上一级值班调度员的指令后，应同

时报告管辖该设备的所属调度。此时，下级调度机构值班调度员不得发布与之相抵触的调度指令。

（6）各级调度和各厂、站值班人员应严格履行交接班手续。下级调度机构值班调度员、调度管辖设备范围内的各级调度值班监控员、发电厂、变电运维站（班）、变电站值长在接班后应主动向地调值班调度员汇报地区网内对主网运行有影响的操作、试验、工作和主要设备的运行状况（含设备异常和缺陷）等；地调值班调度员在接班后，也应向各运维值班人员通报电网内的有关情况。地调值班调度员在听取各运维单位的接班汇报后，把地区的运行情况综合后向上级调度机构值班调度员汇报。

（7）如果地调管辖范围内的设备发生异常运行情况，下级调度机构、发电厂、变电运维站（班）和变电站的值班运维人员应立即报告地调值班调度员。地调值班调度员应及时采取相应措施，做好记录并向有关领导汇报。

（8）各级调度机构、发电厂、变电运维站（班）和变电站还应按《浙江电网调度系统重大事件汇报制度》的有关规定，及时向调度管辖设备范围内的值班调度员汇报相关事故情况，地调在收集重大事件信息后，应及时向省调汇报事件进展。

（9）在进行调度业务联系时，各级值班调度员、值班监控员、运维人员应使用普通话、浙江省地区电网调度术语（见附录A）和浙江省地区电网操作术语（见附录B），互报单位、姓名，严格执行发令、复诵、录音、监护、记录和汇报制度。受令单位在接受调度指令时，受令人应主动复诵调度指令并与发令人核对无误，待下达发令时间后才能执行；指令执行完毕后应立即向发令人汇报执行情况，并以汇报完成时间确认指令已经执行完毕。

（四）监控运行管理

重点掌握监控运行的一般规定：

（1）各级调度机构值班监控员负责监控范围内的设备监视、遥控操作、监控信息处置，以及输变电设备状态在线监测查询统计，负责所辖变电站电压无功调整，依照有关部门下达的监视参数进行运行限额监视。

（2）各级调度机构负责监视事故、异常、越限和变位信息的监视，运维单位负责告知信息的定期巡视、分析和处理。

（3）当监控系统发出事故、异常、越限、变位告警信息时，值班监控员应立即通知运维单位对监控信息进行检查、核实，将影响电网及设备安全运行的信息汇报相关调度机构值班调度员，不得迟报、漏报、瞒报、谎报。

（4）值班监控员负责监控范围内变电站无功电压的运行监视和调整，发现变电站电压、功率因数越限，应立即采取措施，调整电压、功率因数在合格范围内。若采取有关措施后，电压、功率因数仍不能满足要求，值班监控员应及时汇报值班调度员协助调整，涉及上下级调度的应及时联系上下级值班监控员，由上下级值班监控员协助调整。

（5）值班监控员接受相关调度机构值班调度员下达的调度命令，对执行调度指令（遥控操作）的正确性负责。

（6）值班监控员对设备进行遥控操作时，若发生异常或故障，应立即停止操作并汇报值班调度员，同时通知变电运维站（班）现场检查，由值班调度员决定后续操作方式。

（7）发生下述情况之一就可以立即向现场运维人员移交监控职责：

①变电站设备处于调试和停电检修期间；

②发生集中监控系统崩溃或信息通道中断等特殊情况，导致监控较长时间无法履行集中监控职能；

③厂站端监控系统、监控设备、远动设备等发生故障，或进行调试、工作等，造成变电站部分或全部设备监控信息无法上传或上送错误；

④变电站一二次设备缺陷频发误告警信息，严重影响或干扰值班监控员正常工作；

⑤其他导致值班监控员不能对设备实行有效监控职能的情况。例如，台风等恶劣天气引起大量监控信息上送时。

（8）向现场运维人员移交监控职责应由调控值长批准，由值班监控员通知运维站（班）并做好记录，变电运维站（班）按照值班监控员要求做好移交范围的设备监控工作。

（9）当因厂站端设备缺陷引起调度集中监控系统告警信息频繁上送，严重影响或干扰值班监控员正常工作时，值班监控员可对缺陷设备实施单点告警抑制，同时由调度员通知检修单位紧急处置。

（10）严格执行监控业务交接管理。在新设备纳入调度监控前，调度部门应对变电站集中监控许可申请进行审核、批复，组织开展变电站集中监控条件现场检查，分析评估变电站试运行情况，明确监控职责移交范围和时间。

（11）新建、改（扩）建设备启动投运结束后，现场变电运维人员应向值班监控员汇报。变电站实行无人值班前，现场变电运维人员应与值班监控员核对运行方式及现场设备情况，并汇报具备无人值班条件，值班监控员方可正式承担监控职能。

（12）新建、扩建、改造工程启动前，各级调度机构应根据设备监控管理相关规定，对监控信息表内容描述的规范性和完整性进行审核，发布调控信息表，并进行数据库维护、画面制作、数据链接等生产准备工作。对于审核中发现的问题，应通过工程建设单位与设计单位进行确认。设计单位如有设计变更，也应通过工程建设单位告知地调。

（13）各级调度机构应建立定期分析和专项分析机制，对监控工作和设备运行情况按月进行分析，对设备故障和异常开展专项分析；建立监控业务评价指标体系，定期开展监控能效和监控运行指标的统计、分析和评价。

（14）各级调度机构应根据设备集中监控运行业务的需求和信息规范化管理的要求，加强对频发、无效监控信息的优化管理，及时总结监控运行经验，采取筛选、归并、延时等措施，提高监控信息质量。

（15）值班监控员、现场变电运维人员在操作执行前及完成后均应相互告知设备状态的变更情况，并确认操作设备无异常信号。设备检修工作许可开工时和工作汇报结束后，现场变电运维人员应告知值班监控员。

三、设备运行规程

（一）电力变压器运行规程（DL/T 572—2010）

1. 掌握变压器运行的一般规定

（1）变压器的运行电压一般不应高于该运行分接电压的 105%，且不得超过系统最高运行电压。对于特殊的使用情况（例如，变压器的有功功率可以在任何方向流通），允许在不超过 110% 的额定电压下运行。

（2）油浸式变压器顶层油温一般不应超过表 3-2 的规定（制造厂有规定的，按制造厂规定）。当冷却介质温度较低时，顶层油温也相应降低。自然循环冷却变压器的顶层油温一般不宜经常超过 85℃。

表 3-2　油浸式变压器顶层油温在额定电压下的一般限值

冷却方式	冷却介质最高温度（℃）	最高顶层油温（℃）
自然循环自冷、风冷	40	95
强迫油循环风冷	40	85
强迫油循环水冷	30	70

2. 掌握变压器并列运行的基本条件

（1）联结组标号相同。

（2）电压比应相同，差值不得超过 ±0.5%。

（3）阻抗电压值偏差小于 10%。

阻抗电压不等或电压比不等的变压器，任何一台变压器除满足 GB/T 1094.7 和制造厂规定外，其每台变压器并列运行绕组的环流应满足制造厂的要求。阻抗电压不同的变压器，可适当提高阻抗电压高的变压器的二次电压，使并列运行变压器的容量均能充分利用。

3. 掌握变压器操作规定

（1）新装或变动过内外连接线的变压器，并列运行前必须核定相位。

（2）新投运的变压器应按 GBJ 148—1990 中 2.10.1 条和 2.10.3 条规定试运行。更换绕组后的变压器参照执行，其冲击合闸次数为 3 次。

（3）在 110kV 及以上中性点有效接地系统中，投运或停运变压器的操作，中性点必须先接地。投入后可按系统需要决定中性点是否断开。110kV 及以上中性点接小电抗的系统，投运时可以带小电抗投入。

4. 掌握变压器冷却器运行规定

（1）有人值班变电所，强油风冷变压器的冷却装置全停，宜投信号；无人值班变电站，条件具备时宜投跳闸。

（2）当冷却系统部分故障时应发信号。

（3）对强迫油循环风冷变压器，应装设冷却器全停保护。当冷却系统全停时，按要求整定出口跳闸。

5. 掌握变压器异常处理规定

（1）变压器有下列情况之一者应立即停运，若有运用中的备用变压器，应尽可能先将其投入运行。

① 变压器声响明显增大，很不正常，内部有爆裂声；

② 严重漏油或喷油，使油面下降到低于油位计的指示限度；

③ 套管有严重的破损和放电现象；

④ 变压器冒烟着火；

⑤ 干式变压器温度突升至 120℃。

（2）冷却装置故障时的运行方式和处理要求。

① 油浸（自然循环）风冷和干式风冷变压器，风扇停止工作时，允许负载和运行时间应参考制造厂的规定。油浸风冷变压器当冷却系统部分故障停风扇后，顶层油温不超过 65℃时，允许带额定负载运行。

② 强油循环风冷和强油循环水冷变压器，在运行中，当冷却系统发生故障切除全部冷却器时，变压器在额定负载下允许运行时间不小于 20min。当油面温度尚未达到 75℃时，允许上升到 75℃，但冷却器全停的最长运行时间不得超过 1h。对于同时具有多种冷却方

式（如 ONAN，ONAF 或 OFAF）的变压器，应按制造厂的规定执行。当冷却装置部分故障时，变压器的允许负载和运行时间应参考制造厂的规定。

6. 掌握变压器跳闸和灭火规定

（1）变压器跳闸后，应立即查明原因。如综合判断证明变压器跳闸不是由于内部故障所引起，可重新投入运行。

（2）变压器着火时，应立即断开电源，停运冷却器，并迅速采取灭火措施，防止火势蔓延。

（二）高压开关设备运行规范

1. 断路器操作

了解断路器操作的一般规定，重点了解异常和故障状态下的操作规定：

（1）异常状态下的操作规定。

①电磁机构严禁用手动杠杆或千斤顶带电进行合闸操作。

②无自由脱扣的机构，严禁就地操作。

③液压（气压）操动机构，如因压力异常导致断路器分、合闸闭锁，不准擅自解除闭锁进行操作。

④一般情况下，凡能够电动操作的断路器，不应就地手动操作。

（2）故障状态下的操作规定。

①断路器运行中，由于某种原因造成油断路器严重缺油，SF_6 断路器气体压力异常，发出闭锁操作信号，应立即断开故障断路器的控制电源断路器机构压力突然到零，应立即拉开打压及断路器的控制电源并及时处理。

②真空断路器，如发现灭弧室内有异常，应立即汇报，禁止操作，按调度命令停用开关跳闸压板。

③油断路器由于系统容量增大，运行地点的短路电流达到断路器额定开断电流的 80% 时，应停用自动重合闸，在短路故障开断后禁止强送。

④断路器实际故障开断次数仅比允许故障开断次数少 1 次时，应停用该断路器的自动重合闸。

⑤分相操作的断路器发生非全相合闸时，应立即将已合上相拉开，重新操作合闸 1 次。如仍不正常，则应拉开合上相并切断该断路器的控制电源，查明原因。

⑥分相操作的断路器发生非全相分闸时，应立即切断该断路器的控制电源，手动操作将拒动相分闸，查明原因。

2. 隔离开关操作

了解隔离开关的一般操作规定，重点了解严禁用隔离开关进行操作的项目：

（1）带负荷分、合操作；

（2）配电线路的停送电操作；

（3）雷电时，拉合避雷器；

（4）系统有接地（中性点不接地系统）或电压互感器内部故障时，拉合电压互感器；

（5）系统有接地时，拉合消弧线圈。

3. 开关设备缺陷

开关设备缺陷如表 3-3 所示。

表 3-3　开关设备缺陷分类标准

设备（部位）名称		危急缺陷	严重缺陷
1. 通则			
1.1	短路电流	安装地点的短路电流超过断路器的额定短路开断电流	安装地点的短路电流接近断路器的额定短路开断电流
1.2	操作次数和开断次数	断路器的累计故障开断电流超过额定允许的累计故障开断电流	断路器的累计故障开断电流接近额定允许的累计故障开断电流；操作次数接近断路器的机械寿命次数
1.3	导电回路	导电回路部件有严重过热或打火现象	导电回路部件温度超过设备允许的最高运行温度
1.4	瓷套或绝缘子	有开裂、放电声或严重电晕	严重积污
1.5	断口电容	有严重漏油现象、电容量或介损严重超标	有明显的渗油现象、电容量或介损超标
1.6	操动机构		
1）液压或气动机构		失压到零	打压不停泵
		频繁打压	
2）控制回路		控制回路断线、辅助开关接触不良或切换不到位	
		控制回路的电阻、电容等零件损坏	
3）分合闸线圈		线圈引线断线或线圈烧坏	最低动作电压超出标准和规程要求
1.7	接地线	接地引下线断开	接地引下线松动
1.8	开关的分合闸位置	分、合闸位置不正确，与当时的实际运行工况不相符	
2. SF$_6$ 开关设备			
2.1	SF$_6$ 气体	SF$_6$ 气室严重漏气，发出闭锁信号	SF$_6$ 气室严重漏气，发出报警信号
			SF$_6$ 气体湿度严重超标

续表

设备（部位）名称		危急缺陷	严重缺陷
2.2	设备本体	内部及管道有异常声音（漏气声、振动声、放电声等）	
		落地罐式断路器或 GIS 防爆膜变形或损坏	
2.3	气动机构	气动机构加热装置损坏，管路或阀体结冰	气动机构自动排污装置失灵
		气动机构压缩机故障	气动机构压缩机打压超时
		液压机构油压异常	瓶压机构压缩机打压超时
		液压机构严重漏油、漏氮	
		液压机构压缩机损坏	
		弹簧机构断裂或出现裂纹	
		弹簧机构储能电机损坏	
		绝缘拉杆松脱、断裂	
3. 开关设备			
3.1	绝缘油	严重漏油，油位不可见	断路器油绝缘试验不合格或严重炭化
3.2	设备本体	多断路器内部有爆裂声	
		少油断路器开断过程中喷油严重	
		少油断路器灭弧室冒烟或内部有异常响声	
3.3	操动机构	液压机构油压异常	液压机构压缩机打压超时
		液压机构严重漏油、漏氮	渗油引起压力下降
		液压机构压缩机损坏	
		绝缘拉杆松脱、断裂	
4. 高压开关柜和真空开关			
4.1	真空开关	真空灭弧室有裂纹	真空灭弧室外表面积污严重
		真空灭弧室内有放电声或因放电而发光	
		真空灭弧室耐压或真空度检测不合格	
4.2	开关柜及元部件	元件表面严重积污或凝露	母线室柜与柜间封堵不严
		母线桥内有异常声音	电缆孔封堵不严
5. 高压隔离开关		绝缘子有裂纹，法兰开裂	传动或转动部件严重腐蚀
			导体严重腐蚀

4. 异常及事故处理

（1）断路器合闸失灵处理。

①对控制回路、合闸回路及直流电源进行检查处理；

②若直流母线电压过低，调节蓄电池组端电压，使电压达到规定值；

③检查 SF_6 气体压力、液压压力是否正常，弹簧机构是否储能；

④若值班人员现场无法消除，按危急缺陷报值班调度员。

（2）断路器分闸失灵处理。

①对控制回路、分闸回路进行检查处理。当发现断路器的跳闸回路有断线的信号或操作回路的操作电源消失时，应立即查明原因；

②对直流电源进行检查处理，若直流母线电压过低，调节蓄电池组端电压，使电压达到规定值；

③手动远方操作跳闸一次，若不成，请示调度，隔离故障开关。

（3）液压机构压力异常处理。

①当压力不能保持，油泵启动频繁时，应检查液压机构有无漏油等缺陷；

②压力低于启泵值，但油泵不启动，应检查油泵及电源系统是否正常，并报缺陷；

③"打压超时"，应检查液压部分有无漏油，油泵是否有机械故障，压力是否升高超过规定值等。若液压异常升高，应立即切断油泵电源，并报缺陷。

（4）液压机构突然失压处理。

①立即断开油泵电机电源，严禁人工打压；

②立即取下开关的控制保险，严禁操作；

③汇报调度，根据命令，采取措施将故障开关隔离；

④报缺陷，等待检修。

（5）SF_6断路器本体严重漏气处理。

①应立即断开该开关的操作电源，在手动操作把手上挂"禁止操作"的标识牌；

②汇报调度，根据命令，采取措施将故障开关隔离；

③接近设备时要谨慎，尽量选择从"上风"接近设备，必要时戴防毒面具、穿防护服；

④室内SF_6气体开关泄漏时，除应采取紧急措施处理外，还应开启风机通风 15 min 后方可进入室内。

（6）故障掉闸处理。

①断路器掉闸后，值班员应立即记录事故发生时间，停止音响信号，并立即进行特巡，检查断路器本身有无故障，汇报调度，等候调度命令再进行合闸，合闸后又跳闸亦应报告调度员，并检查断路器；

②若系统故障造成越级跳闸，在恢复系统送电时，应将发生拒动的断路器与系统隔离，并保持原状，待查清拒动原因并消除缺陷后方可投入运行；

③下列情况不得强送：

A.线路带电作业时；

B. 断路器已达允许故障掉闸次数;

C. 断路器失去灭弧能力;

D. 系统并列的断路器掉闸;

E. 低周减载装置动作断路器掉闸。

（7）误拉断路器。

①若误拉需检同期合闸的断路器，禁止将该断路器直接合上，应该检同期合上该断路器，或者在调度的指挥下进行操作;

②若误拉直馈线路的断路器，为了减小损失，允许立即合上该断路器；若用户要求该线路断路器跳闸后间隔一定时间才允许合上，则应遵守其规定。

（8）隔离开关事故处理预案。

①隔离开关接头发热。应加强监视，尽量减少负荷，如发现过热，应该迅速减少负荷或倒换运行方式，停止该隔离开关的运行。

②传动机构失灵。应迅速将其与系统隔离，按危急缺陷上报，采取安全措施，等待处理。

③瓷瓶断裂。应迅速将其隔离出系统，按危急缺陷上报，采取安全措施，等待处理。

④误合隔离开关。误合隔离开关，在合闸时产生电弧也不准将隔离开关再拉开。

⑤误拉隔离开关。误拉隔离开关，在闸口刚脱开时，应立即合上隔离开关，避免事故扩大。如果隔离开关已全部拉开，则不允许将误拉的隔离开关再合上。

（三）10～66kV 并联电容器运行规范

1. 并联电容器一般规定

电力电容器允许在不超过额定电流的 30% 情况下长期运行。三相不平衡电流不应超过 ±5%。

电力电容器运行室温度最高不允许超过 40℃，外壳温度不允许超过 50℃。

电力电容器允许在额定电压 ±5% 波动范围内长期运行。电力电容器过电压倍数及运行持续时间按表 3-4 执行，尽量避免在低于额定电压下运行。

表 3-4　电力电容器过电压倍数及运行持续时间

过电压倍数（U_g/U_n）	持续时间	说明
1.05	连续	—
1.10	每 24h 中 8h	—
1.15	每 24h 中 30min	系统电压调整与波动

续表

过电压倍数（Ug/Un）	持续时间	说明
1.20	5min	—
1.30	1min	轻荷载时电压升高

2. 并联电容器操作规定

电力电容器停用时，应先拉开断路器，再拉开电容器侧隔离刀闸，后拉开母线侧隔离刀闸。投入时的操作顺序与此相反。

若电力电容器组的断路器第 1 次合闸不成功，必须待 5min 后再进行第 2 次合闸，事故处理亦不得例外。

全站停电及母线系统停电操作时，应先拉开电力电容器组断路器，再拉开各馈路的出线断路器。全站恢复供电时，应先合各馈路的出线断路器，再合电力电容器组断路器，禁止空母线带电容器组运行。

（四）110（66）～500kV 互感器运行规范

1. 一般规定

电压互感器的各个二次绕组（包括备用）均必须有可靠的护接地，且只允许有一个接地点。电流互感器备有的二次绕组应短路接地。接地点的布置应满足有关二次回路设计的规定。

电压互感器允许在 1.2 倍额定电压下连续运行；中性点有效接地系统中的互感器，允许在 1.5 倍额定电压下运行 30s；中性点非有效接地系统中的电压互感器，在系统无自动切除对地故障保护时，允许在 1.9 倍额定电压下运行 8h。

中性点非有效接地系统中，作单相接地监视用的电压互感器，一次中性点应接地，为防止谐振过电压，应在一次中性点或二次回路装设消谐装置。

电压互感器二次回路，除剩余电压绕组和另有专门规定者外，应装设快速开关或熔断器；主回路熔断电流一般为最大负荷电流的 1.5 倍，各级熔断器熔断电流应逐级配合，自动开关应经整定试验合格方可投入运行。

电流互感器二次侧严禁开路，备用的二次绕组也应短接接地。

电压互感器二次侧严禁短路。

2. 设备缺陷分类

（1）危急缺陷。设备发生了直接威胁安全运行并需立即处理的缺陷，否则随时可能造成设备损坏、人身伤亡、大面积停电和火灾等事故，例如下列情况：

①设备漏油，从油位指示器中看不到油位；

②设备内部有放电声响；

③主导流部分接触不良，引起发热变色；

④设备严重放电或瓷质部分有明显裂纹；

⑤绝缘污秽严重，有污闪可能；

⑥电压互感器二次电压异常波动；

⑦设备的试验、油化验等主要指标超过规定不能继续运行；

⑧ SF_6 气体压力表为零。

（2）严重缺陷。缺陷有发展的趋势，但可以采取措施坚持运行，列入月计划处理，不致造成事故，例如下列情况：

①设备漏油；

②红外测量设备内部异常发热；

③工作、保护接地失效；

④瓷质部分有掉瓷现象，不影响继续运行；

⑤充油设备油中有微量水分，呈淡黑色；

⑥二次回路绝缘下降，但下降不超过 30%；

⑦ SF_6 气体压力表指针在红色区域。

四、事故调查规程

（一）事故定义和级别

了解人身事故、电网事故、设备事故、信息系统事件的分类。

（二）事故归类统计

熟悉事故的归类和统计要求。

（三）事故即时报告

熟悉各级事故的汇报流程和时限要求。

五、调控术语规范

（一）地区电网调度术语
掌握地区电网调度术语，详见附录 A。

（二）地区电网操作术语
掌握地区电网操作术语，详见附录 B。

第二节　岗位要求

一、岗位职责

熟悉各个岗位的基本职责。

（一）调度正值职责
（1）调度正值是本值调度业务的负责人，在调控长的领导下，负责宁波地区电网调度、异常及事故处理。

（2）在调控长的领导下，保证调度值严格执行各种规章制度、流程，确保电网安全、经济、优质运行。

（3）监督并执行调度计划，保证电能质量符合标准，最大限度地保证负荷预测曲线的合格率及准确率。

（4）及时正确执行调度计划及用电指标的各项任务。

（5）负责制订电网突发状况的处理方案，在调控长的指挥下进行电网异常、事故的处理。

（6）负责与上下级调度、职能部门、电厂等相关单位的业务联系、申请批复。

（7）负责审查调度操作票、检修、投产技改方案、报表等的正确性。

（8）领导调度值按规定完成操作票、运行记录的填写及审查。

（9）负责做好值内事故预案及危险点分析工作。

（10）负责做好正常操作预令审核发布工作。

（11）负责做好正常操作时操作正令发布的监护工作及设备紧急缺陷、事故处理操作指令的发布工作。

（12）协助调控长做好交接班工作，并做好交接班工作的补充。

（13）做好对调度副值的指导及监护工作。

（14）调控长不在时，代行调控长职责。

（二）调度副值职责

（1）在调度正值的监护下执行调度计划，保证电能质量符合标准，最大限度地保证预测曲线的合格率及准确率。

（2）协助调度正值完成检修计划及用电指标的各项任务。

（3）协助调度正值与上下级调度、职能部门、电厂等相关单位的业务联系、申请批复。

（4）在调度正值的监护下进行正常操作正令发布、工作许可、汇报等业务。

（5）负责做好操作票的拟写工作。

（6）认真做好运行日志、日常报表的填写及审查。

（7）协助调度正值做好事故处理、事故记录，填写事故报告。

（8）做好当值事故缺陷汇总。

（三）监控正值职责

（1）监控正值是本值监控业务的负责人，在调控长的领导下，负责监控范围内电网监视及异常分析判断、汇总等工作。

（2）负责省调设备事故及出现严重异常信号时的初汇报工作。

（3）负责省调操作预令的转发工作。

（4）负责与操作站及检修等部门的联系协调工作。

（5）审核监控业务值班日志的填写，监护监控副值正确完成"遥控""遥调"操作。

（6）负责做好所辖变电站的无功电压及功率因数管理。

（7）在电网出现异常、事故情况时，向调控长、调度值提供准确、迅捷、简要的分析报告。

（8）在特殊时期，例如，特殊运行方式、负荷高峰期间，负责做好监控相关事故预想，加强设备的监视，及时通知有关部门。

（9）负责对监控副值进行监护、指导、培训工作。

（四）监控副值职责

（1）负责监控范围内电网监视，协助监控正值做好异常分析判断、汇总等工作。

（2）负责做好所辖变电站的无功电压及功率因数管理。

（3）协助正值做好异常事故的监视、分析、判断。

（4）交接班时，完成对电网监控任务的交接。

（5）负责值班日志监控业务部分的填写，正确执行"遥控""遥调"操作。

二、技能要求

（一）调度正值技能要求

1. 基础理论

具备电力系统相关理论知识。

2. 输变电网

（1）掌握监控范围内厂站数量及管辖层级划分。

（2）掌握监控范围内输变电网结构及正常运行方式。

（3）掌握地区电网无功控制原则及策略。

（4）掌握本地区潮流分布及负荷特点。

（5）掌握电网频率和电压的调整方法及质量要求。

（6）掌握电网的经济调度原则及方法。

（7）掌握电网稳定措施。

（8）掌握电网异常及事故处理的基本原则和方法。

（9）熟悉电网继电保护配置原则及整定原则。

3. 变电设备

（1）掌握变电站的主接线方式及其倒闸操作方法。

（2）掌握变电站内设备的作用及操作方法。

（3）掌握典型设备的原理及信号回路。

（4）掌握保护的保护范围及动作时序。

（5）掌握继电保护、自动装置的配置、使用规定及注意事项。

4. 监控系统

（1）了解集中监控系统的网络结构。

（2）了解集中监控系统的功能应用。

（3）了解变电站监控系统的网络结构。

（4）了解变电站监控系统信号上、下行的路径。

5. 监控信息

（1）熟悉典型信息表对信号的描述及含义。

（2）熟悉典型信号的含义及分层原则。

6. 应用操作

（1）熟悉 AVC 的控制策略及操作方法。

（2）熟悉集中监控系统遥控操作的方法。

（3）了解集中监控系统信息查询的方法。

（4）熟悉集中监控系统遥测曲线的调用和分析方法。

（5）熟悉集中监控系统遥测、遥信、置牌等操作方法。

7. 管理流程

（1）掌握调控一体化管理制度及相关业务流程。

（2）掌握省调及地调的调度（控）规程。

（3）掌握有关电网运行管理规定。

（二）调度副值技能要求

1. 基础理论

具备电力系统相关理论知识。

2. 输变电网

（1）掌握监控范围内厂站数量及管辖层级划分。

（2）掌握监控范围内输变电网结构及正常运行方式。

（3）掌握地区电网无功控制原则及策略。

（4）熟悉本地区潮流分布及负荷特点。

（5）掌握电网频率和电压的调整方法及质量要求。

（6）熟悉电网的经济调度原则及方法。

（7）熟悉电网稳定措施。

（8）熟悉电网异常及事故处理的基本原则和方法。

（9）熟悉电网继电保护配置原则及整定原则。

3. 变电设备

（1）熟悉变电站的主接线方式及其倒闸操作方法。

（2）熟悉变电站内设备的作用及操作方法。

（3）熟悉典型设备的原理及信号回路。

（4）熟悉保护的保护范围及动作时序。

（5）熟悉继电保护、自动装置的配置、使用规定及注意事项。

4. 监控系统

（1）了解集中监控系统的网络结构。

（2）了解集中监控系统的功能应用。

（3）了解变电站监控系统的网络结构。

（4）了解变电站监控系统信号上、下行的路径。

5. 监控信息

（1）熟悉典型信息表对信号的描述及含义。

（2）熟悉典型信号的含义及分层原则。

6. 应用操作

（1）熟悉 AVC 的控制策略及操作方法。

（2）熟悉集中监控系统遥控操作的方法。

（3）了解集中监控系统信息查询的方法。

（4）熟悉集中监控系统遥测曲线的调用和分析方法。

（5）熟悉集中监控系统遥测、遥信、置牌等操作方法。

7. 管理流程

（1）掌握调控一体化管理制度及相关业务流程。

（2）熟悉省调及地调的调度（控）规程。

（3）熟悉有关电网运行管理规定。

（三）监控正值技能要求

1. 基础理论

具备电力系统相关理论知识。

2. 输变电网

（1）掌握监控范围内厂站数量及管辖层级划分。

（2）掌握监控范围内输变电网结构及正常运行方式。

（3）掌握地区电网无功控制原则及策略。

3. 变电设备

（1）掌握变电站的主接线方式及其倒闸操作方法。

（2）掌握变电站内设备的作用及操作方法。

（3）掌握典型设备的原理及信号回路。

（4）掌握保护的保护范围及动作时序。

4. 监控系统

（1）熟悉集中监控系统的网络结构。

（2）掌握集中监控系统的功能应用。

（3）熟悉变电站监控系统的网络结构。

（4）掌握变电站监控系统信号上、下行的路径。

5. 监控信息

（1）掌握典型信息表对信号的描述及含义。

（2）掌握典型信号的含义及分层原则。

6. 应用操作

（1）掌握 AVC 的控制策略及操作方法。

（2）掌握集中监控系统遥控操作的方法。

（3）掌握集中监控系统信息查询的方法。

（4）掌握集中监控系统遥测曲线的调用和分析方法。

（5）掌握集中监控系统遥测、遥信、置牌等操作方法。

7. 管理流程

（1）掌握调控一体化管理制度及相关业务流程。

（2）掌握省调及地调的调度（控）规程。

（四）监控副值技能要求

1. 基础理论

具备电力系统相关理论知识。

2. 输变电网

（1）熟悉监控范围内厂站数量及管辖层级划分。

（2）熟悉监控范围内输变电网结构及正常运行方式。

（3）熟悉地区电网无功控制原则及策略。

3. 变电设备

(1) 熟悉变电站的常见主接线方式及其倒闸操作方法。

(2) 熟悉变电站内常见设备的作用及操作方法。

(3) 熟悉典型设备的原理及信号回路。

(4) 熟悉典型保护的保护范围及动作时序。

4. 监控系统

(1) 了解集中监控系统的网络结构。

(2) 熟悉集中监控系统的功能应用。

(3) 了解变电站监控系统的网络结构。

(4) 熟悉变电站监控系统信号上、下行的路径。

5. 监控信息

(1) 了解典型信息表对信号的描述及含义。

(2) 熟悉典型信号的含义及分层原则。

6. 应用操作

(1) 掌握AVC的控制策略及操作方法。

(2) 掌握集中监控系统遥控操作的方法。

(3) 掌握集中监控系统信息查询的方法。

(4) 掌握集中监控系统遥测曲线的调用和分析方法。

(5) 掌握集中监控系统遥测、遥信、置牌等操作方法。

7. 管理流程

(1) 熟悉调控一体化管理制度及相关业务流程。

(2) 熟悉省调及地调的调度（控）规程。

三、职业素养

（一）企业文化认知

调控员要对国家电网公司的企业文化有如下认知：

(1) 企业使命：奉献清洁能源　建设和谐社会。

(2) 企业宗旨：服务党和国家工作大局、服务电力客户、服务发电企业、服务经济社会发展（简称"四个服务"）。

（3）企业愿景：建设世界一流电网　建设国际一流企业。

（4）企业精神：努力超越　追求卓越（简称"两越"）。

（5）企业理念：以人为本　忠诚企业　奉献社会。

（6）战略目标：把国家电网公司建设成为电网坚强、资产优良、服务优质、业绩优秀的现代公司（简称"一强三优"）。

（7）战略途径：转变公司发展方式　转变电网发展方式（简称"两个转变"）。

（8）战略保障：全面加强党的建设、企业文化建设、队伍建设（简称"三个建设"）。

（9）工作思路：坚持抓发展、抓管理、抓队伍、创一流（简称"三抓一创"）。

（10）工作方针：集团化运作　集约化发展　精益化管理　标准化建设（简称"四化"）。

（11）核心价值观：诚信　责任　创新　奉献。

（12）"五统一"：统一价值理念、统一发展战略、统一企业标准、统一行为规范、统一公司品牌。

（二）团队合作意识

调控员以值为单位进行电网调控工作，每个人都有各自的岗位职责和技能要求，为了维护电网安全稳定，当值人员必须紧密合作，协同工作。因此，调控员必须有良好的团队合作意识，将自己的工作融入团队的任务中，提升整体工作能力。

（三）语言组织及沟通能力

调控员在电网调控作业中，相关的业务交流和调控指令主要通过口头传达的方式发出，因此，良好的语言组织和沟通能力是从事电网调控作业必备的素质。这不仅关系到业务交流是否准确，也关系到各级联系是否顺畅。

（四）应用文写作技能

调控员不仅是电网生产的参与者，更是电网运行的指挥者。在工作中经常参与事故分析报告、反事故预案以及电网运行情况的汇报材料的撰写，因此须具备电力应用文写作技能。

（五）职业道德

电力调控员也是生产岗位人员，工作岗位需要三班倒，生活节奏比较单一，晚班较为辛苦。因此，调控员必须有干一行爱一行的高尚情操和吃苦耐劳的奉献精神。

第二部分 电网监控

第四章 监控系统

第一节 系统介绍

一、网络结构

重点了解集中监控系统的系统构架,以及"胖服务器,瘦客户机"体系结构下各监控主机的网络层级,以及在信息传递、处理过程中的权限差别。

二、上下行路径

了解商用数据库和实时数据库的区别,如图 4-1 和图 4-2 所示:
(1)商用数据库只有一个,而每个应用服务器均有一个实时数据库。
(2)商用数据库是实时数据库的母体,存放着:
①最新电网模型。
②最新图形。
③历史数据。
④断面数据。
(3)而实时数据库只存放与应用服务相关的数据。

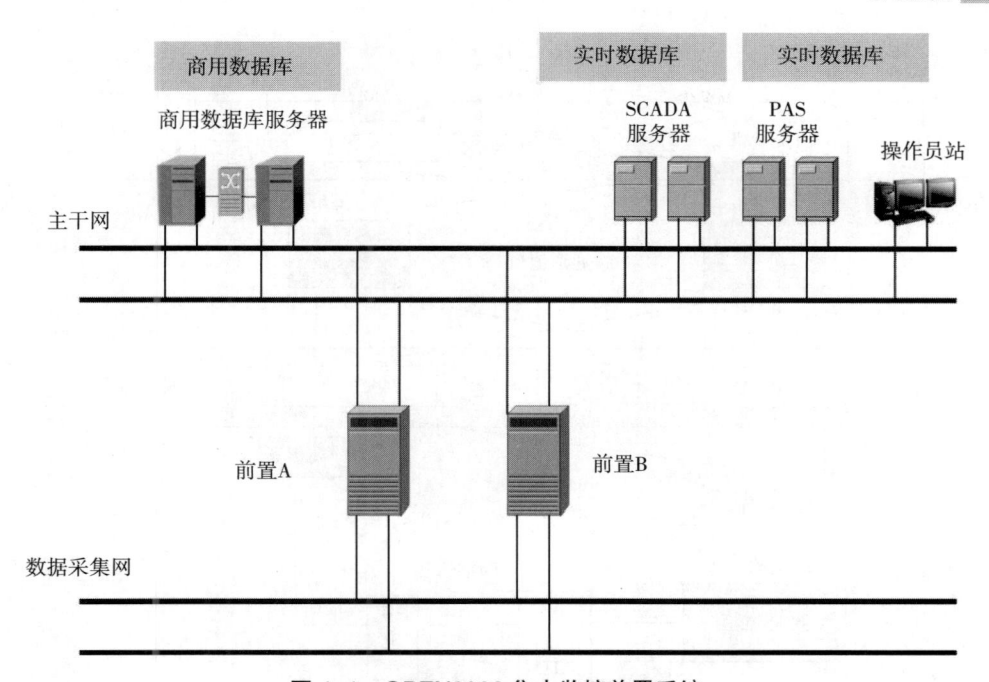

图 4-1　OPEN3000 集中监控前置系统

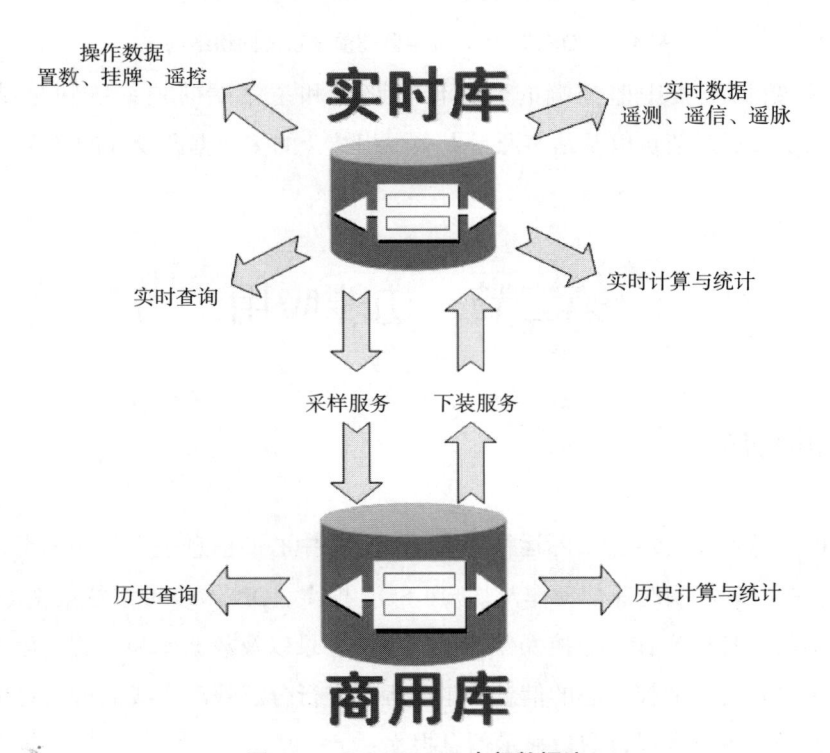

图 4-2　OPEN3000 内部数据流

了解 OPEN3000 监控 SCADA 内部数据流关系，如图 4-3 所示。

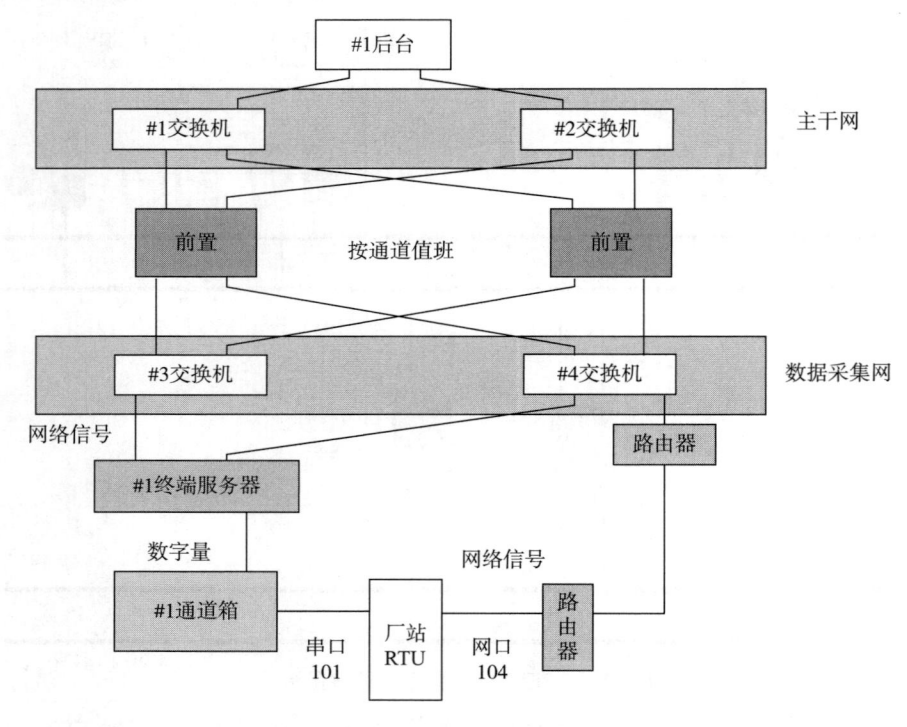

图 4-3 OPEN3000 集中监控前置系统网络结构

了解厂站数据至集中监控端的数据传输路径和主站端前置系统网络结构，理解 OPEN3000 系统按通道值班以及站多源与点多源相结合的多数据源设计的意义。

第二节　功能应用

一、信息分层

根据 OPEN 系统功能结合实际运行需求，对监控中心的信息进行分层归类，监控后台的信息报文包括：现场实时遥信动作与复归、SOE 报文、OPEN3000 系统报文（包括网络、工况、GPS 对时、挂牌操作、遥控操作情况、系统登录以及数据库和图的变化情况）动作及复归，为了更好地对监控中心的信息按重要程度进行分层管理，我们把信息报文分为以下九类，并分别在各自的报警窗口显示信息报文：

（1）实时信息。

（2）事故信息。

（3）告警信息。

（4）越限信息。

（5）操作信息。

（6）告知信息。

（7）保护信息。

（8）系统运行信息。

（9）SOE 信息。

二、告警查询

（一）告警查询

调控人员可以对系统中发生过的告警等信息进行高级查询，其步骤如下：

打开告警查询窗口→在窗口左侧告警查询条件模板中选择"22"→右侧选择需要查询的时间段→右下侧打钩选择"厂站 ID"（选择需要查询的变电所）和"内容"（键入需要查询的内容，可按照"等于""包含""以……开头"的方式键入内容）→点击窗口中的"告警查询"即可。

（二）告警窗

如图 4-4 和图 4-5 所示为报文告警窗口，系统启动后自动在桌面上弹出窗口。

图 4-4　告警窗（一）

图 4-5　告警窗（二）

（1）窗口分为上、下两个窗口，上窗口显示为未复归确认的信息，下窗口为所有信息。

（2）窗口有 9 个信息层，可以选择不同的信息层查看不同类型的信息（通过对库中的信息进行信息分层后上传不同的层窗口）。

（3）调控人员还可以通过责任区、厂站、间隔名以及信息排列顺序的选择使窗口上传显示相应的信息。

三、设备遥控

（一）开关的操作

进入要操作开关的单间隔图→右键点击要操作的开关选择"遥控"（有同期、无压之分的开关进行同期合闸时则选择"同期合"，进行无压合闸时则选择"无压合"；进行开关分闸时均选择"遥控"）→弹出的遥控操作窗口中输入操作员口令后按回车键→输入遥信名后按回车键→点击"发送"→在监护人窗口中同样输入监护人口令及开关遥信名后点击"确认"→选择"遥控预置"→预置成功后，点击"遥控执行"，则完成了开关的遥控操作。

（二）闸刀（或主变中性点接地闸刀）的操作

进入要操作闸刀（或主变中性点接地闸刀）的单间隔图→右键点击要操作的开关选择"遥控"→在弹出的遥控操作窗口中输入操作员口令后按回车键→输入遥信名后按回车键→点击"发送"→在监护人窗口中同样输入监护人口令及遥信名后点击"确认"→选择"遥控预置"→预置成功后，点击"遥控执行"，则完成了开关的遥控操作。

（三）主变档位升降操作

进入要操作的单间隔图→选择"调档操作"→在弹出的操作窗口中输入操作员口令并按回车键→点击"发送"→在监护人窗口中输入监护人口令并"确认"→选择"升档预

置"(升档操作则选择"升档预置",降档操作则选择"降档预置",急停则选择"急停预置")→预置成功后选择"升档执行"(降档操作和急停操作则选择相应的执行),则完成了调档操作。

注:"档位急停"操作是在升/降档操作过程中对调档操作进行紧急停止的操作,一般以跳开调档电机电源开关实现。

第三节 优化设置

监控系统可设置信号在动作后一定时间内收到复归信号,则这两条告警均不上送告警窗,仅保存至历史库。延时时间要根据设备的具体情况进行设定。

一、遥测置数与封锁

当遥测数据异常或有工作需要时,调控员可对遥测数据进行置数或封锁操作,以减少对监控的影响。

封锁与置数的区别:

(1)遥测封锁:不接受前置送来的信号,将遥测值固定为某一数值不变;

(2)遥测置数:将当前遥测值改为设置的值,但当前置上送下一个数据后,数据将被刷新。

二、单点抑制

节点异常或者瞬时性的故障会导致单一信号频繁动作复归而影响实时监控的情况。可在监控系统中对单一信号进行抑制或者封锁操作,使其不上传至告警窗或保护封锁状态不变。被抑制或封锁的信号可在抑制信息表中查到,并应在异常消除后及时解除。

三、事故列表

事故列表是对厂站事故总推图的优化,优化后的事故总以列表的形式通过外挂窗口置于页面最前面,通过事故定位和信息锁定可以快速定位事故厂站和触发事故信息。

四、间隔抑制

为避免设备检修过程中发出的信号影响实时监视,调控员可在变电站或主站端对检修间隔进行挂牌或者间隔抑制操作,屏蔽该间隔信号上传至告警窗。

五、只入库不告警

为避免非重要信号对实时信号监视的干扰,调控员可根据信号的轻重缓急程度对信号进行选择,非重要信号仅保存在数据库中而不上传至告警窗。

第五章 监控信号

第一节 信息分类

一、信息类别

（一）实时信息

除了 SOE 信息以外的所有报文均在实时信息窗口显示。

（二）事故信息

厂站事故总信号、开关事故变位信号、保护动作出口信号、BZT 动作信号、事故越限信号、重合闸动作等报文均在事故信息窗口显示；未复归的事故信息均在重要事件窗口显示。

（三）告警信息

有关设备失电、闭锁、异常、告警等信号，需要立即关注并进行处理的事件报文均在告警信息窗口显示；未复归的告警信息均在重要事件窗口显示。

（1）断路器及机构告警信号：分合闸闭锁、SF_6 告警闭锁、漏氮报警、机构就地控制信号、加热储能电源消失等。

（2）保护装置异常（装置呼唤、告警）、闭锁信号（电源消失及其他闭锁事件）、装置开入异常、装置未充电信号。

（3）二次回路告警信号，如控制回路断线、PT 断线或 PT 二次空开动作。

（4）解锁信号。

（5）其他异常告警信号。

（四）越限信息

电压越限（上、下限）、主变过载、线路过载等报文均在越限信息窗口显示，未复归的越限信息均在重要事件窗口显示。

（五）操作信息

遥控操作时间、遥控操作人和监护人、调档操作以及一次设备变位等事件报文均在操作信息窗口显示。

（六）告知信息

把一般的提醒和不需要进行处理的信号定义为告知信息，如 VQC 自动调节、主变分接头档位变化、遥信操作（遥信封锁、置数、告警抑制）、置牌操作、间隔操作抑制、遥测置数等事件均在告知信息窗口显示，以减少监视工作量。

（七）保护信息

保护启动信号、高频保护动作信号等事件均在保护信息窗口显示。

（八）系统运行信息

系统登录信息、图及库的变动信息、自动化及前置工况信息等均在系统运行信息窗口显示。

（九）SOE 信息

厂站 SOE 更新事件信息在 SOE 信息窗口显示。

二、分类原则

根据 OPEN 系统功能结合实际运行需求，对监控中心的信息进行分层归类，监控后台的信息报文包括：现场实时遥信动作及复归、SOE 报文、OPEN3000 系统报文（包括网络、工况、GPS 对时、挂牌操作、遥控操作情况、系统登录以及数据库和图的变化情况）动作及复归，为了更好地对监控中心的信息按重要程度进行分层管理，我们把信息报文分为以下九类，并分别在各自的报警窗口显示信息报文。

第二节 信号释义

一、220kV 线路典型光字释义

220kV 线路典型光字释义,如表 5-1 所示。

表 5-1　220kV 线路典型光字释义

光字牌信号	光字牌含义
开关 SF_6 泄漏	20℃时 SF_6 压力降至 0.64MPa 报该光字,就地检查时务必处于上风头,必要时戴上防毒面具,宜申请立即分闸
开关 N_2 泄漏	当开关压力打至 32MPa 后,打压接点 K9 会延时 3s 打开,若在这 3s 内压力迅速窜至 35.5MPa 就认为 N_2 泄漏,立即闭锁合闸。就地检查密封线圈是否有漏气声,在 3h 内可以分闸,宜请求停役,3h 后闭锁分合闸
开关电动机失电	开关电机电源空开 F1 跳开,该信号通过空开辅助接点报送,合上空开,若再跳开,说明有短路或空开故障
开关就地控制	开关机构箱内"远方/就地"控制钥匙置于就地位置
开关相间不同期跳闸	开关三相不同期跳闸,经三相强迫动作延时 2.5s 跳闸,检查开关三相是否三相都已跳开,到保护装置读取出口报告,判断是机构卡滞还是保护出口不正确(也叫机构三相不一致动作)
开关加热器故障	加热器空开 F3 跳开,该信号通过空开辅助接点报送,试合空开一次,若再跳开,说明回路有短路故障或空开有故障
开关 SF_6/N_2 总闭锁	SF_6 压力已在泄漏信号以下 0.02MPa,20℃为 0.62MPa,或 N_2 泄漏已达到 3h,开关不能分合,停电隔离
开关油压合闸闭锁/总闭锁	一种情况是开关油压已低至 27.3MPa,闭锁合闸;另一情况是油压已低至 25.3MPa,已闭锁分合闸,申请停电隔离
开关分闸总闭锁	N_2、Oil 或 SF_6 任一压力降至闭锁值报该光字,必定还有其他光字,如 SF_6/N_2 总闭锁等,现场检查,综合判定,属严重的开关故障,停电隔离。开关改为检修控制电源拉开时也会报该信号,但不属于故障范畴
PSL603A 保护装置电源异常	保护装置的直流电源空开 1DK 跳开或电源模块(POWER)出现问题,闭锁保护
PSL603A 保护装置告警	自检发现严重错误时该光字牌亮,立即闭锁出口继电器负电源。检查面板信号,详见保护说明书《告警事件一览表》
PSL603A 保护动作	PSL603A 保护跳闸开出信号
PSL603A 保护通道告警	现场检查面板信息,传送数据中出错的帧数大于一定值报通道失效;丢失帧数大于给定值报通道中断。将闭锁纵差保护,一旦通信恢复,自动恢复保护

续表

光字牌信号	光字牌含义
PSL603A 保护远跳 A	对侧母差保护远跳本侧开关
PSL603A 保护装置 CT 断线	CT 断线，根据控制字的选择来决定是否闭锁零序差动保护，检查面板信号确定哪相断线
PSL631C 保护装置告警	自检发现严重错误时该光字牌亮，立即闭锁出口继电器负电源。检查面板信号，详见保护说明书《告警事件一览表》
PSL631C 保护动作	PSL631C 保护跳闸开出信号（只用失灵启动及重合闸，实际未投有关保护，因此不会动作）
PSL631C 保护失灵重跳	失灵保护启动后重跳本断路器一次，经操作箱第一组跳闸回路驱动第一组跳圈（未投）
PSL603A/PSL631C 保护装置 PT 告警	装置满足断线判据，可能是 PT 不对称断线或是 PT 三相失压，对 603A 来说，断线会使纵差和距离保护退出，零序方向元件退出；对 631C 来说，只是无法进行同期判定
220kV 天下 4483 线测控装置闭锁信号	当 CPU 检测到本身装置硬件故障时，发出装置故障报警信号，同时闭锁相应的出口。硬件故障包括：RAM、E2PROM、A/D 转换、出口故障
PSL631C 保护重合闸动作	重合闸动作出口时开出该信号并保持
PSL631C 保护装置电源异常	输入保护装置的直流电源空开 15DK 跳开或电源模块（POWER）出现问题，闭锁保护
RCS931A 保护动作	RCS931A 保护跳闸开出信号
RCS931A 装置闭锁	装置失电，内部故障等使装置退出运行报该信号。此时装置无法完成保护功能。现场检查面板信号
RCS931A 装置异常	当 TV 断线、CT 断线、TWJ 异常等仍有保护在运行开出该信号，现场检查面板信号
CZX-12R 控制回路断线	TWJ 和 11HWJ 或 TWJ 和 12HWJ 均失电返回，结合电源断线光字判定是断线还是直流消失
CZX-12 一组/二组电源断线	第一组或第二组或两组控制电源都未引入操作箱，检查屏后空开 4K1、4K2。任意跳开一组不影响保护出口，第一组控制电源失去将不能合闸，若两组都跳开将影响保护出口。此时还伴有"CZX-12R 控制回路断线"信号
CZX-12 压力降低闭锁重合闸	开关油压低至 30.8MPa 不允许重合闸
CZX-12 第一组出口跳闸	在保护出口后经操作箱第一组跳闸回路驱动开关第一组跳圈，可以监视出口回路的完好性，三相并信号
CZX-12 第二组出口跳闸	在保护出口后经操作箱第二组跳闸回路驱动开关第二组跳圈，可以监视出口回路的完好性，三相并信号
PSL603A 装置 ZKK 断开	装置二次交流电压空开跳开，常闭接点闭合发此信号，检查屏后空开，可以试合若再跳开可能回路有短路或空开坏，此时纵差和距离保护被闭锁，零序方向元件退出
切换继电器同时动作	正副母电压切换继电器 1YQJ、2YQJ 同时动作，表现为一次热倒时

续表

光字牌信号	光字牌含义
线路压变空开跳开	线路压变空气开关跳开，常闭接点闭合报此信号，可以试合，若再跳开可能二次回路短路或者空开坏
正母闸刀就地操作	正母闸刀机构操作箱内操作方式在就地位置
副母闸刀电机空开跳开	副母闸刀机构操作箱内操作电源空开在跳开位置
线路闸刀就地操作	线路闸刀机构操作箱内操作方式在就地位置
保护交流电压消失	开关合位时，闸刀辅助触点未切换好，导致一次电压不能引入保护装置，检查闸刀辅助触点
遥信失电	若所有遥控板的遥信电源监视输入接收不到遥信正电，就报遥信失电。遥信失电会导致虚遥信。查看遥信直流电源空开

二、110kV 线路典型光字释义

110kV 线路典型光字释义，如表 5-2 所示。

表 5-2　110kV 线路典型光字释义

光字牌信号	光字牌含义
开关 SF_6 泄漏	SF_6 气体泄漏时报该光字，20℃时泄漏密度值为 5.2bar
开关 SF_6 总闭锁	20℃时 SF_6 气体密度降至 5.0bar，禁止分合闸。停电隔离。当开关操作电源拉掉后，K10 继电器失磁返回也会报该光字
开关机械合闸闭锁	指开关弹簧储能未到位，闭锁合闸。检查机构有无卡滞，电机是否失电，若无法排除，申请停役。合闸后短时也会出现该信号，储能完毕会复归
开关就地控制	开关机构箱内 "远方/就地" 控制钥匙置于就地位置
开关电动机失电	开关电机电源空开 F1 跳开，该信号通过空开辅助接点报送，合上空开，若再跳开，说明有短路或空开故障
开关加热器失电	加热器空开 F3 跳开，该信号通过空开辅助接点报送
开关弹簧未储能	当弹簧释放后，弹簧机构的辅助接点接通报未储能，合闸后会短时报该光字，然后电机储能
线路压变空开跳开	线路压变二次电压空气开关 ZKK 跳开，常闭接点点亮该光字
PSL621C 保护动作	线路保护动作
PSL621C 重合闸动作	线路保护重合闸动作
PSL621C 保护装置告警	保护装置有异常，现场检查装置面板，有一种可能是内部信号电源消失。不需要闭锁 +24V 出口电源
PT 断线	该信号表明两种情况，①PT 断线，按 PT 断线判据判为断线。②线路电压消失。上面两点均是经保护开出。注意，若 PT 断线光字牌亮再加上面板上Ⅰ母或Ⅱ母信号等均未亮，则有第三种可能即常说的 PT 失压，表现为开关合位时电压切换继电器未切换好

续表

光字牌信号	光字牌含义
PSL621C 保护装置直流消失	保护的电源异常属 I 类告警，闭锁保护
控制回路断线	表征为 HWJ 和 TWJ 都失电，直接指征控制回路电源消失，检查控制回路空开、直流供给
切换继电器同时动作	正副母电压切换继电器 1YQJ、2YQJ 同时动作，表现为一次热倒时
PSL621 保护交流失压	保护屏电压 ZKK 跳开，常闭点亮该光字
遥信失电	所有遥控板的遥信电源监视输入接收不到遥信正电，就报遥信失电。遥信失电会导致虚遥信。查看遥信直流电源空开
测控装置闭锁信号	当 CPU 检测到本身装置硬件故障时，发出装置故障报警信号，同时闭锁相应的出口。硬件故障包括：RAM、E2PROM、A/D 转换、出口故障

三、主变 220kV 光字释义

主变 220kV 光字释义，如表 5-3 所示。

表 5-3　主变 220kV 光字释义

光字牌信号	光字牌含义
开关分闸总闭锁	N_2、Oil 或 SF_6 任一压力降至闭锁值报该光字，必定还有其他光字，如 N_2 总闭锁等，现场检查，综合判定，属严重的开关故障，停电隔离。开关改为检修控制电源拉开时也会报该信号，但不属于故障范畴
开关 N_2 总闭锁	N_2 泄漏已达到 3h，开关不能分合，停电隔离（之前应有泄漏信号）
开关 SF_6 泄漏	20℃时 SF_6 压力降至 0.64MPa 报该光字，就地检查时务必处于上风头，必要时戴上防毒面具，应申请立即分闸
开关 N_2 泄漏	当开关压力打至 32MPa 后，打压接点 K9 会延时 3s 打开，若在这 3s 内压力迅速窜至 35.5MPa 就认为 N_2 泄漏，立即闭锁合闸。就地检查密封线圈是否有漏气声，在 3h 内可以分闸，宜请求停役，3h 后闭锁分合闸
开关合闸油压闭锁	油压降至 27.3MPa，不允许合闸，宜请求分闸
开关 SF_6 总闭锁	SF_6 压力已在泄漏信号以下 0.02MPa，20℃为 0.62MPa，开关不能分合，停电隔离。就地检查要戴防毒面具
开关油压总闭锁	油压降至 25.3MPa，不能分合闸，停电隔离
开关就地控制	开关机构箱内"远方/就地"控制钥匙置于就地位置
开关电动机失电	开关电机电源空开 F1 跳开，合上空开，若再跳开，说明有短路或空开故障
开关加热器故障	加热器空开 F3 跳开
主变第一套保护动作	主变第一套保护动作，究竟哪一套出口还要看操作箱

续表

光字牌信号	光字牌含义
主变第一套保护过负荷	过负荷和差动用的是同一CPU，本所过负荷只发信，若无过负荷预案汇报调度听候指令
主变第一套保护CT断线	主变第一套保护判为CT断线，闭锁第一套差动
主变第一套保护PT断线	满足PT断线判据，保护不启动就投入判据，不经HWJ闭锁，三侧并信号
主变第二套保护动作	主变第二套保护动作，究竟哪一套出口还要看操作箱
主变第二套保护过负荷	过负荷和差动用的是同一CPU，本所过负荷只发信，若无过负荷预案汇报调度听候指令
主变第二套保护CT断线	第二套主变保护判为CT断线，闭锁第二套差动
主变第二套保护PT断线	满足PT断线判据，保护不启动就投入判据，不经HWJ闭锁，三侧并信号
主变220kV侧控制回路断线	TWJ、HWJ1返回或TWJ、HWJ2返回，结合电源断线光字判定是断线还是直流消失。若开关控制方式打"就地"，也会报控制回路断线，因为TWJ、HWJ串在S8常开之前
主变220kV侧控制电源消失	接入操作箱的电源消失。外接电源有两路，合闸回路和第一组跳圈以及电压切换继电器接第一路，第二组跳圈接第二路。首先检查空开，再逐级查找，电源消失意味着开关不能分合
220kV切换继电器同时动作	YQJ1和YQJ2同时动作，直接指向为1G和2G同时动作，闸刀跨接时该光字亮
220kV侧PT断线失压	表现为开关合位时电压切换继电器未切换好。往往指向母线闸刀辅助接点未切换好（若开关合位，操作箱的两路电源都消失也会报该光字——适用于单位置电压切换继电器）
遥信失电	若所有遥控板的遥信电源监视输入接收不到遥信正电，就报遥信失电。遥信失电会导致虚遥信。查看遥信直流电源空开
主变第一套保护装置告警或电源消失	装置告警和电源消失并信号，就地检查面板信息以及电源情况（空开），若装置内部出错，立即报缺陷，汇报调度建议退出第一套主变保护
主变第二套保护装置告警或电源消失	装置告警和电源消失并信号，就地检查面板信息以及电源情况（空开），若装置内部出错，立即报缺陷，汇报调度建议退出第二套主变保护

四、主变110kV光字释义

主变110kV光字释义，如表5-4所示。

表 5-4 主变 110kV 光字释义

光字牌信号	光字牌含义
开关 SF$_6$ 泄漏	SF$_6$ 气体泄漏时报该光字，20℃时泄漏密度值为 5.2bar
开关 SF$_6$ 总闭锁	20℃时 SF$_6$ 气体密度降至 5.0bar，禁止分合闸。停电隔离
开关弹簧未储能	在弹簧释放后，弹簧机构的辅助接点 S16 接通报未储能，合闸后弹簧释放会短时报该光字，然后电机储能
开关就地控制	开关机构箱内 "远方/就地" 控制钥匙置于就地位置
开关电动机失电	开关电机电源空开 F1 跳开，合上空开，若再跳开，说明有短路或空开故障
开关加热器故障	加热器空开 F3 跳开
主变 110kV 侧控制回路断线	表征为 HWJ 和 TWJ 都失电，直接指征控制回路电源消失，检查控制回路空开、直流供给
110kV 切换继电器同时动作	正副母电压切换继电器 1YQJ、2YQJ 同时动作，表现为一次热倒时
110kV 侧 PT 断线失压	表现为开关合位时电压切换继电器未切换好。往往指向母线闸刀辅助接点未切换好（若开关合位，操作箱的两路电源都消失也会报该光字——适用于单位置电压切换继电器）
遥信失电	若所有遥控板的遥信电源监视输入接收不到遥信正电，就报遥信失电。遥信失电会导致虚遥信。查看遥信直流电源空开

五、主变 35kV 光字释义

主变 35kV 光字释义，如表 5-5 所示。

表 5-5 主变 35kV 光字释义

开关弹簧未储能	在弹簧释放后，弹簧机构的辅助接点接通报未储能，合闸后会短时报该光字，然后电机储能。特别注意小车开关的储能电源是通过航空插头引进的
主变 35kV 侧控制回路断线	表征为 HWJ 和 TWJ 都失电，直接指征控制回路电源消失，检查控制回路空开、直流供给
遥信失电	若所有遥控板的遥信电源监视输入接收不到遥信正电，就报遥信失电。遥信失电会导致虚遥信。查看遥信直流电源空开

六、主变本体光字释义

主变本体光字释义，如表 5-6 所示。

表 5-6 主变本体光字释义

光字牌信号	光字牌含义
主变本体重瓦斯动作	投跳闸，1m/s
主变压力释放动作	信号
主变本体轻瓦斯动作	信号，250cm³
主变油温高	油温达到105℃，信号（可以投跳闸）
主变本体油位异常	信号
主变绕组温度高	信号
主变本体保护装置告警或电源消失	本体保护装置告警或电源消失，合上电源前请调度考虑是否短时取下出口压板，测量后再放上
失灵保护动作	主变失灵保护启动
失灵保护装置告警或电源消失	失灵保护装置告警或电源消失，合上电源前可请调度考虑是否短时取下失灵启动压板，测量后再放上
主变风冷第Ⅰ路电源失电	风控箱内第Ⅰ路电源空气开关跳开，若第Ⅱ路电源完好此时自动切换到第Ⅱ路电源供电。可以进行试合，若再跳开应为下级回路故障
主变风冷第Ⅱ路电源失电	风控箱内第Ⅱ路电源空气开关跳开，若第Ⅰ路电源完好此时自动切换到第Ⅰ路电源供电。可以进行试合，若再跳开应为下级回路故障
主变风冷第Ⅰ路电源断相	第Ⅰ路电源空气开关合上时，监视继电器失压返回，只能监视A、B相，监视继电器KA1保护熔丝熔断也有可能导致该信号
主变风冷第Ⅱ路电源断相	第Ⅱ路电源空气开关合上时，监视继电器失压返回，只能监视A、B相，监视继电器KA2保护熔丝熔断也有可能导致该信号
主变风冷第Ⅰ路电源投入运行	风扇工作电源采用第Ⅰ路电源，同时监视第Ⅰ路控制回路完好
主变风冷第Ⅱ路电源投入运行	风扇工作电源采用第Ⅱ路电源，同时监视第Ⅱ路控制回路完好。正常时总有一路投入运行
风机故障	某一风机热偶继电器动作，切断了该风机电源
风机正常运行	任一风扇在工作就报该信号，风机全部停转时该信号才消失。指示有风机在运转
冷却器全停	风机全部停止运转
变压器油温高85℃	油温达到85℃，报警

续表

光字牌信号	光字牌含义
遥信失电	若所有遥控板的遥信电源监视输入接收不到遥信正电，就报遥信失电。遥信失电会导致虚遥信。查看遥信直流电源空开
主变测控装置闭锁信号	当CPU检测到本身装置硬件故障时，发出装置故障报警信号，同时闭锁相应的出口。硬件故障包括：RAM、E2PROM、A/D转换、出口故障。主变三侧及本体测控并信号，需现场检查确定

七、220kV 母设

220kV 母设，如表 5-7 所示。

表 5-7　220kV 母设

光字牌信号	光字牌含义
220kV 正母母设测控装置闭锁	当CPU检测到本身装置硬件故障时，发出装置故障报警信号，同时闭锁相应的出口。硬件故障包括：RAM、E2PROM、A/D转换、出口故障
220kV 正母母设测控装置遥控信号	220kV 正母压变测控遥控开出，如分合压变闸刀。目前不使用该功能
220kV 正母压变空开跳开	220kV 正母压变空开 ZKK Ⅰ 跳开，常闭接点闭合报该信号
220kV 正母压变保护电压消失	正母压变保护测量电压回路监视继电器返回，表现为正母压变保护电压二次回路失电，如 ZKK Ⅰ 跳开、并列箱直流电失去导致压变闸刀重动失电等。此时相应母线上的线路均应报 PT 断线，若系空开跳开，建议合上空开，若正常，断线信号将自动复归，若再次跳开，则是回路问题或空开坏，一般建议一次冷倒，若热倒可能双跨时短路电流使Ⅰ母的 ZKK 跳开或烧坏二次回路。如是二次回路问题就不能用压变并列。若是一次问题，可以拉开 ZKK Ⅰ 热倒，冷倒更佳
220kV 正母压变计量电压消失	正母压变计量电压回路监视继电器失压返回，表现为正母压变计量电压二次回路失电，如计量熔丝熔断等，此时相应母线上的线路电度表均无法正常工作。若系熔丝熔断，建议更换熔丝，再次熔断报缺陷，同理，建议冷倒，禁止压变并列，若是一次问题，熔丝未熔断，可以取下计量熔丝热倒，冷倒更佳
遥信失电	220kV 正母母设测控装置遥信回路失电，会导致虚遥信，仍为前一状态。查看遥信直流电源空开

八、110kV 付母母设

110kV 付母母设，如表 5-8 所示。

表 5-8　110kV 副母母设

110kV 副母母设测控装置闭锁	同正母
110kV 副母母设测控装置遥控信号	110kV 副母压变测控遥控开出，如分合压变闸刀。目前不使用该功能
110kV 副母压变空开跳开	110kV 副母压变空开 ZKK Ⅱ 跳开，常闭接点闭合报该信号
110kV 正副母压变并列	指示 110kV 正副母压变二次已并列
110kV 正副母电压并列直流消失	正副母压变闸刀重动回路直流电失去，会导致正副母二次电压不能引入，检查并列箱电源 8K
110kV 副母压变保护电压消失	同正母
110kV 副母压变计量电压消失	同正母
遥信失电	110kV 副母母设测控装置遥信回路失电，会导致虚遥信，仍为前一状态。查看遥信直流电源空开

九、35kV 线路光字释义

35kV 线路光字释义，如表 5-9 所示。

表 5-9　35kV 线路光字释义

光字牌信号	光字牌含义
距离Ⅰ段动作	距离Ⅰ段动作
距离Ⅱ段动作	距离Ⅱ段动作
距离Ⅲ段段动作	距离Ⅲ段段动作
重合闸加速动作	重合于故障线路，加速段动作（可能是过流也可能是距离Ⅱ、Ⅲ段段，看整定）
过流Ⅰ段动作	为纯过流，不受电压、方向闭锁
过流Ⅱ段动作	为纯过流，不受电压、方向闭锁
过流Ⅲ段段动作	为纯过流，不受电压、方向闭锁
过流加速动作	装置设有专门加速段，在手合和重合闸时开放 3s，加速段时限为 0.2s
低周减载动作	未投
重合闸动作	重合闸出口

续表

光字牌信号	光字牌含义
控制回路断线	表征为 HWJ 和 TWJ 都失电，直接指征控制回路电源消失，检查控制回路空开、直流供给
开关弹簧未储能	指示弹簧未储能，检查储能电源、二次连接插头有无松动等，合闸后会短时报该光字，然后电机储能
装置报警	装置出现异常情况：①PT 断线；②CT 断线；③TWJ 异常；④控制回路断线等，不闭锁保护
装置闭锁	硬件出错，闭锁装置，如 RAM 出错、E2PROM 出错、定值出错、电源故障等
过负荷报警	线路过负荷，请调度控制负荷（只投信号）
报警、闭锁或直流消失（硬接点）	此为硬接点输出的装置闭锁信号，装置直流消失时报文信号已不能将闭锁信号上传至后台，硬接点信号则不受此影响，能在各种情况下将闭锁信号上传

十、35kV 电容器光字释义

35kV 电容器光字释义，如表 5-10 所示。

表 5-10　35kV 电容器光字释义

光字牌信号	光字牌含义
过流Ⅰ段动作	过流Ⅰ段动作，检查故障点
过流Ⅱ段动作	过流Ⅱ段动作，检查故障点
过流Ⅲ段动作	未投
过电压动作	35kV 母线电压过高，电容器保护性跳闸
低电压动作	经电流闭锁，反映母线失压
差压动作	差压保护动作，目测检查并联电容器熔丝情况，也有可能是差压二次回路熔丝熔断，熔丝位于电容器端子箱内
控制回路断线	表征为 HWJ 和 TWJ 都失电，直接指征控制回路电源消失，检查控制回路空开、直流供给
开关弹簧未储能	指示弹簧未储能，检查储能电源、二次连接插头有无松动等
装置报警	装置出现异常情况：①PT 断线；②CT 断线；③TWJ 异常；④控制回路断线等，不闭锁保护
装置闭锁	硬件出错，闭锁装置，如 RAM 出错、E2PROM 出错、定值出错、电源故障等

续表

光字牌信号	光字牌含义
报警、闭锁或直流消失（硬接点）	此为硬接点输出的装置闭锁信号，装置直流消失时报文信号已不能将闭锁信号上传至后台，硬接点信号则不受此影响，能在各种情况下将闭锁信号上传

十一、35kV 母线设备光字释义

35kV 母线设备光字释义，如表 5-11 所示。

表 5-11　35kV 母线设备光字释义

光字牌信号	光字牌含义
35kV Ⅰ母母设测控装置闭锁	当 CPU 检测到本身装置硬件故障时，发出装置故障报警信号，同时闭锁相应的出口。硬件故障包括：RAM、E2PROM、A/D 转换、出口故障
35kV Ⅰ母母设测控装置遥控信号	未投
35kV Ⅰ母压变空开跳开	35kV Ⅰ母压变空开 ZKK Ⅰ跳开，常闭接点闭合报该信号
35kV Ⅰ母压变保护电压消失	Ⅰ母压变保护测量电压回路监视继电器返回，表现为Ⅰ母压变保护电压二次回路失电，如 ZKK Ⅰ跳开、并列箱直流电失去导致压变手车重动失电等。此时相应母线上的线路均应报 PT 断线，距离保护被闭锁。若系空开跳开，建议合上空开，若正常，断线信号将自动复归，若再次跳开，则是回路问题或空开坏。若是二次问题禁止压变并列。若是一次问题，严禁带电操作压变手车
35kV Ⅰ母压变计量电压消失	Ⅰ母压变计量电压回路监视继电器失压返回，表现为Ⅰ母压变计量电压二次回路失电，如计量熔丝熔断等，此时相应母线上的线路电度表均无法正常工作。若系熔丝熔断，建议更换熔丝，再次熔断报缺陷，禁止压变并列。若是一次问题，严禁带电操作压变手车
遥信失电	35kV 副母母设测控装置遥信回路失电，会导致虚遥信，仍为前一状态。查看遥信直流电源空开
35kV Ⅱ母母设测控装置闭锁	同Ⅰ母
35kV Ⅱ母母设测控装置遥控信号	未投
35kV Ⅱ母压变空开跳开	35kV Ⅱ母压变空开 ZKK Ⅰ跳开，常闭接点闭合报该信号
35kV Ⅱ母压变保护电压消失	参见Ⅰ母

续表

光字牌信号	光字牌含义
35kV Ⅱ母压变计量电压消失	参见Ⅰ母
35kV Ⅰ、Ⅱ母电压并列	指示35kV Ⅰ、Ⅱ母压变二次已并列
35kV Ⅰ、Ⅱ母电压并列直流消失	Ⅰ、Ⅱ母压变手车重动回路直流电失去，会导致Ⅰ、Ⅱ母二次电压不能引入，检查并列箱电源8K
遥信失电	同Ⅰ母

十二、220kV 母联光字释义

220kV 母联光字释义，如表 5-12 所示。

表 5-12　220kV 母联光字释义

光字牌信号	光字牌含义
正母闸刀就地操作	正母闸刀机构操作箱内操作方式在就地位置
副母闸刀就地操作	副母闸刀机构操作箱内操作方式在就地位置
开关分闸总闭锁	N_2、Oil 或 SF_6 任一压力降至闭锁值报该光字，必定还有其他光字，如 N_2 总闭锁等，现场检查，综合判定，属严重的开关故障，停电隔离。开关改为检修控制电源拉开时也会报该信号，但不属于故障范畴
开关 N_2 总闭锁	N_2 泄漏已达到 3h，开关不能分合，停电隔离（之前应有泄漏信号）
开关 SF_6 泄漏	20℃时 SF_6 压力降至 0.64MPa 报该光字，就地检查时务必处于上风头，必要时戴上防毒面具，应申请立即分闸
开关 N_2 泄漏	开关压力打至 32MPa 后打压接点 K9 会延时 3s 打开，若在这 3s 内压力迅速窜至 35.5MPa 就认为 N_2 泄漏，立即闭锁合闸。就地检查密封线圈是否有漏气声，在 3h 内可以分闸，宜请求停役，3h 后不能分合闸
开关合闸油压闭锁	油压降至 27.3MPa，不允许合闸，宜请求分闸
开关 SF_6 总闭锁	SF_6 压力已在泄漏信号以下 0.02MPa，20℃为 0.62MPa，开关不能分合，停电隔离。就地检查要戴防毒面具
开关油压总闭锁	油压降至 25.3MPa，不能分合闸，停电隔离
开关就地控制	开关机构箱内"远方/就地"控制钥匙置于就地位置
开关电动机失电	开关电机电源空开 F1 跳开，合上空开，若再跳开，说明有短路或空开故障

续表

光字牌信号	光字牌含义
开关加热器故障	加热器空开 F3 跳开
母联保护装置闭锁	装置失电，内部故障等使装置退出运行报该信号。此时装置无法完成保护功能。现场检查面板信号
母联保护装置异常	当 TV 断线、CT 断线、TWJ 异常等仍有保护在运行开出该信号，现场检查面板信号
母联保护动作	母联保护动作开出信号
母联保护启动失灵	未投（母差内部有母联开关的失灵启动逻辑）
控制回路断线	TWJ、HWJ1 返回或 TWJ、HWJ2 返回，结合电源断线光字判定是断线还是直流消失
控制回路电源消失	两组操作电源俱失，检查屏后直流空开，直流小母线，判别有无直流接地
遥信失电	220kV 母联测控装置遥信回路失电，会导致虚遥信，仍为前一状态。查看遥信直流电源空开
220kV 母联测控装置闭锁信号	当 CPU 检测到本身装置硬件故障时，发出装置故障报警信号，同时闭锁相应的出口。硬件故障包括：RAM、E2PROM、A/D 转换、出口故障
220kV 母差保护动作	220kV 母差保护动作
220kV 母差失灵保护动作	220kV 母差失灵保护动作
220kV 母差充电保护动作	未投（用母联的充电保护）
220kV 母差直流消失	母差保护装置电源或控制电源消失，检查屏后直流空开
220kV 母差交流电压空开跳开	屏后交流输入空开跳开，其常闭闭合发此信号，正副母交流输入并信号

十三、110kV 母联光字释义

110kV 母联光字释义，如表 5-13 所示。

表 5-13　110kV 母联光字释义

光字牌信号	光字牌含义
开关 SF$_6$ 泄漏	SF$_6$ 气体泄漏时报该光字，20℃时泄漏密度值为 5.2bar

续表

光字牌信号	光字牌含义
开关 SF$_6$ 总闭锁	20℃时 SF$_6$ 气体密度降至 5.0bar，禁止分合闸。停电隔离
开关机械合闸闭锁	开关弹簧储能未到，闭锁合闸。检查机构有无卡滞，电机是否失电，若无法排除，申请停役
开关就地控制	开关机构箱内"远方/就地"控制钥匙置于就地位置
开关电动机失电	开关电机电源空开 F1 跳开，合上空开，若再跳开，说明有短路或空开故障
开关加热器故障	加热器空开 F3 跳开
开关弹簧未储能	在弹簧释放后，弹簧机构的辅助接点接通报未储能，合闸后会短时报该光字，然后电机储能
控制回路断线	表征为 HWJ 和 TWJ 都失电，直接指征控制回路电源消失，检查控制回路空开、直流供给
母联保护动作	在投入充电或过流解列保护时出现故障，出口跳闸
母联保护装置异常	当自检发现异常时报该信号，不闭锁保护，如 PT 断线等
母联保护装置直流消失	保护的电源异常，闭锁出口正电源
遥信失电	110kV 母联测控装置遥信回路失电，会导致虚遥信，仍为前一状态。查看遥信直流电源空开
110kV 母联测控装置闭锁信号	当 CPU 检测到本身装置硬件故障时，发出装置故障报警信号，同时闭锁相应的出口。硬件故障包括：RAM、E2PROM、A/D 转换、出口故障
110kV 母差保护动作	110kV 母差保护动作
110kV 母差充电保护动作	未投（用母联的充电保护）
110kV 母差直流消失	母差保护装置电源或控制电源消失，检查屏后直流空开
110kV 母差交流电压空开跳开	屏后交流输入空开跳开，其常闭闭合发此信号，正副母交流输入并信号

十四、#1 所变光字释义（高压侧）

#1 所变光字释义（高压侧），如表 5-14 所示。

表 5-14　#1 所变光字释义（高压侧）

光字牌信号	光字牌含义
过流 I 段动作	过流 I 段动作，时限 0.2s
过流 II 段动作	过流 II 段动作，时限 0.8s
过流 III 段动作	未投
控制回路断线	表征为 HWJ 和 TWJ 都失电，直接指征控制回路电源消失，检查控制回路空开、直流供给
开关弹簧未储能	指示弹簧未储能，检查储能电源、二次连接插头有无松动等，合闸后短时会报该光字，然后电机储能
装置报警	①PT 断线，延时 10s 报异常；②频率异常，延时 10s 报异常；③TWJ 异常，开关跳位而线路有流，延时 10s 报异常；④过负荷报警；⑤控制回路断线；⑥弹簧未储能
装置闭锁	硬件出错，闭锁装置，面板运行灯熄灭，如定值出错、软压板出错、电源故障等
报警、闭锁或直接消失（硬接点）	此为硬接点输出的装置闭锁信号，装置直流消失时报文信号已不能将闭锁信号上传至后台，硬接点信号则不受此影响，能在各种情况下将闭锁信号上传

十五、#1 所变光字释义（低压侧）

#1 所变光字释义（低压侧），如表 5-15 所示。

表 5-15　#1 所变光字释义（低压侧）

光字牌信号	光字牌含义
差动保护动作	所变低压侧差动保护动作，低压侧引线电缆故障，若所用电失去，首先将所用电切换至另一台所变
过流 I 段动作	过流 I 段动作，时限 0.5s
过流 II 段动作	过流 II 段动作，时限 0.5s
过流 III 段动作	过流 III 段动作，时限 0.5s
零序 I 段动作	未投
零序 II 段动作	未投
零序 III 段动作	未投
装置报警	①PT 断线，延时 10s 报异常；②频率异常，延时 10s 报异常；③TWJ 异常，开关跳位而线路有流，延时 10s 报异常；④过负荷报警；⑤控制回路断线；⑥弹簧未储能
装置闭锁	硬件出错，闭锁装置，面板运行灯熄灭，如定值出错、软压板出错、电源故障等

续表

| 报警、闭锁或直流消失（硬接点） | 此为硬接点输出的装置闭锁信号，装置直流消失时报文信号已不能将闭锁信号上传至后台，硬接点信号则不受此影响，能在各种情况下将闭锁信号上传 |

十六、35kV 分段光字释义

35kV 分段光字释义，如表 5-16 所示。

表 5-16 35kV 分段光字释义

光字牌信号	光字牌含义
过流 Ⅰ 段动作	母分过流 Ⅰ 段动作，时限 1.7s
过流 Ⅱ 段动作	母分过流 Ⅱ 段动作，时限 1.7s
过流 Ⅲ 段动作	母分过流 Ⅲ 段动作，时限 1.7s
过流加速动作	装置配置了独立的过流加速段，当手合于故障时过流加速段 0.2s 动作，常用于对母线或线路的充电保护
控制回路断线	表征为 HWJ 和 TWJ 都失电，直接指征控制回路电源消失，检查控制回路空开、直流供给。与别处不同，分段开关的控制回路中多串了一副过渡手车运行的行程接点，当分段改冷备用（包括过渡触头）时，该光字牌也会亮
弹簧未储能	指示弹簧未储能，检查储能电源、二次连接插头有无松动等，合闸后短时会报该光字，然后电机储能
装置报警	① PT 断线，延时 10s 报异常；② 频率异常，延时 10s 报异常；③ TWJ 异常，开关跳位而线路有流，延时 10s 报异常；④ 过负荷报警；⑤ 控制回路断线
装置闭锁	硬件出错，闭锁装置，面板运行灯熄灭，如定值出错、软压板出错、电源故障等
报警、闭锁或直流消失（硬接点）	此为硬接点输出的装置闭锁信号，装置直流消失时报文信号已不能将闭锁信号上传至后台，硬接点信号则不受此影响，能在各种情况下将闭锁信号上传
35kV 母差动作	35kV 母差保护动作
35kV 母线充电保护动作	未投（用母分的过流加速段）
35kV 母差直流消失	母差保护装置电源或控制电源消失，检查屏后直流空开
35kV 母差交流电压空开跳开	屏后交流输入空开跳开，其常闭合发此信号，Ⅰ、Ⅱ 母交流输入并信号
35kV 开关柜凝露器故障	35kV 开关柜内凝露器故障，各间隔并信号，要实地检查才能判定具体哪一间隔

十七、公用光字释义

公用光字释义，如表 5-17 所示。

表 5-17　公用光字释义

光字牌信号	光字牌含义
RCS9696 对时扩展装置报警	对时扩展装置报警，检查空开是否跳开
RCS9794 通信转换装置（一）报警	通信转换装置（一）失电报警，检查屏后空开
RCS9794 通信转换装置（二）报警	通信转换装置（二）失电报警，检查屏后空开
220kV 故障录波屏启动呼唤	220kV 线路故障录波器启动录波，录波结束后自动复归
220kV 故障录波屏装置报警	录波器装置硬件故障或直流电源消失，若是硬件故障可以选择主界面"监控操作"下拉菜单，单击"前置机检测信息"，在弹出的"前置机告警检测"对话框中查看
220kV 故障录波屏交流空开报警	220kV 线路故障录波器照明及打印机交流电源空开跳开
110kV 故障录波屏启动呼唤	110kV 线路故障录波器启动录波，录波结束后自动复归
110kV 故障录波屏装置报警	录波器装置硬件故障或直流电源消失，若是硬件故障可以选择主界面"监控操作"下拉菜单，单击"前置机检测信息"，在弹出的"前置机告警检测"对话框中查看
110kV 故障录波屏交流空开报警	110kV 线路故障录波器照明及打印机交流电源空开跳开
主变故障录波屏启动呼唤	主变故障录波器启动录波，录波结束后自动复归
主变故障录波屏装置报警	录波器装置硬件故障或直流电源消失，若是硬件故障可以选择主界面"监控操作"下拉菜单，单击"前置机检测信息"，在弹出的"前置机告警检测"对话框中查看
主变故障录波屏交流空开报警	主变故障录波器照明及打印机交流电源空开跳开
主控楼 #1UPS 直流异常	#1UPS 输入直流异常，检查屏后空开是否跳开，空开跳开后可以试合，再次跳开可能 UPS 内部有故障。若没跳开查直流馈线屏（一）上支路输出刀熔开关是否正常
主控楼 #1UPS 交流异常	#1UPS 输入交流异常，检查屏后空开是否跳开，空开跳开后可以试合，再次跳开可能 UPS 内部有故障。若没跳开查所用屏交流输出支路是否正常

续表

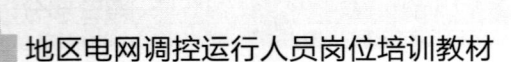

光字牌信号	光字牌含义
主控楼#1UPS电源异常	#1UPS输入电源异常,这是一个总信号,具体查看是交流输入异常还是直流输入异常
主控楼#1UPS逆变异常	#1UPS逆变坏,此时交流将通过旁路直接供负载,若此时交流消失,直流将不能逆变为交流,所带负载将失电
主控楼#1UPS电源过载	负载容量大于UPS容量,造成过载,查看面板负载指示是否达到150%。同时启动显示器时的冲击负载往往会造成此信号,试着复归信号,不要同时启动大负载
主控楼#2UPS直流异常	同#1
主控楼#2UPS交流异常	同#1
主控楼#2UPS电源异常	同#1
主控楼#2UPS逆变异常	同#1
主控楼#2UPS电源过载	同#1
遥信失电	公用测控装置遥信回路失电,会导致虚遥信,仍为前一状态。查看遥信直流电源空开
测控装置闭锁	当CPU检测到本身装置硬件故障时,发出装置故障报警信号,同时闭锁相应的出口。硬件故障包括:RAM、E2PROM、A/D转换、出口故障
事故照明直流故障	输入事故照明逆变装置直流电源不正常,检查直流馈电屏(一)输给逆变的直流支路刀熔开关是否正常,必要时可以在事故照明逆变屏后测量输入逆变的直流电压是否正常
逆变器故障	事故照明逆变器故障,此时经旁路转供各负载,若交流失去直流将无法逆变为交流供事故照明及屏内打印机
市电故障	输入逆变的交流电源不正常,检查#6所用电屏供逆变装置及事故照明的交流空开是否跳开,同时逆变旁路电源故障也会报,因为旁路电源是从市电三相输入中取了C相转供的,此时直流将逆变为交流供负载
逆变旁路电源故障	输入逆变的旁路电源故障,检查屏后逆变旁路交流输入电源空气开关ZK是否跳开,若跳开可以试合。市电故障会同时报该信号,因为取的是同一路电

十八、35kV母分备自投光字释义

35kV母分备自投光字释义,如表5-18所示。

表 5-18　35kV 母分备自投光字释义

光字牌信号	光字牌含义
跳 #1 主变 35kV 侧开关	BZT 动作跳开 #1 主变 35kV 开关
合 #1 主变 35kV 侧开关	BZT 动作合上 #1 主变 35kV 开关
跳 #2 主变 35kV 侧开关	BZT 动作跳开 #2 主变 35kV 开关
合 #2 主变 35kV 侧开关	BZT 动作合上 #2 主变 35kV 开关
跳 35kV 母分开关	BZT 动作跳开 35kV 母分开关
合 35kV 母分开关	BZT 动作合上 35kV 母分开关
Ⅰ母 PT 断线	Ⅰ段母线电压满足断线判据，延时 10s 报该信号。只有在 BZT 未启动时检测
Ⅱ母 PT 断线	Ⅱ段母线电压满足断线判据，延时 10s 报该信号。只有在 BZT 未启动时检测
装置报警	检测到如下问题发异常报警：①开关有电流而相应的 TWJ 为 "1"，经 10s 报相应的 TWJ 异常；②分段开关电流不平衡经 10s 延时报 CT 异常；③Ⅰ母、Ⅱ母 PT 断线；④控制回路断线；⑤弹簧未储能；⑥系统频率低于 49.5Hz，经 10s 延时报频率异常
装置闭锁	硬件出错，闭锁装置，如 RAM 出错、E2PROM 出错、定值出错、电源故障等
报警、闭锁或直流消失（硬接点）	此为硬接点输出的装置闭锁信号，装置直流消失时报文信号已不能将闭锁信号上传至后台，硬接点信号则不受此影响，能在各种情况下将闭锁信号上传

十九、直流光字释义

直流光字释义，如表 5-19 所示。

表 5-19　直流光字释义

光字牌信号	光字牌含义
交流 1 过压	报文信号，交流输入超过 250 V
交流 1 欠压	报文信号，交流输入低于 215 V
交流 1 停电	报文信号，交流 1 输入正常时该光字不会亮
交流 2 过压	报文信号，交流输入超过 250 V
交流 2 欠压	报文信号，交流输入低于 215 V
交流 2 停电	报文信号，正常时交流 1 供电，所以交流 2 停电会亮

续表

光字牌信号	光字牌含义
控母欠压	报文信号,控制母线电压低于198 V
控母过压	报文信号,控制母线电压高于242 V
合母欠压	报文信号,合闸母线电压低于215 V
合母过压	报文信号,合闸母线电压高于250 V
#1充电屏系统故障	相当于一个总信号,任何异常都会报该光字
#1充电屏绝缘故障	Ⅰ断直流母线有接地情况,现场检查直流系统接地检测仪信号情况,若接地,按流程处理
#1充电屏合母过/欠压	Ⅰ断合闸母线过压或欠压,整定大于250V为过压,低于215V为欠压
#1充电屏控母过/欠压	Ⅰ断控制母线过压或欠压,整定大于242V为过压,低于198V为欠压
#1充电屏交流故障	充电屏后两路交流输入空开跳开,常闭接点闭合发信,两个空开常闭并信号
#1充电屏模块故障	Ⅰ断直流母线上某个充电模块空开跳开,不允许试合,直接报缺陷
#1充电屏馈线开关故障	Ⅰ断直流母线上馈线刀熔开关跳开,注意,只有将支路上方绿色灯打上,刀熔开关跳开时才会报此信号,正常运行时均要求打上
Ⅰ组蓄电池熔断器故障	Ⅰ组蓄电池正极或负极熔丝熔断,更换熔丝时先拉开该组蓄电池充放电开关,戴上护目镜,使用专用熔丝插拔器
交流1过压	同#1直流屏
交流1欠压	同#1直流屏
交流1停电	同#1直流屏
交流2过压	同#1直流屏
交流2欠压	同#1直流屏
交流2停电	同#1直流屏
控母欠压	同#1直流屏
控母过压	同#1直流屏
合母欠压	同#1直流屏
合母过压	同#1直流屏
#2充电屏系统故障	同#1直流屏
#2充电屏绝缘故障	同#1直流屏

续表

光字牌信号	光字牌含义
#2 充电屏合母过/欠压	同#1 直流屏
#1 充电屏控母过/欠压	同#1 直流屏
#2 充电屏交流故障	同#1 直流屏
#2 充电屏模块故障	同#1 直流屏
#2 充电屏馈线开关故障	同#1 直流屏
Ⅱ组蓄电池熔断器故障	同#1 直流屏

二十、消弧线圈光字释义

消弧线圈光字释义,如表 5-20 所示。

表 5-20 消弧线圈光字释义

光字牌信号	光字牌含义
控制器拒动	控制器拒动,档位调节柜内电机不受控制(报文信号)
控制器异常	内部有异常情况,现场检查(报文信号)
控制器手动状态	控制器处于手动调节状态,需要人工调节消弧线圈档位(报文信号)
控制器失灵	控制器无法对消弧线圈档位进行调整(报文信号)
控制器频繁	控制器频繁动作(报文信号)
35kV 母线接地	35kV 系统单相接地,两段母线仅此一个信号,分列后仅反映Ⅱ段母线情况
35kV 东南 36A1 接地	东南 36A1 线接地,查看电压变化确定相别,汇报调度。一般先拉母分,再根据故障所在母线段选拉接地线路
35kV 备用 36A2 接地	同上
35kV 土桥 36A4 接地	同上
调谐屏调谐器异常	调谐器异常,观看报文信号及现场面板信息。这相当于一个总信号,主要部件异常都会报该光字,而且这是一个硬接点信号。例如,当控制器拒动时不仅会报"控制器拒动",还会报该信号
调谐屏直流空开跳开	调谐屏后自动控制器直流电源空气开关 1QF 跳开
调谐屏交流空开跳开	调谐屏后自动控制器交流电源空气开关 2QF 跳开

第六章 监控操作

第一节 无功控制

一、电压调节

电网电压调节可通过 VQC/AVC 等自动装置及人工操作方式实现,包括投切系统中电容器、电抗器和改变主变压器分接头。

变电站 VQC 的动作策略,如图 6-1 所示。

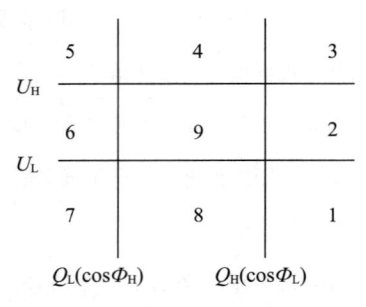

图 6-1 VQC 的动作策略

调节有载调压变压器分接头位置或投切电容器改变无功补偿量 Q_c,都将引起变电站母线电压 U 和从系统吸收的无功功率 Q($Q=Q_1+Q_c$,其中,Q_1 为投切电容器前从系统吸收的无功功率)的变化,变化关系如表 6-1 所示。

表 6-1 分接头正接时 U、Q 动作变化关系

动作类型	U 变化	Q 变化
升主变分接头	下降	减少
降主变分接头	上升	增加
投电容器	上升	减少
切电容器	下降	增加

由图 6-1 和表 6-1 可得出 U、Q（$\cos\varPhi$）不正常的八个区域的控制顺序关系：

区域 1：$\cos\varPhi<\cos\varPhi_L$，$U<U_L$，投入电容器，视情况调节分接头或不调分接头，使电压趋于正常。

区域 2：$\cos\varPhi<\cos\varPhi_L$，$U$ 正常，投入电容器，视情况调节分接头或不调分接头，使电压恢复正常。

区域 3：$\cos\varPhi<\cos\varPhi_L$，$U>U_H$，调分接头降压，电压正常后，投入电容器，否则不投。

区域 4：$\cos\varPhi$ 正常，$U>U_H$，调节分接头降压，至极限档位后仍无法满足要求，强行切除电容器。

区域 5：$\cos\varPhi>\cos\varPhi_H$，$U>U_H$，切除电容器，视情况调节分接头或不调分接头，使电压趋于正常。

区域 6：$\cos\varPhi>\cos\varPhi_H$，$U$ 正常，切除电容器，视情况调节分接头或不调分接头，使电压恢复正常。

区域 7：$\cos\varPhi>\cos\varPhi_H$，$U<U_L$，调分接头升压，电压正常后，切除电容器，否则不切。

区域 8：$\cos\varPhi$ 正常，$U<U_L$，调节分接头升压，至极限档位后仍无法满足要求，强行投入电容器。

二、功率因数控制

（一）功率因数控制目标

1. 220kV 变电站功率因数控制目标

220kV 变电站功率因数 $\cos\varPhi = \dfrac{\sum P_i}{\sqrt{\left(\sum P_i\right)^2 + \left(\sum Q_i\right)^2}}$（其中，$\sum P_i$、$\sum Q_i$ 分别为站内主变高压侧有功总加和无功总加），按以下原则控制：

A. 严禁无功倒送，即主变高压侧无功总加 $\sum Q_i >0$。

B. 根据 220kV 母线电压确定功率因数控制目标，如表 6-2 所示。

表 6-2 功率因数合格范围

母线电压	功率因数控制目标
$U>236$	$0.95 \geqslant \cos\varPhi \geqslant 0.90$
$236 \geqslant U>233$	$0.97 \geqslant \cos\varPhi \geqslant 0.94$
$233 \geqslant U \geqslant 223$	$1.00>\cos\varPhi \geqslant 0.95$

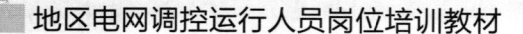

续表

母线电压	功率因数控制目标
223>U≥220	1.00>cosΦ≥0.96
220>U	1.00>cosΦ≥0.97

2. 110kV 变电站功率因数控制目标

110kV 变电站功率因数计算方式和 220kV 变电站基本相同。

$$\cos\Phi = \frac{\sum P_i}{\sqrt{\left(\sum P_i\right)^2 + \left(\sum Q_i\right)^2}}$$

[其中，$\sum P_i$、$\sum Q_i$ 分别为站内主变高压侧有功总加和无功总加，因变电所接线方式原因（如线变组接线）致高压侧关口数据未采集，则以中、低压侧数据之和 $P_h = P_l + P_m$、$Q_h = Q_l + Q_m$ 统计]，在控制原则方面，除原则上不允许倒送外，采取了按时段划分功率因数控制目标的办法：

（1）6:45～11:00、12:30～17:00 为高峰时段，cosΦ 不得低于 0.97；

（2）21:30～次日 6:30 为低谷时段，cosΦ 不得低于 0.95；

（3）其余时段为腰荷时段，cosΦ 得低于 0.96。

（二）功率因数控制手段

（1）地区电网 AVC 系统、220kV 变电站 VQC 装置，以及 220kV 变电站供电区域内所有电容器、电抗器。AVC/VQC 的定值按照无功电压控制要求设定，并结合电网供区负荷及无功变化特点，进行相应调整。

（2）用户电容器、电抗器。电力大用户在无功调控方面的基本要求是既严禁用户向系统侧倒送无功功率，也不允许用户从系统侧吸收太多无功功率。

（3）110kV 并网电厂的无功出力（功率因数）。正常情况下，并网电厂应根据所在电网供区的无功特点，按要求严格控制其无功出力，以保证上级 220kV 变电站功率因数的合格率。

（4）220kV 电厂或 500kV 变电站的 220kV 母线电压。在保障电厂用电电压合格或者 500kV 母线电压合格的前提下，通过调节 220kV 电厂无功出力或者投切 500kV 变电站内电容/电抗器，将电源侧 220kV 母线电压尽量控制在合格范围内。此调节手段需通过相应上级调度进行。

第二节　遥控操作

遥控操作的原则包括：
（1）地调对监控范围内且具备遥控条件的一、二次设备可进行遥控操作；
（2）严禁对遥控范围外的设备进行遥控操作；
（3）运维检修部（安全运检部）负责确认允许进行遥控操作的一次设备，并经各单位分管生产领导批准；
（4）调控中心负责确认允许进行遥控操作的二次设备，并经各单位分管生产领导批准。

一、常规遥控操作

正常情况下，值班调控员只对监控范围内变电站的无功电压进行调节，包括电容器、电抗器投退及110kV主变有载调压分接头调档操作，除此之外的常规操作地调不进行遥控操作，应将操作指令下达给运维站执行。

二、紧急遥控操作

事故、故障等紧急情况下，值班调度员无须等运维人员到现场，可直接进行如下遥控操作：
（1）事故情况下紧急拉合开关的单一操作。
（2）紧急拉限电操作。
（3）对事故失电用户紧急恢复用电。
（4）对符合强送条件的故障跳闸线路进行强送。
（5）小电流系统发生单相接地时寻找接地故障点的接地试拉操作。
值班调控员在进行上述紧急遥控操作后，及时通知运维站到现场查看。

第三节 信息联调

一、基本概念

信息联调是指通过一次设备、二次设备、远动通道、调度自动化系统进行联合调试，验证系统功能的完整性，二次回路、信息传输的正确性，以及传输规约一致性。信息联调范围包括遥测、遥信、遥控、遥调的联调以及远动通道切换试验等。

二、联调方法

（一）按联调的信息范围分类

1. 全部联调

全部联调是指根据调度自动化系统功能和信息表的要求，完成所有功能试验和信息核对的联调方式。

2. 部分联调

部分联调是指根据诊断性试验的需求，或者受电网运行方式的限制，进行部分功能试验和信息核对的联调方式。

（二）按联调的设备状态分类

1. 停电联调

停电联调是指一次设备停电条件下，对调度自动化系统进行信息联调的方式。

2. 不停电联调

不停电联调是指一次设备不停电条件下，对调度自动化系统进行信息联调的方式。

三、安全措施

（1）调度自动化系统遥控联调时要根据现场实际情况重点危险点做好预控、应急预

案等工作,避免继电保护误动、拒动和一次设备无保护运行。

(2)主站系统设置联调责任区,仅将需进行联调的变电站放入责任区,主站端调试人员登录联调责任区进行联调。

(3)调度自动化系统遥控联调时,对于处于基建调试阶段的新建变电站,所有控制对象均切至"远方"操作状态进行信息联调;对于运行变电站,除需联调验证的测控装置(包括保护测控一体化装置,以下同)切至"远方"操作状态外,其他测控装置均切至"就地"操作状态,所有闸刀操作机构均切至"就地"操作状态。

(4)不停电联调时,应退出联调变电站内所有测控装置开关、闸刀的遥控出口压板,应退出闸刀电动机构操作电源和控制电源,并将闸刀操作机构切至"就地"操作状态。

四、结果认证

信息联调实行"三方对点"原则,即由检修工区、运行工区、主站端共同完成联调任务。

调控中心调控组主要参与信息联调中的"遥控"任务。遥控联调前,运行人员完成变电站内联调安全检测,检修人员保证厂站端联调通道切换正确,调控中心运行组保证主站端通信正确并设置联调责任区,调控中心调控组核实现场安全措施到位后方可进行遥控联调工作。

第七章 监控处置

第一节 基本业务流程

一、事故处理流程

（一）省调设备
（1）初步分析、判断事情简况。
（2）通知操作站去现场查看设备。
（3）向省调进行初汇报，由运行人员向省调进行详细汇报。
（4）告知地调调度员。
（5）状态变更的停役设备，进行挂牌。
（6）记入监控日志。

（二）地调设备
（1）初步分析、判断事情简况。
（2）通知操作站去现场查看设备。
（3）向地调进行初汇报，由运行人员向地调进行详细汇报。
（4）状态变更的停役设备，进行挂牌。
（5）记入监控日志。

（三）县调设备
（1）初步分析、判断事情简况。
（2）通知操作站去现场查看设备。

（3）状态变更的停役设备，进行挂牌。

（4）记入监控日志。

二、异常处理流程

（一）省调设备

（1）通知操作站去现场查看设备。

（2）向省调进行初汇报，由运行人员向省调进行详细汇报。

（3）运行人员对缺陷定性后，监控员进行确认。

（4）告知地调调度员。

（5）告知检修部门。

（6）记入监控日志。

（二）地调设备

（1）通知操作站去现场查看设备。

（2）向地调进行初汇报，由运行人员向地调进行详细汇报。

（3）运行人员对缺陷定性后，监控员进行确认。

（4）记入监控日志。

（三）县调设备

（1）通知操作站去现场查看设备。

（2）告知地调调度员。

（3）运行人员对缺陷定性后，监控员进行确认。

（4）记入监控日志。

对于由操作站运行人员发现的缺陷，待运行人员告知监控员后，监控员按上述流程处理。

三、监控移交流程

（1）监控下放流程。监控下放时，监控员应明确下放时间、下放范围和下放联系人。监控收回时也是一样的原则。专业术语为：几点几分下放××变电所或××变电所××间隔监控权限至××操作站××人。

（2）系统异常。因 SCADA 系统异常，需下放监控权限时，可经调控长或专业工程师授权后下放部分或全部监控权限。

（3）因恶劣天气或大面积电网事故，导致监控困难，需下放监控权限时，可逐级向领导汇报，经主管局长同意后，下放监控权限。

（4）厂站异常。厂站异常，需下放监控权限时，可经调控长或专业工程师授权后下放厂站监控权限。

（5）间隔异常。需下放监控权限时，可经调控长或专业工程师授权后下放该间隔监控权限。

第二节　典型事故处理

事故信号是指由于电网故障、设备故障等，引起开关跳闸（包含非人工操作的跳闸）、保护装置动作出口跳合闸的信号以及影响全站安全运行的其他信号。事故信号是需实时监控、立即处理的重要信号。

一、主变跳闸处理

主变跳闸后，监控员应按以下步骤处理：

（1）将监控 SCADA 上与跳闸相关的信息收集完整。包括保护动作信息、下级失电情况、下级变电所 BZT 动作情况等。

（2）观察运行设备是否出现过载。

（3）将跳闸信息告知操作站，通知运行人员去现场查看。

（4）将跳闸信息告知相关调度。

二、线路跳闸处理

线路跳闸后，监控员应按以下步骤处理：

（1）将监控 SCADA 上与跳闸相关的信息收集完整，包括保护动作信息、重合闸信息、BZT 动作信息、失电情况等。

（2）观察运行设备是否出现过载。

（3）将跳闸信息告知操作站，通知运行人员去现场查看。

（4）将跳闸信息告知相关调度。

（5）若调度选择遥控强送，则根据指令进行。

三、母线跳闸处理

母线跳闸后，监控员应按以下步骤处理：

（1）将监控 SCADA 上与跳闸相关的信息收集完整，包括保护动作信息、下级失电情况、下级变电所 BZT 动作情况等。

（2）观察运行设备是否出现过载。

（3）将跳闸信息告知操作站，通知运行人员去现场查看。

（4）将跳闸信息告知相关调度。

四、其他事故处理

电容、电抗器跳闸后，还应闭锁 AVC 自动投切功能，并检查厂站无功、电压是否合格。

第三部分 电网调度

第八章 电网调控

第一节 频率调整

一、电厂分类

目前,我国的发电厂主要是燃煤机组,容量占80%,其次是水电、核电,占15%左右。其余5%是风能、太阳能和生物质能发电,此外,还有一部分燃气机组,多用于用户供热。

(一)火力发电厂

火力发电厂简称火电厂,是将煤、石油、天然气等燃料燃烧后产生的热能转化为电能的工厂。其能量转换过程为化学能→热能→机械能→电能。

1. 火电厂分类

(1)按燃料分类。

①燃煤发电厂。

②燃油发电厂。

③燃气发电厂。

④余热发电厂。

(2)按蒸汽压力与温度分类。

①中低压发电厂。

②高压发电厂。

③超高压发电厂。

④亚临界压力发电厂。

⑤超临界压力发电厂。

(3) 按原动机分类。

①凝汽式汽轮机发电厂。

②燃气轮机发电厂。

③内燃机发电厂。

④蒸汽-燃气轮机发电厂。

2. 火电厂特点

(1) 布局灵活。火电厂装机容量的大小可由各区域需要灵活确定。

(2) 一次性建造投资少。火电厂基建投资仅为同容量水电厂的一半左右，且建设工期短，年利用小时数较高，约为水电厂的1.5倍。

(3) 燃煤电厂耗煤量大。目前，发电用煤占全国煤炭产量的50%，受煤炭价格、运费和发电用水的影响，火电厂发电成本比水电厂高3~4倍。

(4) 动力设备繁多。火电厂发电机组控制操作复杂，所需的厂用电量与运行人员均多于水电厂。

(5) 大型机组停开机到满出力耗时长。大型机组从停机到开机再到满出力需要几小时甚至几十个小时。

(6) 承担调峰任务时燃料消耗增大。火电厂参与调峰煤耗比平均煤耗增加22%~29%。

(7) 承担调峰、调频、备用任务时，故障概率增大。承担调峰、调频、备用任务时，火电厂相应的事故增多，强迫停运率增加，厂用电增加。因此，从经济性与可靠性出发，火电厂应尽可能承担较均匀的负荷。

(8) 对环境污染较大。火电厂燃烧原料产生的废气对空气有污染。目前，大型火电厂一般均安装废气脱氮脱硫装置。

(二) 水力发电厂

水力发电厂简称水电厂或水电站，是把水的势能和动能转化为电能的工厂。其基本生产过程是：利用水能推动水轮机旋转带动发电机组发电。水电厂的能量转化过程为动势能→机械能→电能。

1. 水电厂分类

(1) 按集中落差分类。

①堤坝式水电厂。

②坝后式水电厂。

③河床式水电厂。

④引水式水电厂。

⑤混合式书电厂。

（2）按水库调节能力分类。

①径流式水电厂。

②日调节式水电厂。

③年调节式水电厂。

④多年调节式水电厂。

⑤抽水蓄能电厂。

2. 水电厂特点

（1）可综合利用水力资源。水电厂除发电外，还兼具防洪、灌溉、航运、供水、养殖、旅游等功能。

（2）发电成本低。水电厂利用的水能是可再生清洁能源，既可省去燃料成本，也可省去运输成本。

①运行灵活。水电厂设备较火电厂简单，易于实现自动化，机组启动快。紧急情况下，水电机组从停机到满出力只需1min。所以，电力系统中大多选用水电机组承担系统的调峰、调频和备用任务。

②水能可储存和调节。水能可通过水库进行调节和储存，在一定程度上弥补了电能不能大量储存的缺点。

③建设投资大，工期较长。大型水电厂从开工建设到实现蓄水、通航、发电三大目标工期往往需要十多年。

④生产受水文气象条件制约。水电厂发电量有丰水期和枯水期之别，因而发电量不均衡，从发电量曲线上看存在明显波峰、波谷。

⑤水库的兴建可能导致移民、淹没土地、破坏生态平衡等问题。

（三）核能发电厂

核能发电厂简称核电厂，是将反应堆中核燃料裂变链式反应所产生的热能，按火电厂的发电方式转化为电能的工厂。核电厂的核反应堆相当于火电厂的锅炉。其能量转化过程为原子能→热能→机械能→电能。

目前，人类尚不能工业化利用核聚变产生热能，这也是核能领域一个重要的研究课题。

1. 核电厂分类

（1）压水堆核电厂。

（2）沸水堆核电厂。

（3）重水堆核电厂。

（4）石墨气冷堆核电厂。

（5）快堆核电厂。

2. 核电厂特点

（1）建设费用高。

（2）燃料所占费用便宜。

（3）需在接近额定功率的工况下连续运行。

（4）承担电力系统中的基本负荷，不参与调峰、调频和备用。

（四）风力发电厂

风力发电厂简称风电厂，是将风能转化为电能的工厂。其能量转化过程为风能→机械能→电能。

风能属于可再生清洁能源。目前，风能发电是我国开发利用新能源的重点。其他类型的发电厂包括太阳能发电厂、生物质能发电厂、地热发电厂、潮汐发电厂等。

二、影响电厂出力的因素

电力系统一定时期内所有机组最大出力的总和，称为最大可能出力。这里叙述的电厂出力的影响因素是指影响最大可能出力的因素。

（一）影响火电厂出力的因素

1. 原料质量

原料质量差时，同等质量的原料燃烧产生的能量会少很多。伴随燃烧产生的积灰、结焦和腐蚀性气体会加速锅炉故障，缩短锅炉的使用寿命。

2. 本体故障

锅炉、汽轮机、发电机、锅炉省煤器、水冷壁、过热器、再热器、高压加热器等设备故障均会影响出力。

3. 辅机故障

给煤机、磨煤机、引风机、送风机、一次风机、凝汽器真空度、给水泵等设备故障会影响出力。

4. 原料短缺

原料短缺也是影响火电厂出力的常见原因。

（二）影响水电厂出力的因素

1. 水轮机转轮的效率

水轮机转轮的效率对出力和电厂的效益影响巨大，也是水电厂设计、水轮机选型的关键参数。

2. 水头影响

水库水位较低时，机组的出力往往达不到最大值。当下游水位过高时也会影响出力。

3. 过机流量不足

水头、流道、转轮、导叶和桨叶协联关系等多方面因素会造成过机流量不足，进而导致出力减少。

4. 水库调度原则

水库调度的原则是从发电、防洪、灌溉、航运、环保和养殖等方面综合考虑。有时综合考虑后会牺牲一部分机组的发电能力。

（三）影响风电厂出力的因素

1. 风能资源不稳定

风电机组的出力主要取决于风速的大小。风速受当地气象条件影响，变化幅度较大。

2. 机组受系统扰动影响较大

风电机组对系统扰动较敏感，当系统中出现短路故障时，可能造成风电机组解列而影响出力。

此外，因网架结构不合理等造成机组不能满发也是影响机组出力的因素之一。

三、电厂出力调整手段

为了保证电力系统安全稳定运行，发电机组必须调整出力，保证电能质量。

（一）调整手段

出力调整手段包括一次调频、调峰、自动发电控制（AGC）、备用容量。

1. 一次调频

一次调频是指当电力系统频率发生偏移时，发电机调速系统自动反应，调整有功出力减少频率偏差的一次调整。

一次调频是有差调整，仅靠一次调频不能恢复系统原来运行频率，需与二次调频相结合。

2. 调峰

调峰是指发电机组从最小出力到额定功率之间，根据负荷的峰谷变化而有计划的，按照一定速率进行的发电机出力调整。

3. 自动发电控制（AGC）

自动化发电控制即二次调整，可实现无差调频，是指发电机组在允许范围内，跟踪电力调度机构下发的指令，实时调整出力，能够满足电力系统频率和联络线功率控制要求的功能。

4. 备用容量

备用容量是指为了保证可靠供电，电力调度机构指定的发电机组在尖峰时段通过预留一定发电容量所提供的服务。一般要求在 10 min 内能够调用。

（二）调节能力

（1）抽水蓄能机组改电动机状态为发电机状态，调峰能力接近 200%。

（2）水电机组停机到满出力，调峰能力接近 100%。

（3）燃油、燃气机组减负荷，调峰能力在 50% 以上。

（4）燃煤机组减负荷、启停调峰、少蒸汽运行、滑参数运行，调峰能力分别为 50%、100%、100%、40%。

（5）核电机组减负荷调峰，但一般不采用。

（三）注意事项

（1）出力调整需满足电网安全稳定运行的要求，也是最重要、最根本的要求。

（2）出力调整需满足电网经济运行和节能调度的需要。

（3）出力调整需满足"三公"调度的需要。

第二节 电压调整

一、无功及其特点

电力系统中的电压与无功功率是密切相关的，无功补偿不足会导致电压下降。

（一）概念

电力系统中，为建立交变磁场和感应磁通而需要的电功率称为无功功率。一般全系统的无功是感性的，为保证系统电压合格，需要补偿一定的容性无功。

（二）特点

无功补偿的特点可以概括为分层分区，就地平衡。电力系统配置的无功补偿装置应能保证在系统有功负荷高峰和负荷低谷运行方式下，分层分区的无功平衡。分层无功平衡的重点是220kV及以上电压等级层面的无功平衡；分区就地平衡的重点是110kV及以下配电系统的平衡。

无功补偿配置应根据电网情况，实施分散就地补偿与变电站集中补偿相结合，电网补偿与用户补偿相结合，高压补偿与低压补偿相结合，满足降损和调压的需要。

（三）无功平衡要点

（1）各级电压电网间无功电力交换的指标是两个界面上各点的功率因数，功率因数值需要分别根据电网结构、系统负荷高峰和低谷期间负荷来确定，保证无功功率平衡。

（2）安排和保持基本按分区原则配置紧急无功备用容量，以保持事故后的电压水平在合格范围内。

二、电压调整手段

（1）改变发电机端电压调压。利用发电机的自动调节励磁装置，调节发电机的励磁电流，可以改变发电机端电压以达到调压的目的。

（2）改变变压器变比调压。
（3）无功补偿设备调压。
（4）紧急情况下才使用调整用电负荷或限电的方法。

第三节　负荷控制

一、负荷分级

电力负荷应根据供电可靠性的要求及中断供电对社会、政治、经济所造成的损失或影响的程度进行分级，应符合下列规定。

（一）符合下列情况之一时，应为一级负荷

（1）中断供电将造成人身伤亡。

（2）中断供电将对社会、政治、经济造成重大损失。

例如，重大设备损坏、重大产品报废、用重要原料生产的产品大量报废、国民经济中重点企业的连续生产过程被打乱，需要长时间才能恢复等。

（3）中断供电将影响有重大政治、经济意义的用电单位的正常工作。

例如，重要交通枢纽、重要通信枢纽、重要宾馆、大型体育场馆、经常用于国际活动的大量人员集中的公共场所等用电单位中的重要电力负荷供电中断。

在一级负荷中，中断供电将发生中毒、爆炸和火灾等情况的负荷，以及特别重要场所的不允许中断供电的负荷，应视为特别重要的负荷。

（二）符合下列情况之一时，应为二级负荷

（1）中断供电将在政治、经济上造成较大损失。

例如，主要设备损坏、大量产品报废、连续生产过程被打乱需较长时间才能恢复、重点企业大量减产等。

（2）中断供电将影响重要用电单位的正常工作。

例如，交通枢纽、通信枢纽等用电单位中的重要电力负荷，以及中断供电将造成大型影剧院、大型商场等较多人员集中的重要公共场所秩序混乱。

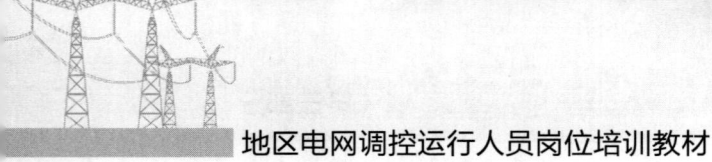

（三）不属于一级和二级负荷者应为三级负荷

在正常与事故情况下，均应优先保证一级、二级负荷及厂用电的正常供电。

二、负荷的特性

负荷特性，是电力负荷从电力系统的电源吸取的有功功率和无功功率随负荷端点的电压及系统频率变化而改变的规律。

（一）负荷的组成

（1）异步电动机。
（2）同步电动机。
（3）电热电炉。
（4）整流设备。
（5）照明设备。
（6）其他设备。

在不同地点，这些用电设备所占的比重不同，用电情况不同，因而负荷特性也不同。

（二）负荷特性描述

1. 负荷的电压特性

负荷功率随负荷端点的电压变化而变化的规律，称为负荷的电压特性。

2. 负荷的频率特性

负荷功率随电力系统频率改变而变化的规律，称为负荷的频率特性。

3. 负荷的时间特性

负荷功率随时间变化的规律，称为负荷的时间特性。但一般习惯上把负荷的时间特性称为负荷曲线。

一般而言，对于稳定运行的电力系统，可以认为系统的电压与无功相关；频率与有功相关。它们之间的具体关联会在本章第二、三节详细叙述。

（三）负荷特性分类

1. 静态特性

反映负荷点电压（或电力系统频率）的变化达到稳态后负荷功率与电压（或频率）的

关系，称为负荷的静态特性。

2. 动态特性

反映负荷点电压（或电力系统频率）急剧变化过程中负荷功率与电压（或频率）的关系，称为负荷的动态特性。

（四）负荷特性意义

负荷特性对电力系统的运行特性影响很大。例如，研究电力系统的暂态稳定性，采用不同的负荷特性可以得出不同结论。因此，在电力系统分析计算中采用有一定精度的负荷模型是至关重要。

（五）典型设备的负荷特性

典型的负荷模型包括静态负荷模型、机理动态负荷模型、非机理动态负荷模型。建立一个负荷特性数据库，便于对历史数据进行各种查询和调用，在一个整体、长期的范围对负荷特性进行比较、分析、综合和应用。

三、负荷的调整

负荷调整是指根据电力系统的实际情况，按照各类用户不同的用电，合理地安排用电时间，把系统高峰分散，使一部分高峰时间的负荷转移到低谷时间使用，达到"削峰填谷"的目的，以求发电、供电和用电之间的平衡。

（一）负荷调整的原则

1. 保证电网安全

只有保证电网安全，才能避免电网崩溃，最大限度保证用户供电。

2. 统筹兼顾

调整负荷时要考虑各种因素，照顾各方利益。

3. 保住重点

调整负荷时应以国家利益为重，优先居民生活用电，优先保证各重点企业和一类负荷的企业用电。

4. 个性化对待

根据当地网架、电源结构的实际情况，拟订个性化的负荷调整方案。

5. 兼顾生活习惯

例如，在负荷晚高峰时段，要尽力照顾居民的生活照明用电，减少对居民生活用电的影响。

6. 明确限电和其他负荷调整手段的关系

遵循"先错峰、后避峰、再限电、最后拉电"的原则。

（二）负荷调整的目的

（1）节约国家对电力工业的基建投资。

（2）提高发电设备的效率，降低燃料消耗与发电成本。

（3）充分利用水利资源。

（4）提高电力系统运行的安全性、稳定性、可靠性。

（5）有利于电力设备的计划检修工作。

四、负荷调整的方法

（一）政策性调整

（1）通过电价手段调整，例如"峰谷电价"。

（2）通过其他政策性手段调整，例如免费安装、折扣制度、借贷租赁优惠等。

（二）技术性调整

1. 错峰

错峰是指根据本地的用电缺口，有计划地调整企业用电班次，进行"移峰填谷"用电安排。错峰不损失电量，原则上，错峰时段少用的电量可以通过企业调整用电时间（低谷用电）弥补回来。

2. 避峰

避峰是指错峰企业安排完以后，仍存在用电缺口，进一步采取计划限制企业用电的一种措施。这部分可临时中断的用电负荷不会对企业生产产生重大影响。白天避掉的负荷无法在低谷叠加。（含"开几停几"轮流供电，还有如商场、宾馆等场所的避峰。）避峰损失电量一般不可弥补。

3. 限电

限电是指由调度直接发令电力客户（专线用户）压减用电负荷或通过负荷控制装置（压减）切除的用电负荷，达到在供电线路不拉闸停电方式下限制用电负荷。

4. 拉电

拉电是指经过先错峰、后避峰、再限电后，仍然超用负荷，由调度命令对某些线路直接拉闸。仅指超电网供电能力拉电和事故拉电，不含计划检修拉电。

第四节　负荷预测

负荷预测是根据电力系统的运行特性、增容决策、自然条件与社会影响等诸多因素，在满足一定精度要求的条件下，确定未来某特定时刻的负荷数据。

一、负荷曲线概述

负荷曲线是指电力系统中各类电力负荷随时间变化的曲线，是调度电力系统的电力和进行电力系统规划的依据。电力系统的负荷涉及广大地区的各类用户，每个用户的用电情况大不相同，且事先无法确知在什么时间、什么地点、增加哪一类负荷。因此，电力系统的负荷变化具有随机性。我们用负荷曲线记述负荷随时间变化的情况，并据此研究负荷变化的规律性。

负荷曲线按负荷种类可分有功功率负荷曲线和无功功率负荷曲线；按时间长短可分为日负荷曲线和年负荷曲线；按计量地点可分为个别用户、电力线路、变电所、发电厂至某地区的负荷曲线。将上述三种特征相组合，就确定了某一种特定的负荷曲线。

电力系统有功功率日负荷曲线是制订各发电厂发电计划的依据，这对掌握电力系统运行具有很大的作用。对调度员而言，日常工作最关注的就是某地区的统调负荷曲线。

二、负荷预测影响因素

负荷预测影响因素包括负荷性质、发电机组情况、气象条件等多个方面。以宁波电网为例，主要有以下几点。

（一）工业负荷占比重，波动大

宁波电网负荷以工业负荷为主，且受到多种因素影响，起伏较大。

（1）用电负荷随经济形势变化起伏不定。

（2）企业（或同一产业链企业）生产设备故障，特别是产业集群内的用户，波动影响范围更大。

（3）生产计划刚性不强，随意性大。

（4）中小企业对节假日，特别是长假的假期安排没有规律。

（二）风电机组影响增大

宁波电网风电装机12.5万千瓦，约为低谷负荷的3%。根据规划，2013年年底，风电装机将增加到35万千瓦，占低谷负荷的8%~9%。

（三）气象信息不准确

受气象因素影响的负荷主要包括空调负荷和照明负荷。宁波电网有超过250万千瓦的空调负荷，至2013年迎峰度夏将超过300万千瓦。白天受光照影响较大的照明负荷为30万~40万千瓦。这些负荷的变化均会影响负荷预测准确率。

三、负荷预测手段

（一）最小二乘拟合方法

该方法应用最小二乘法可以预测负荷序列的发展趋势，即把负荷序列的发展趋势用方程式表示出来，进而利用趋势方程式来预测负荷未来的变化。

最小二乘拟合方法的特点如下：

（1）原理简单易懂。

（2）预测速度快。

（3）外推特性好，能反映负荷变化的连续性。

不足之处如下：

（1）历史数据要求高。

（2）仅适合负荷序列波动不大的平稳时间序列的情况。

（3）无法详细考虑影响负荷的各种因素。

（二）回归分析方法

该方法是研究变量和变量之间依存关系的一种数学方法。在负荷预测中，回归方程的自变量一般是影响系统负荷的各种因素，如历史负荷数据、天气情况等，一般而言，它们之间的内在关系是多元线性回归方程。

（三）时间序列方法

时间序列模型是用电企业使用比较多的一种短期预测负荷模型。概括来说，就是选择合适的模型，利用样本数据，得出负荷预测曲线。

（四）专家系统方法

专家系统是人工智能中最为有效和成功的分支，它能模拟人类专家的思维、决策过程，对求解问题给出相当于专家水平的答案。专家系统方法就是利用专家系统进行的负荷预测。

（五）人工神经网络方法

人工神经网络是模仿人脑工作方式的一种信息处理方式，神经网络可以通过"学习"，自适应地产生适合新情况的新法规。具体而言，是通过建立模型实现的。

第九章 电网操作

第一节 单一设备操作

一、主变操作

（一）操作方法

变压器操作通常包括变压器充电、带负荷、并列、解列、切断空载变压器等内容。变压器停送电方法如下：

（1）单电源变压器停电时，应先断开负荷侧断路器，再断开电源侧断路器，最后拉开各侧隔离开关（刀闸）；送电时顺序与此相反。

（2）双电源或三电源变压器停电时，一般先断开低压侧断路器，再断开中压侧断路器，然后断开高压侧断路器，最后拉开各侧隔离开关（刀闸）；送电时顺序与此相反。

（二）注意事项

（1）变压器并列运行时，注意并列运行条件：变比相同、短路电压相等、接线组别相同。

（2）切合空载变压器过程中会出现过电压，危及变压器绝缘。预控措施：中性点直接接地系统中投入或退出变压器时，必须在变压器停电或充电前将变压器中性点直接接地，变压器充电正常后的中性点接地方式按正常运行方式考虑。

（3）变压器空载电压升高，会使变压器的绝缘遭受损坏。预控措施：调度员在进行变压器操作时应当设法避免变压器空载电压升高，如投入电抗器、调相机带感性负荷以及改变有载调压变压器的分接头等以降低受端电压。此外，还可适当降低送端电压。

二、线路操作

（一）操作方法

线路送电操作及主要步骤：

（1）拉开两侧厂站线路接地刀闸。

（2）将两侧线路开关由冷备用转热备用。

（3）选择合适的充电端对线路充电。

（4）对侧厂站经同期装置检定合上断路器合闸。

线路停电操作及主要步骤：

（1）拉开待操作的断路器热备用，先拉线路侧隔离开关再拉母线侧隔离开关。

（2）将要操作的断路器转为热备用状态。

（3）合上线路接地刀闸。

（二）注意事项

线路停送电过程中，用电企业应充分考虑停送电操作中需要注意的环节，保证系统安全稳定运行。

（1）考虑线路停送电后系统运行方式的改变，系统的稳定性和合理性。

（2）考虑线路停送电后可能引起的系统潮流、电压、频率的变化，避免发生潮流超过稳定极限、设备过负荷、电压超过正常允许范围等情况，必要时可先进行分析计算。

（3）线路停送电若引起继电保护、安全自动装置动作，则需在线路停送电前按要求调整到位。

（4）线路充电时充电侧断路器（开关）应启用完备的继电保护。重合闸无法自动闭锁的，现场自行负责将重合闸停用，充电正常后自行恢复启用。

（5）充电端的运行主变应至少有一台中性点接地。

（6）注意线路上是否有"T"接负荷。

（7）任何情况下严禁"约时"停电和送电。

（8）注意投入或切除空载线路时，勿使系统特别是容量较小系统电压发生过大的波动、勿使空载线路末端电压升高至允许值以上、勿使发电机产生自励磁。

（9）线路停送电操作应采用逐项操作令。

三、母线操作

（一）操作方法

1. 母线停送电操作方法

（1）母线停电时，先断开母线上各出线及其他元件断路器，然后分别按线路侧隔离开关、母线侧隔离开关的顺序依次拉开。

（2）如线路停送电时伴随 220kV 母线停送电，可采取 220kV 线路和 220kV 空母线一并停送电的方式。

（3）有母联断路器时应使用母联断路器向母线充电，充电时母联断路器充电保护应投入。如无母联断路器，在确认备用母线处于完好状态后，也可用隔离开关充电，但在选择隔离开关和编制操作顺序时，应注意不要出线过负荷。

2. 倒母线操作方法

（1）母线"冷倒"方法。

①断开元件断路器。

②拉开故障母线侧隔离开关。

③合上运行母线侧隔离开关。

④合上元件断路器。

（2）母线"热倒"方法。如无特殊说明，倒母线均采用"热倒"方式，具体方法为：

①母联断路器在合位状态下，将母联断路器改为非自动。

②合上母线侧隔离开关。

③拉开另一母线侧隔离开关。

④倒母线操作完毕，将母联断路器恢复为自动状态。

（二）注意事项

1. 母线停送电注意事项

（1）备用和检修后的母线送电，应使用装有反映各种故障类型速断保护的断路器进行，若只用隔离开关对母线充电，必须进行必要的检查，确认设备和绝缘良好。有母联断路器时应用母联断路器对母线充电，充电保护应投入运行。

（2）为防止断路器断口电容和电感式电压互感器形成铁磁谐振，母线停送电前应退出电感式电压互感器或在其二次回路并（串）联适当电阻。

（3）母线停送电操作时，应做好电压互感器二次切换，防止电压互感器二次侧向母线反充电。

（4）若母联断路器不可用，必须用母线隔离开关拉合空载母线，应先将该母线电压互感器断开。

2. 倒母线操作中的注意事项

（1）用电企业进行母线隔离开关操作时应注意对母差保护的影响，要根据母线保护运行规定进行相应调整，若倒母线过程中无特殊情况，母差保护应投入运行。

（2）母线电压互感器所带的保护，如不能提前切换到运行母线的电压互感器上供电，则事先应将这些保护停用。

（3）由于500kV空载母线充电电流大，不允许用隔离开关拉合500kV空载母线，也不允许用隔离开关拉合电容式电压互感器。

（4）当无母联断路器的双母线或母联断路器不可用时，需停用运行母线，投入备用母线时，应尽可能使用外来电源对备用母线充电。

（5）当已发生故障的母线上的断路器需倒换至正常母线上时，应先检查明确本间隔设备无故障再采用母线"冷倒"方式复电。

第二节　关联设备操作

一、并、解列操作

（一）并、解列的含义及应具备的条件

1. 并、解列的含义

并、解列操作在电力系统中大致分为两类：涉及发电机组的并、解列操作是指机组与大网之间按照规定的技术要求，相互连接在一起同步运行或断开运行的方式；涉及同一变电站内的同一电压等级开关形成或断开环网运行的方式。通常地区电网调度涉及较多的为后者。

2. 并、解列应具备的条件

并列操作：机组与系统并列时，并列点两侧电压幅值差在 1% 以内；系统与系统并列，并列点两侧电压幅值差在 10% 以内。

解列操作：机组与系统解列时，将机组出力降低至允许值后解列；系统之间解列前，应先将解列点有功功率调整至接近于零，无功功率调整至最小，并保证解列后的各元件不过限。

（二）并、解列对系统的影响

（1）同一变电站内的并、解列操作，对系统一次潮流的影响较小，但应注意二次保护的配合，如主变中性点接地方式、过载联切装置调整。

（2）机组与系统间的并、解列操作，应严格遵循并、解列条件进行，否则，非同期并、解列将对机组造成严重冲击，使部分电网频率、电压发生大幅度变化甚至造成停电。

（三）注意事项

机组与系统并列操作，必须使用检同期装置，防止非同期并列恶性误操作。

二、合、解环操作

（一）合、解环的含义及应具备的条件

1. 合、解环的含义

合、解环是指将同一电压等级线路组成的环网，或由不同电压等级的线路、变压器组成的环网进行闭合或断开的操作，一般通过断路器进行操作。

2. 合、解环应具备的条件

先分析计算合、解环后系统潮流、电压、频率变化，确保潮流不超过稳定极限，电压不超过正常允许范围，设备不过载；必须经同期装置检定合闸；合、解环回路上的设备二次保护按规定正常投入。

（二）合、解环对系统的影响

（1）对不同电压等级的环网进行合、解环操作，操作时环流对系统设备的冲击较大，因此需正确合理选择操作点，并采用同期装置。

（2）同一电压等级线路组成的环网，对于地区调度采用220kV分层分区的电网系统，应尽量缩短合环时间，减少电磁环网影响。

三、注意事项

（1）合环前合环点两侧相位要一致，因为相序一致而相位不一致时，合环也会引起相间短路的严重后果。

（2）电压等级相邻的电磁环网解环后，不允许在电压等级相隔的系统间构成电磁环网，否则，穿越功率容易造成低电压等级设备、安置装置动作跳闸或设备过载损坏。

（3）解、合环时，会引起潮流大量转移，操作前应考虑有关设备的送电能力，尤其在电磁环网系统中要特别注意。

（4）调度员在操作前，运用调度自动化系统中的应用软件（如调度员潮流、状态分析等）对操作任务的正确性进行验证，以便及时发现解、合环过程中的异常变化。

第三节　新设备启动操作

新设备投产过程中，除常规设备操作外，还应分析新设备投产过程中可能出现的危险点、对正常运行设备的影响，根据实际情况调整系统运行方式、继电保护及安全自动装置、机组开停、负荷水平。操作前要求：

（1）设备验收工作已经完成，具备启动投产条件。

（2）现场检修工作结束，启动范围内及有关设备的状态满足启动投产方案要求。

（3）按下达的定值单整定相关保护，继电保护及安全自动装置状态按投产方案要求执行。

（4）核实通道及自动化信息接入工作已经完成，调度通信、自动化信息正常，满足投产要求。

（5）相关检修工作已经全部完成，安全措施满足投产方案要求。

（6）投产手续齐备。

一、主变投产

（1）变压器投产时，选择合适的充电端对主变充电 5 次，主变保护及充电端保护。有条件零起升压的，可考虑零起升压正常后再对变压器充电 5 次。

（2）变压器投产（冲击）时，变压器各侧中性点均应直接接地，所有保护均正常启用。

（3）变压器投产时，应考虑变压器励磁涌流对保护的影响，必要时修改充电保护定值。

（4）充电正常后，变压器各侧须进行核相操作，验证一、二次设备接线正常。

（5）变压器带负荷后应该测试主变保护正常。

二、线路投产

（1）线路投产过程中，必要时可调整系统运行方式，选择合适的充电端对新线路充电 3 次（有特殊要求的除外），充电侧保护应可靠投入，并选择相邻元件保护作为其远后备保护。

（2）有条件采用发电机零起升压时，可在零起升压正常后用断路器对线路充电 3 次，无条件时，用老断路器对新线路冲击 3 次。

（3）充电正常后须进行核相操作，验证一、二次设备接线正常。

（4）线路带负荷后应该测试两侧线路保护、母线保护正常。

三、母线投产

（1）有零起升压的，零起升压正常后选择合适的充电端对母线充电 1 次，母线保护及充电侧保护应可靠投入。无零起升压条件时，选择合适的充电端（一般用外来电源）对母线充电 1 次，母差保护及充电侧保护应可靠投入。

（2）充电正常后须进行核相操作，验证一、二次设备接线正常。

（3）母差带负荷后应该测试母线保护正常。

第十章 调度应用

第一节 PAS

一、PAS 概述

电网调度自动化系统高级应用软件（PAS），以电网数据采集与监控系统（SCADA）采集的实时数据为基础，对电网进行分析计算，为电网调度提供理论分析依据，改进电网的经济运行特性，提高电能质量。

主要功能模块包括：网络拓扑、状态估计、外网等值、调度员潮流、短期和超短期负荷预测、静态安全分析、无功电压优化、无功电压自动控制、短路电流计算等。

二、常用功能介绍

（一）网络拓扑

网络拓扑是调度自动化系统应用功能中的最基本功能。它根据电网描述数据库和遥信信息确定地区电网的电气连接状态，并将网络的物理模型转换为数学模型，为状态估计、调度员潮流、静态安全分析、无功电压优化等应用功能提供网络分析功能。

（二）状态估计

状态估计根据 SCADA 提供的电网实时信息，以及电网部件参数和网络拓扑分析的结果，实时地计算出电网内各母线电压（幅值和相位）和潮流的最优估计值，自动统计量测系统的质量指标。

状态估计可以检测和辨识开关信息中的错误，并可自动在拓扑分析中使用正确的遥信信息，可以检测和辨识坏数据，并在状态估计时使用辨识结果代替坏数据。

状态估计可以对历史断面进行保存，可以设置保存周期，可以保存每天典型时刻的断面和典型日的断面，可自动判断每日的最大/最小负荷时刻，保存最大/最小负荷时刻的断面。

（三）调度员潮流

在当前电网运行状态和负荷水平下，分析计算当调度员改变电网的运行状态时（如进行预定的操作、改变当前的运行方式等）系统潮流的分布情况，并对重新分布的潮流进行分析、计算、判断。

调度员潮流可以模拟各种开关、刀闸的变位操作，各种模拟操作可以多重组合；可以模拟机组出力、负荷功率和变压器分接头位置的调节；可以模拟发电机的启停和负荷、变压器的投退；可以模拟电容器、电抗器等无功补偿设备的投退；可以模拟系统的解列、并网、合环、解环；还可以随时返回电网断面的初始状态。

（四）短期和超短期负荷预测

短期负荷预测为日负荷预测和周负荷预测，主要用于编制日运行计划；超短期负荷预测周期为几分钟或几十分钟，用于调度的安全监视和负荷控制。该模块可以根据若干因素（例如，负荷结构、节假日、气候、温度、季节、负荷控制等）对负荷的影响，提供准确的预测结果；可以综合分析历史负荷数据、相关的气象资料和负荷控制，采用自适应预测方法，且自动统计预测误差；可以统计预测负荷的最大值、最小值，统计积分电量；可以对历史数据进行多种统计，在画面上显示多条历史曲线，进行负荷特性的分析和研究。

另外，可以采用人工方式修改预测结果；还可以用多种方法检测不正常的历史数据，方便地进行数据的替代，分段或修改，保证历史数据的良好统计指标。

（五）静态安全分析

该模块对线路、变压器和发电机逐个进行开断扫描，分析当前电网是否在 N-1 原则下安全运行，对可能出现的故障按严重程度排序，给出可能破坏安全运行的故障。给出故障状态下处于不安全运行状态的部件，如线路、变压器超载、母线电压越限等。

可对历史数据断面、当前数据断面和预想数据断面进行故障分析；越限标准和故障评估标准可以由调度员定制。

(六)无功电压自动控制

对各厂站母线电压和主变功率因数进行实时监视,当电压或功率因数超出规定范围时根据该厂站实际运行状况和预定义的控制规则给出控制方案提示,在闭环控制方式下可直接执行方案,投切电容器或升降变压器分接头使电压和功率因数恢复到规定范围之内。

(七)短路电流计算

在当前运行方式和潮流下,通过对母线和线路任意位置进行短路故障的设置并计算,能够在图形上直观和全面地显示出短路故障后的电流和电压分布。通过计算结果与整定值的比较可分析继电保护的动作行为,校核开关的遮断容量。

该模块可以对各种运行方式(历史、实时、预想方式)进行短路计算;可进行各种短路故障的计算,包括三相短路、两相短路、两相接地短路和单相接地短路等。

第二节 DTS

一、DTS 概述

DTS(Dispatcher Training System),即调度员培训仿真系统,是一种专门用来培训电力系统调度员的软件,主要通过模拟调度环境,触发不同的电网事故,使调度员能在虚拟的调度环境中进行事故处理,提高调度员的事故处理能力。

DTS 的基本用途:

(1)利用 DTS 对调度员展开业务培训,提高调度员对事故的应变能力。

(2)利用 DTS 事故预演、事故反演、事故分析,进行反事故措施的研究。

(3)利用 DTS 模拟调度日常操作,直观看到每一步操作结果,分析调度员操作的合理性。

(4)通过 DTS 制定合理的运行方式,研究电网的特殊运行方式。

二、常用功能介绍

DTS 系统一般包括学员台和教员台。学员台供学员使用，为学员提供事故的一、二次设备信息以及电网的实时潮流数据，并为电网设备进倒闸操作提供操作平台。教员台供教员使用，可以编辑各种电力系统事故并根据需求定时触发事故，能对学员操作电脑评分。

DTS 系统可根据需要在电网的任意点设置故障，包括电力系统、继电保护和安全自动装置的各种故障和异常事件。故障设备包括线路、发电机组、母线、主变、电容电抗器、开关、负荷、保护装置、自动装置等。既可设置单一故障，又可设置多重故障和组合型故障。

DTS 系统的电网模型一般分为两种类型，一种是实际电网的真实镜像，其电网拓扑和设备参数均模拟实际电网，其初始断面潮流可以采用状态估计后的实际电网潮流。这种类型的 DTS 系统与实际接近，调度员对电网结构会比较熟悉，进行仿真演习临场感较强，但是电网拓扑和设备是不停变化的，设备模型的更新需与实际电网同步，维护工作较大。另一种是虚拟一个电网，电网拓扑、设备参数和初始潮流均是人为设定的，维护工作较小，但调度员演习需熟悉虚拟电网，并且与真实电网有较大差距，培训效果较前者差很多。

第三节 AVC

一、AVC 概述

AVC，即自动电压控制，通过监视关口的无功和变电站母线电压，在关口无功和母线电压合格的条件下进行无功电压优化计算，通过改变电网中可控无功电源的出力，无功补偿设备的投切，变压器分接头的调整来满足安全经济运行条件，提高电压质量，降低网损。

如图 10-1 所示，AVC 系统通过地区变电站内的 RTU 与系统服务器及 SCADA 工作站进行通信，将变电站的实时运行信息送给调度控制中心，再把调度的控制、调节等命令送给厂站执行。

AVC 服务器是 EMS 系统的一个节点，与 SCADA/AGC/PAS/DTS 应用的实时库数据交互和网络通信采用平台提供机制。AVC 系统进程采用类似 AGC 的网络化配置，主备服务器双机热备用，即主机进程故障时，备机进程能自动启动，保证 AVC 系统不间断运行，且主备切换时间短，保证不丢失任何控制数据。

地区电网的 AVC 系统通过专用数据网络与省网主站 AVC 系统连接通信，地区电网可根据省局下发的无功指令对电容器和变压器分接头进行调节，对各变电站进行电压无功的调整，进而实现对地区电网的无功优化控制。

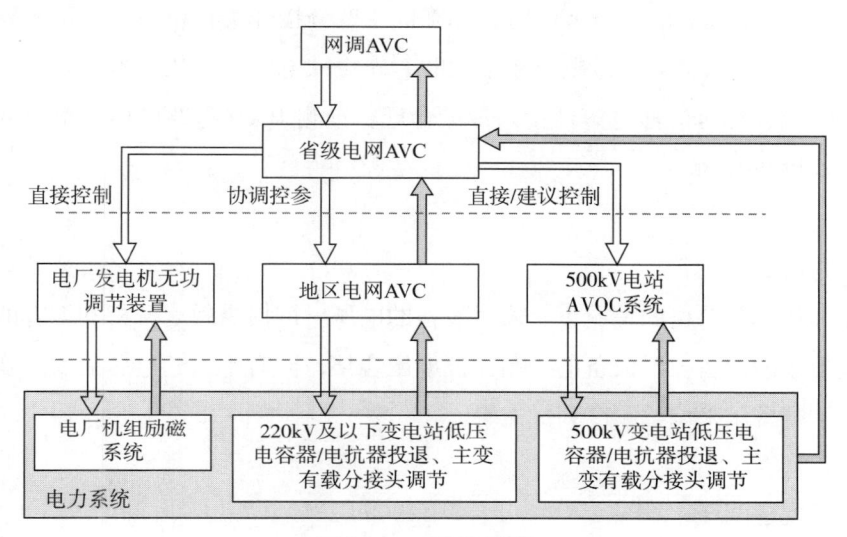

图 10-1 AVC 路径

二、常用功能介绍

（一）全网电压优化功能

例如，某变电站 10kV 侧母线电压越限运行，且当时无功功率流向合理，分析同电源、同电压等级变电站和上级变电站电压情况，决定是调节本变电站有载主变分接头开关还是调节上级电源变电站有载主变分接头开关档位。实现全网调节电压，可以以尽可能少的有载调压变压器分接开关调节次数，最大限度地提高电压水平，同时避免了多变电站多主变同时调节主变分接开关可能引起的调节振荡。通过 AVC 系统，可以对有载调压变压器分接开关调节次数进行优化分配，保证了电网有载调压变压器分接开关动作安全和减少日常维护工作量。

（二）全网无功优化功能

当电网内各级变电站电压处在合格范围内时，可控制本级电网内无功功率流向，使其更为合理，达到无功功率分层就地平衡，提高受电功率因数。依据电网对电压、无功变化的需要，计算并决策同电压等级不同变电站电容器组、同变电站不同容量电容器组谁优先投入。当省网关口功率因数不合格时，优化220kV及其下级变电所的电容器组的投切。

（三）无功电压综合优化功能

当变电站10kV母线电压越上限时，先降低主变分接开关档位，如达不到要求，再切除电容器。当变电站10kV母线电压超下限时，先投入电容器，如达不到要求，再提高主变分接开关档位，尽可能使电容器投入量最合理。预测10kV母线电压和负荷变化，防止无功补偿设备投切振荡。

（四）网损的优化

在电压和功率都合格的情况下，通过设备的电压、网损灵敏度分析和综合的调整费用来排队选择控制的设备。对设备的控制保证电压合格，同时不引起电压的太大变化。通过定义设备的调整费用来调整频度和优先级。

（五）实现逆调压

软件系统可以根据当前的负荷水平，自动实现高峰负荷电压偏上限运行，低谷负荷电压偏下限运行的逆调压功能。电压校正、功率因数校正、网损优化这三个功能的优先级应根据用户考核和管理的规定设定。

第三部分 电网调度

第十一章 调度处置

第一节 典型异常处理

一、电网异常（频率、电压异常）

（一）电网频率异常的定义及原因

（1）频率异常的定义。电力生产的同时性决定了电能的生产和消耗总是同时进行并保持时刻平衡。由于电网频率高低与电网中运行发电机的转速成正比，而转速与原动机输入功率的大小及机组的有功负荷水平有关。当负荷变化而发电机原动机输入功率不能紧随其后做出调整时，电力供需失衡，将造成发电机转速变化，导致电网频率波动。

频率质量是衡量电力系统电能质量的一个重要指标。我国颁发的GB/T 15945—1995《电力系统频率允许偏差》规定：电网容量在3000MW及以上者，偏差不超过50Hz±0.2Hz，电网容量在3000MW以下者，偏差不超过50Hz±0.5Hz。国家电网公司2011年颁布的《安全事故调查规程》规定，电网容量在3000MW及以上者，偏差超过50Hz±0.2Hz，延续时间30min以上，电网容量在3000MW以下者，偏差超过50Hz±05Hz，延续时间15min以上，定性为五级电网事故。

目前，我国已形成了若干交流同步互联的大区电网，如东北电网、华北电网、华东电网，由于电网规模越大频率波动越小，这些大区电网的频率波动通常很小，正常波动范围在50Hz±0.1Hz以内。

（2）导致频率异常的原因。

①电网事故造成的频率异常。当电力系统发电机总有功出力和总有功负荷出现差值时就会产生频率偏差，当差值达到一定程度时就会产生频率异常。发生电网解列事故后，送电端电网由于发电出力高于有功负荷，电网频率升高，而受电端电网由于发电出力低于有

功负荷，电网频率降低。电网的频率与发电机、负荷、电网的频率静态特性有关。

②负荷特性造成的频率异常。负荷预测的偏差导致电网发电出力安排不当，也会导致频率异常。例如在负荷低谷期间发电出力过剩，或在负荷高峰期间发电出力不足，都会导致频率异常。

电网中某些大型冲击负荷的急剧变化也会导致电网频率异常，当负荷的变化超过调频厂及自动发电控制（Automatic Generation Control，AGC）的调节范围时，也会导致电网频率异常。

（二）电网频率异常的处理方法

1. 频率调整的方法

电网的调频方式分为一次调频和二次调频。为了使负荷得到经济合理分配，实现运行成本最小目标，电力系统还要进行三次调频。

2. 频率异常处理方法

（1）调出旋转备用（备用容量一般按全网最大发电负荷的 2%~5% 配置）。

（2）迅速启动备用机组（通常为水电机组）。

（3）联网系统的事故支援。

（4）紧急调整机组出力。

（5）必要时切除负荷（按事故拉限电序位表执行）。

（三）防止电网频率异常的措施

1. 电网频率异常的危害

电网频率过高或过低运行都是非常危险的，此时电网的稳定性很差，甚至导致频率崩溃，对发电机和用户造成严重损坏，具体表现在以下几个方面：

（1）引起汽轮机叶片断裂。

（2）发电机机端电压下降、出力降低。

（3）对厂用电安全运行产生影响，从而引起频率异常的恶性循环，最终导致频率崩溃。

（4）同步电动机、异步电动机负荷功率随频率异常发生相应变化，对输出功率比较严格的用电设备产生不良影响。

2. 防止电网频率异常的措施

（1）电网因配置足够的、分布合理的旋转备用容量和事故备用容量。

(2)电网因装设并投入能预防频率异常及频率崩溃的低频减载和高频切机装置。

(3)制定系统事故拉路序列表,在需要时紧急手动切除部分负荷。

(4)采取保发电厂厂用电及重要负荷措施。

(四)电网电压异常

1. 电网电压异常的定义及原因

(1)电压异常的定义。根据2011年颁布的《国家电网公司安全事故调查规程》的规定,电压监视控制点电压低于调度机构规定的电压曲线值20%并且持续时间为30 min以上,或者导致周边电压监视控制点电压低于调度机构规定的电压曲线值10%并且持续时间为1 h以上的,属较大电网事故(三级电网事件);周边电压监视控制点电压低于调度机构规定的电压曲线值5%以上10%以下并且持续时间为2 h以上的,属一般电网事故(四级电网事件);500kV以上电压监视控制点电压偏差超出±5%,延续时间超过1 h的,属五级电网事件。

(2)导致电压异常的原因及危害。系统电压是由系统潮流分布决定的,影响系统电压的主要因素有:

①由于生产、生活、气象等因素引起的负荷变化;

②无功补偿容量的变化;

③系统运行方式改变引起功率分布和网络阻抗的变化。

电力系统中的低电压是由于无功电源不足或无功功率分布不合理造成的。无功电源不足的主要原因有:发电机、调相机非正常停运以及并联电容器等无功补偿装置投入不足等;变压器分接头调整剂串联电容器投退不当等会造成无功功率分布不合理。

系统电压过低可造成用电设备达不到额定功率甚至无法正常工作。一方面,低电压情况下,线路和变压器的额定传输能力降低,使输变电设备的容量不能充分利用;另一方面,低电压时电网输送电流增大会造成不必要的网损。

电压过高的主要原因是电网局部无功功率过剩。无功倒送、空载、轻载架空线路和电缆线路发出无功都会导致电网局部无功功率过剩,此时局部电压就会升高。

各种用电负荷都有正常运行电压范围,高电压可能造成用电设备损坏。对电网而言,电压升高会导致变压器励磁损耗,造成输变电设备绝缘损坏或减少使用寿命。

2. 电网电压异常的处理方法

(1)调整无功电源。

①迅速发令增加发电机无功出力,条件允许的情况下可以降低有功出力;

②投入无功补偿电容器；

③切除并联电抗器；

当电压异常升高时可采取的措施有：

①迅速发令降低发电机无功出力，条件允许的情况下可以下令发电机进相运行；

②切除无功补偿电容器；

③投入并联电抗器。

（2）调整无功负荷。当电压异常时应督促电力用户投入或切除用户侧的无功补偿装置，经济情况下却无其他手段时，可以采用拉限电等措施。

（3）调整电网运行方式。当电压异常时可以采取调整变压器分接头的方式改变电网无功潮流分布。采用投入备用线路等方法可以缓解局部电压异常降低，当系统电压升高且无调整手段时，可以断开某些线路从而改变电网参数，但此时可能牺牲局部电网的可靠性。

3. 防止电网电压异常或崩溃的措施

电压异常或崩溃的原因与电网的强度、系统的负荷水平、负荷特性和各种无功电压控制装置的特性以及保护、安全自动装置的动作策略有关。防止电网电压异常或崩溃的措施主要有：

（1）配置足够容量的无功补偿设备，保持系统较高的无功充裕度。

（2）坚持电网分层分区，无功电源就地平衡的原则，避免远距离、大范围输送无功。

（3）配置一定容量的可以瞬时自动调出的无功备用容量，如 SVC、SVG 等。

（4）超高压线路的充电功率不宜作为补偿容量使用，以防事故状态中电压大幅波动。

（5）高电压、远距离、大容量输电系统中，在中途短路容量较小的受电端设置静态补偿装置、调相机作为电压支撑。

（6）根据需要安装低压自动减载装置，并做好事故拉限电序位表。

（7）建立电压安全监视及预警系统，向调度员及时准确告知及预告有关地区的电压稳定裕度，并提供电压控制的技术支撑。

二、一次设备异常

（一）线路异常处理

电力线路按结构可分为架空线路和电缆线路。架空线路主要由导线、架空地线、杆塔、绝缘子、金具等部分构成，具有结构简单、施工周期短、建设费用低、技术要求不高、维修简便、散热性能好等优点。电缆线路一般由导体、互层、屏蔽层、绝缘层、电缆线路构筑物等构成，具有占地面积小、市容影响小、受环境因素影响小等优点，在现代都市建设中逐步受到重视，但技术复杂，建设费用较为高昂，且维修不便。

1. 线路常见异常

（1）线路过负荷。线路过负荷可能原因有受端侧负荷增大，受端侧发电厂减负荷或机组跳机，其他线路跳闸后引起线路潮流的变化，方式安排不当导致个别线路潮流分配不合理等。

此时，架空线路因发热，可能引起导线弧垂度过大进而引发接地短路事故，从而造成其他线路过负荷的连锁反应，甚至造成严重的电网解列事故。另外，过负荷会引起线路设备发热，造成线路永久性损坏。

（2）线路三相电流不平衡。正常情况下，电力系统三相中流过的电流是对称的，当系统联络线一相开关断开而另两相开关运行时，线路就会出现线路三相电流不平衡。小电流接地系统发生单相接地故障时也会出现三相电流不平衡。

通常三相不平衡对线路运行影响不大，但是系统中严重的三相不平衡会导致发电机组运行异常及变压器中性点电压的异常升高。当两个电网仅有单回联络线联系时，若联络线发生非全相运行会导致两个电网连接阻抗增加，甚至造成两个电网间失步。

（3）小电流接地系统单相接地。当小电流接地系统发生单相接地故障时，不构成短路回路，接地电流不大，所以允许短时运行而无须立即切除故障，从而提高了供电可靠性。但此时其他两相对地电压升高为单相电压的3倍，这种过电压对系统运行造成很大威胁，因此调控值班人员应尽快查找故障点，并可靠隔离。

2. 常见线路异常处理

（1）线路过负荷处理。有条件的情况下可将受端系统电厂迅速增加出力，并增加无功出力，也可以令受端系统转移或切除部分负荷。当线路过负荷时，减少下送负荷；也可将送端系统发电厂降低有功出力，必要时直接下令解列机组。

（2）线路三相电流不平衡处理。当线路出现三相不平衡时，首先判断造成三相不平衡的原因，应检查开关是否非全相运行、负荷是否不平衡、线路参数是否改变、测量表计是否正确、是否有谐波影响等。若开关出现非全相，则应立即将该线路停运。若遥测数据发生较大偏差，则应立即查明偏差是否由测控或远动装置引起。

（3）小电流接地系统单相接地处理。一般变电站内会安装接地选线装置，没有安装接地故障装置的有短路接地二合一故障指示器，如果均没有只能采用人工查找的办法，即单相接地+高压熔丝熔断。

（二）变压器异常处理

1. 变压器异常的类型

（1）变压器过负荷。变压器过负荷是指流过变压器的电流超过了变压器的额定电流值。

（2）变压器温度过高。变压器温度过高，是指变压器的上层油温超过正常值，油浸式变压器顶层油温一般规定值如表11-1所示。当变压器冷却系统发生故障导致冷却器停运或变压器内部发生故障，或环境温度超过正常允许值时，变压器温度会异常升高。

表11-1 油浸式变压器顶层油温一般规定值

冷却方式	冷却介质最高温度（℃）	最高顶层油温（℃）
自然循环自冷风冷	40	95
强迫油循环风冷	40	85
强迫油循环水冷	30	70

（3）变压器过励磁。当变压器电压升高或系统频率下降时就会出现变压器铁芯的工作磁通密度增加，若超过一定数值，会导致变压器铁芯饱和，这种现象叫作变压器的过励磁。当变压器的运行电压超过额定电压的10%时，变压器铁芯将饱和，铁损增大。漏磁使箱壳等金属构件涡流损耗增加，造成变压器过热，绝缘老化，影响变压器使用寿命，严重时会烧毁变压器。

2. 常见变压器异常处理

（1）变压器过负荷处理。变压器过负荷时，首先考虑降低该变压器负荷，一般应采取以下几种措施：

①改变系统运行方式，将该变压器部分负荷转移；

②有条件的情况下，投入备用变压器；

③按规定的顺序执行拉限电措施。

（2）变压器温度过高处理。当变压器的温度升高到额定值时，一般采取以下几种措施：

①检查变压器冷却介质温度和负载水平，将负载水平、冷却介质温度、环境温度与变压器铭牌上的温度表进行核对；

②检查变压器冷却器装置运行情况；

③检查表计是否准确，变电站的测控、远动装置是否正常。

3. 变压器过励磁处理

变压器过励磁一般保护动作跳开该变压器各侧断路器。为防止变压器过励磁，调控人员应密切监视系统频率并及时调整电压，控制变压器铁芯的工作磁通密度在合格的范围内。

4. 停役主变注意事项

（1）单主变运行变电所。

①220kV变电所能由联络线通过110kV母线转供的可考虑此方式的转供（注意终端线路保护改信号，考虑相关保护灵敏度，以及控制线路限额），方式调整、负荷转移后停役主变。

②应考虑通过外来电源倒入35kV母线供所用电（如果无法通过外来电源倒入，应安排发电车）。

（2）双主变运行变电所。

①双主变并列运行，在负荷允许的情况下，停役故障主变，相关调度控制单主变供全所负荷不过载（应考虑主变过载联切负荷装置的投退）。

②双主变分列运行，在允许并列的情况下，将主变并列运行，负荷允许后（或将部分负荷转移后）将故障主变停役，相关调度控制单主变供全所负荷不过载；无法并列的情况下，将负荷转移后停役故障主变。

③停役主变如果有消弧线圈接地，剩下的主变要保证主变消弧线圈接地。

④如果该变电站下并网机组没有全出力发电，可通知其全出力顶峰发电。

⑤如果有备用主变，可考虑投入。

以上操作均应注意主变中性点调整。

（3）三主变运行变电所。

①三主变并列运行时，一般双主变带全所负荷允许，可直接停用故障主变，应考虑主变运行方式调整（包括主变中性点、过载联切负荷装置、保证每条母线上有一台主变运行）。

②两主变并列与另一主变分列运行时，允许并列的情况下，可并列后停用故障主变；不允许并列的情况下，若为单台主变运行侧主变故障，则可考虑将双主变侧其中一台主变冷倒至故障主变运行所在母线后停役该故障主变；若为双主变运行侧中一台主变故障则可停役该故障主变（负荷不允许则倒出部分负荷后再停役主变）。

（4）110kV变电站主变停役操作要求。110kV单主变变电所由相关县（配）调将负荷转移后停役故障主变。

①线变组接线。若负荷情况允许，可将全部负荷转到其他运行主变，然后停役故障主变，若可能造成主变过载，相关调度应转移负荷，待其他运行主变带全站负荷允许时，再停役该故障主变。

②内桥接线。一般采用全并列或低压侧分列运行，处理方法如下：若负荷情况允许，可将全部负荷转到其他运行主变，然后停役故障主变，若可能造成主变过载，则相关调度转移负荷，当其他运行主变带全站负荷允许时，再停役故障主变。停役主变时需注意操作顺序。如果需停役主供线路侧主变，则先将此线路改为备用。停役故障主变后，110kV母线可以恢复正常方式。

③单母、单母分段、双母接线。若负荷情况允许，可将全部负荷转到其他运行主变，然后停役故障主变，若可能造成主变过载，则相关调度转移负荷，当其他运行主变带全站负荷允许时，再停役故障主变。

（三）断路器、隔离开关异常处理

断路器是指能闭合、承载以及分段正常电路条件下的电流，也能在规定的异常电路条件下（例如接地短路）闭合、承载一定时间和分段电流的机械开关器件。其主要结构分为灭弧室、支柱、操动机构、绝缘子、合闸电阻等。根据结构形式的特点，可分为绝缘子支柱型、罐式、全封闭组合等结构类型；根据灭弧介质，可分为油断路器、压缩空气断路器、SF_6断路器、真空断路器等类型。

1. 断路器常见异常

（1）断路器拒分闸。断路器拒分闸是指合闸运行的断路器无法正常分闸，断路器拒分闸主要包括电气和机械两方面原因。电气方面的原因主要有保护装置故障（保护拒动）、开关控制回路断线故障、开关分闸回路故障灯；机械方面的原因主要有断路器本体液压油或SF_6气体发生泄漏、断路器操动机构故障、断路器传动部分故障等。

（2）断路器拒合闸。断路器拒合闸也包括电气和机械两方面原因，同上所述。

（3）断路器非全相运行。分相操作的断路器可能发生非全相合闸，此时将造成线路、变压器和发电机的非全相运行。非全相运行会对系统元件造成危害，尤其对发电机造成损害，此时应尽快隔离处理。

（4）断路器SF_6压力异常。密封不严，可能造成SF_6气体泄漏，常见开关的SF_6压力值如表11-2所示。

表11-2 常见断路器SF_6压力值

开关型号	适用电压等级	SF_6额定压力	SF_6泄漏气压	SF_6总闭锁气压	机械操作所需SF_6最小压力
杭州西门子：3AP1FG	110kV	6.0bar/0.6MPa	5.2bar/0.52MPa	5.0bar/0.5MPa	3.0bar/0.3MPa

续表

开关型号	适用电压等级	SF_6额定压力	SF_6泄漏气压	SF_6总闭锁气压	机械操作所需SF_6最小压力
杭州西门子：3AQ1E、3AQ1EG	220kV	7.0bar/0.7MPa	6.4bar/0.64MPa	6.2bar/0.62MPa	3.0bar/0.3MPa

注：以上均为20℃压力值。

(5) 断路器N_2泄漏。开关内充有一定压力的N_2气体，油通过压缩N_2来建立压力，当开关压力打至32MPa后，打压接点K9会延时3s打开，若在这3s内压力迅速窜至35.5MPa就认为N_2泄漏，立即闭锁合闸。在3 h内可以分闸，3 h后闭锁分合闸。

(6) 断路器油压总闭锁。油压指示在25.3 MPa以下，相应继电器励磁动作，断路器不能分合。事故情况下，由于该断路器的拒动，将越级跳闸，扩大停电范围，需立即将此断路器进行隔离。常见开关油压如表11-3所示。

表11-3 常见开关油压

开关型号	闭锁重合闸	闭锁合闸	总闭锁
3AQ1E、3AQ1EG	30.8MPa	27.3MPa	25.3MPa

2. 隔离开关常见异常

(1) 隔离开关分、合闸不到位。由于电气或机械方面的原因，隔离开关在分、合闸过程中会发生三相不到位或三相不同期、分合闸操作过程中停滞、拒分拒合等异常情况，如图11-1所示。

(2) 隔离开关接头发热。隔离开关的动静触头及其附属的接触部分是其安全运行的关键部分。在运行过程中，由于经常分合闸操作、触头氧化锈蚀、合闸位置不到位等原因会导致隔离开关的导流接触部分发热，如不及时处理，则会造成隔离开关的损毁，如表11-4所示。

图 11-1 变电所一次场地剖面图

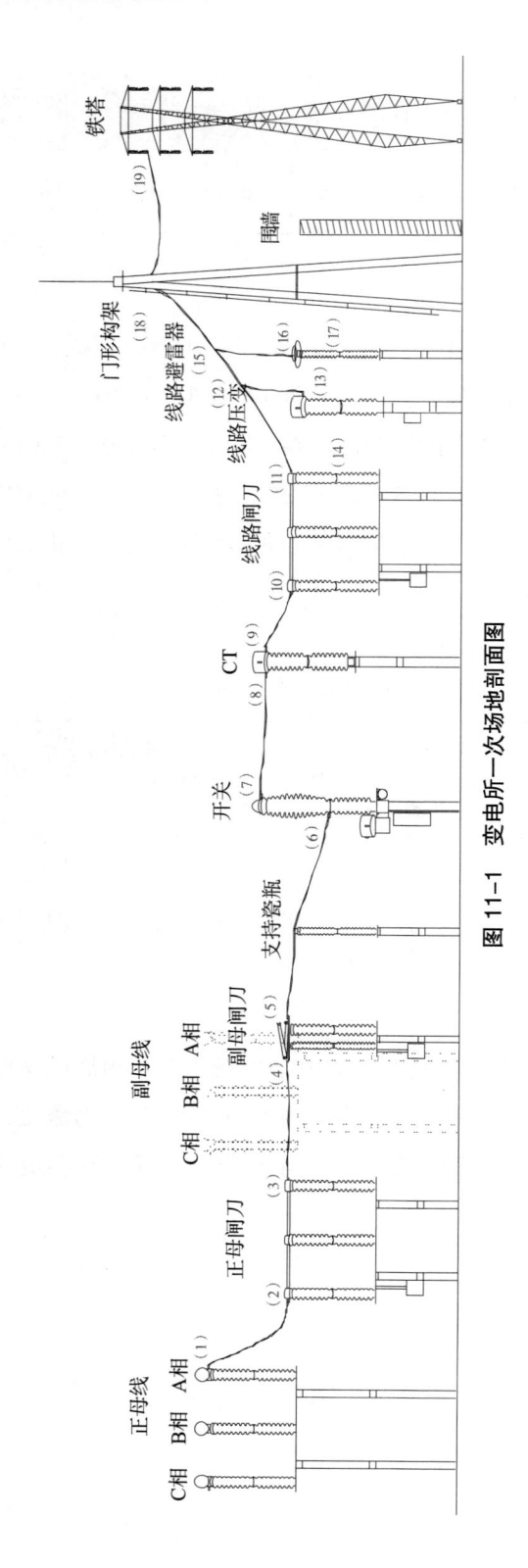

表 11-4　一次设备发热缺陷定型

位置编号	部件名称	缺陷判定标准	
		危险热缺陷	事故热缺陷
（1）	母线接头	与导线相比温升大于 45℃（温度小于 130℃）	温度大于 130℃
（2）	正母闸刀母线侧触头	与其他相相比温升大于 35℃（温度小于 100℃）	温度大于 100℃
（3）	正母闸刀开关侧触头	与其他相相比温升大于 35℃（温度小于 100℃）	温度大于 100℃
（4）	副母闸刀母线侧接头	与导线相比温升大于 45℃（温度小于 130℃）	温度大于 130℃
（5）	副母闸刀开关侧接头	与导线相比温升大于 45℃（温度小于 130℃）	温度大于 130℃
（6）	开关母线侧接头	与导线相比温升大于 45℃（温度小于 130℃）	温度大于 130℃
（7）	开关 TA 侧接头	与导线相比温升大于 45℃（温度小于 130℃）	温度大于 130℃
（8）	TA 开关侧接头	与导线相比温升大于 45℃（温度小于 130℃）	温度大于 130℃
（9）	TA 线路闸刀侧接头	与导线相比温升大于 45℃（温度小于 130℃）	温度大于 130℃
（10）	线路闸刀 TA 侧触头	与其他相相比温升大于 35℃（温度小于 100℃）	温度大于 100℃
（11）	线路闸刀线路侧触头	与其他相相比温升大于 35℃（温度小于 100℃）	温度大于 100℃
（12）	线路压变引线接头	与导线相比温升大于 45℃（温度小于 130℃）	温度大于 130℃
（13）	线路压变接头	与导线相比温升大于 45℃（温度小于 130℃）	温度大于 130℃
（14）	线路压变	相间温升大于 1℃	相间温升大于 3℃
（15）	线路避雷器引线接头	与导线相比温升大于 45℃（温度小于 130℃）	温度大于 130℃
（16）	线路避雷器接头	与导线相比温升大于 45℃（温度小于 130℃）	温度大于 130℃
（17）	线路避雷器	相间温升大于 0.5~1℃	—

续表

位置编号	部件名称	缺陷判定标准	
		危险热缺陷	事故热缺陷
（18）	耐张线夹	与导线相比温升大于30℃	温度大于110℃
（19）	耐张线夹	与导线相比温升大于30℃	温度大于110℃
处理意见		减轻负荷一周内安排处理	减轻负荷24 h内处理

3. 断路器、隔离开关异常处理

若压力低未达闭锁值，且压力下降趋势不明显，具备条件时可考虑带电补气；若压力闭锁或压力下降明显，或发生机构故障情况，迅速隔离此故障开关，必要时做好相关事故预想；汇报相关领导。

（1）双母接线。

①非母联间隔。有旁路开关情况，可采用旁路代路后用闸刀等电位隔离故障开关。

无旁路开关情况，则倒空相应母线后用母联开关隔离。若为线路开关，则先将对侧开关停役；若主变中、低压开关闭锁，闸刀不允许拉母线电容电流，还应停用主变高压侧隔离；若主变高压侧开关闭锁，拉开主变中、低压侧开关后倒空相应220kV母线后用220kV母联开关隔离。

②母联间隔。利用某间隔闸刀双跨（一般采用主变间隔）后用母联闸刀等电位隔离。

（2）单母分段接线。

①非母分间隔。停用相应母线后停电隔离；若为线路开关，则先将对侧开关停役；若主变中、低压开关闭锁，闸刀不允许拉母线电容电流，还应停用主变高压侧隔离。

②母分间隔。停用一段母线后用闸刀拉空载母线隔离；若不允许闸刀拉空载母线电容电流，应同时停用两段母线后用母分闸刀隔离。

（3）单母接线。停用该母线后停电隔离；若为线路开关，则先将对侧开关停役；若主变中、低压开关闭锁，闸刀不允许拉母线电容电流，还应停用主变高压侧隔离。若为主变高压侧开关闭锁，拉开主变中、低压侧开关，同时拉开高压侧进线线路开关后无电隔离。

（4）其他接线。

①110kV内桥接线进线开关，应停用主变中低压开关，将桥开关解环，然后拉开对侧线路开关，用闸刀无电隔离（注意对侧开关拉开前，停电主变的中性点接地闸刀合上）。

②220kV、110kV线变组接线高压开关，应停用中低压开关，以及停用线路对侧开关后无电用闸刀隔离（注意对侧开关拉开前，停电主变的中性点接地闸刀合上）。

③单主变变电所线变组接线高压开关，当负荷无法转移时，可考虑缩短对侧时限不

停故障开关,按计划处理(此情况在主变内部故障时,无法切除故障,需得到主管领导同意)。

4.隔离开关的异常处理

电动失灵等能带电处理的,立即处理;需要停役间隔设备处理的,汇报相关领导,并停役设备。

(1)线路闸刀。负荷转移后,停役线路各侧后,本侧改开关及线路检修处理。

(2)主变闸刀。需主变陪停处理(主变停役操作参照上述主变故障缺陷处理)。

(3)母线闸刀或手车。需母线陪停处理(注意:一般三台主变110kV不考虑长期并列运行)。

(四)电压互感器、电流互感器异常处理

1.电压互感器、电流互感器异常的类型

电压互感器、电流互感器是分别将高电压、大电流按规定的比例转换成低电压、小电流的设备,提供给计量装置、保护装置、自动化装置使用,其主要由一、二次绕组、铁芯以及构架、壳体、接线端子等组成。

电压互感器、电流互感器按安装地点可分为户外式、户内式;按绝缘方式可分为干式、浇筑式、油浸式、串级式、电容式;按安装方式可分为穿墙式、支持式、装入式等。

(1)电压互感器常见异常。电压互感器的二次侧严禁短路,当电压互感器二次侧短路时,会产生很高的短路电流,将电压互感器的二次绕组烧坏。

电压互感器的主要异常有发热温度过高、内部有放电声、漏油或喷油、引线与外壳之间有火花放电现象、电压回路断线等。当电压回路断线时现场出现光字牌亮,有功功率表指示异常,保护异常光字牌亮等信号。

(2)电流互感器常见异常。电流互感器的二次侧严禁短路,当电流互感器二次侧开路时,将产生很高的电压造成火花放电,烧坏二次元件,甚至造成人身伤害。

电流互感器主要异常有发热温度过高、过负荷、内部有放电声、漏油、外绝缘破裂等本体异常。电流互感器过负荷会造成铁芯饱和,使电流互感器误差加大,表计指示不正确,导致相关保护误动或拒动。

2.电压互感器、电流互感器异常处理

(1)电压互感器异常处理。电压互感器发生内部故障时,一般考虑停电处理。不能直接拉开高压侧隔离开关将其隔离,只能用断路器将故障互感器隔离;保护用电压二次回路开路时,应将其所带的保护和自动化装置停用,如距离保护、备用电源自动投入装置、

低频低压减载装置等。

1）母线压变。

①双母接线。一组压变故障时，则应冷倒或迅速转移负荷后通过母联开关拉停隔离故障压变，然后恢复母线送电；压变一次轻微故障时，在压变二次回路正常的情况下，可先将一次并列（合上母联开关），拉开故障压变低压侧开关，二次并列后将负荷热倒或转移后通过母联开关拉停隔离故障压变，无法并列运行时，则冷倒或转移负荷后用主变开关拉停隔离故障压变。

双压变故障时，应转移负荷后停役双母线隔离故障压变处理。

②单母分段接线。一组压变故障时，则应迅速转移负荷后通过母分开关拉停隔离故障压变，然后恢复母线送电；双压变故障时，应转移负荷后停役双段母线隔离故障压变处理。

③单母接线。压变故障时，应迅速转移负荷后，停电隔离。若为中、低压侧母线压变，拉开主变开关隔离；若为高压侧母线压变，停用主变后拉停进线开关隔离。

2）线路压变。将线路负荷迅速转移后停役该间隔，注意拉停顺序（220kV 线路先拉故障压变的对侧开关）。

（2）电流互感器二次开路时的异常处理。电流互感器二次开路时，应降低该元件负载，停用该回路所带保护，待现场采取措施后令其进行处理。当电流互感器过负荷时，应设法降低该元件负载。若需将电流互感器停电，应根据需要将电流互感器所属元件停运，将其隔离。

（3）有旁路开关时的异常处理。有旁路开关时，采用旁路代后停役该间隔，本开关间隔改至冷备用及以上状态；无旁路开关时，将相关负荷转移后停役该间隔，母联（分）TA 故障时，停役母联（分）间隔（主变二次方式相应调整）。注意退出差动回路。

第二节 典型事故处理

一、主变事故处理

（一）事故原因

主变故障是指变压器由于各种原因，导致变压器保护动作，变压器的各侧开关跳闸。引起主变故障的原因和种类也是极其复杂的，主要有：

(1) 制造缺陷，包括设计不合理，材料质量不良，工艺不佳；现场安装质量不高。

(2) 运行或操作不当，如过负荷运行、系统故障时承受故障冲击；运行的外界条件恶劣，如污染严重、运行温度高。

(3) 维护管理不善或外力破坏。

(4) 变压器内部故障包括磁路故障、绕组故障、绝缘系统中的故障、结构件和组件故障。

(5) 变压器外部故障包括变压器严重渗油、冷却系统故障、传动装置及控制设备故障、引线及所属隔离开关、断路器发生故障引起变压器跳闸或退出运行。

（二）事故影响

(1) 变压器跳闸后，最直接的后果是使相关联变压器负荷短时间大幅增加甚至过负荷运行，相关联变压器运行风险增大。

(2) 当系统中重要的联络变压器跳闸时，还会导致电网结构发生重大变化，导致大范围潮流转移，使相关线路过稳定极限，如电磁环网中的联络变压器。某些重要的联络变跳闸甚至会引起局部电网解列。

(3) 负荷变压器跳闸后，降低了供电的可靠性或直接损失大量的用户负荷。

(4) 中性点接地变压器跳闸后造成序网参数变化会影响相关零序保护配置，并对设备绝缘构成威胁。

（三）事故处理

1. 获取事故信息

主变故障跳闸后，最直接的并发情况就是相邻主变过载，因此调控员在确认故障变压器各侧断路器跳闸后，首先要处理的不是跳闸主变，而是确保相邻的主变能够正常运行。此时，值班调控员一定要抓住主要问题，分清轻重缓急，确定处理的优先顺序。

(1) 查看相邻主变是否过载，过载联切装置是否正确动作，确保无故障主变能够正常运行。关于主变过载的处理参见本节附录。

(2) 查看监控系统上传的保护故障信息，包括主变差动保护动作、主变重瓦斯保护动作、故障录波器动作等信号，初步分析故障的原因和类型。

(3) 注意事故后主变中性点情况。

(4) 低压侧母线失电及BZT动作情况，若引起所用电失电，应密切关注所用电失电后蓄电池可维持供应的时间，优先考虑所用电恢复方案。

（5）查看可能引起的下级变电站 BZT 动作、潮流越限等信号，应密切关注负荷转移后相关主变或线路是否过载。

（6）若引起负荷损失，优先考虑将失电的用户倒至其他电源供电。

（7）通知相关厂站人员迅速到现场查看。

运行值班员应在最短的时间内检查现场设备情况，做出相应处理，并将事故的详细信息清楚、准确地向值班调控员汇报。自行处理及汇报的内容包括：

（1）优先处理无故障主变的过载情况，处理步骤参见本节附录。

（2）若有所用电失去的情况，运行值班员应自行将所用电切换至正常电源。

（3）若有主变中性点失去的情况，运行值班员自行切换主变中性点方式。

（4）事故发生的时间、保护装置、主变过载联切装置、BZT 装置、故障录波器等动作情况。

（5）一、二次设备检查情况。

（6）频率、电压、潮流的变化。

2. 相关设备检查

运行值班员根据保护动作情况对现场设备进行检查。若是重瓦斯保护动作，重点对主变本体进行详细的检查，查看变压器有无喷油、着火、冒烟及漏油现象，检查气体继电器中的气体量；若是主变差动保护动作，则检查差动保护范围内套管、引线及接头等处有无明显异常。运行值班员将检查结果告知值班调控员，根据当值调度指令进行后续处理。

运行值班员还需加强对正常运行变压器的监视，防止过载、变压器温度大幅上升等情况。

3. 确定是否试送

当故障主变仅差动保护动作跳闸，经外部检查无明显故障，且变压器跳闸时电网无冲击时，经请示局主管领导后可试送一次。

当主变重瓦斯保护动作跳闸时，在未查明原因和消除故障以前，即使经外部和气体性质检查，无明显故障也不允许送电。

4. 试送后方式安排

若故障主变确认无故障并试送成功，则将电网恢复正常运行方式，并通知检修部门检查。

若故障主变短时间内无法恢复送电或试送失败，则将主变改为检修，并通知检修部门检查处理。若因主变故障引起母线失电，在检查母线及母线设备无损伤后，可考虑将失电母线并列至运行主变供电，或通过倒送电方式转供负荷，此时应注意新带负荷的主变或变电站有无过载情况。

（四）主变事故处理原则

（1）变压器的瓦斯、差动保护同时动作开关跳闸，在未查明原因和消除故障以前，不得强送。

（2）变压器差动保护动作跳闸，经外部检查无明显故障，且变压器跳闸时电网无冲击，经请示局主管领导后可试送一次。对于110 kV及以上电压等级的变压器（特别是高压线圈中间进线的变压器）重瓦斯保护动作跳闸后，即使经外部和气体性质检查，无明显故障亦不允许强送。除非已找到确切依据证明重瓦斯保护误动，方可强送。如找不到确切原因，则应测量变压器线圈直流电阻、进行色谱分析等试验，证明无问题后才可强送。

（3）变压器后备保护动作跳闸，运行值班人员应检查主变及母线等所有一次设备有无明显故障，检查出线开关保护有否动作。经检查属于出线故障开关拒动引起，应拉开拒动开关后，对变压器试送一次。

（4）变压器过负荷及情况异常时，按变压器运行规程或现场规程处理（有特殊或临时规定的则按该规定处理）。

（五）主变过载处理方法

（1）如果该变电所无主变过载联切负荷装置或该装置未投入或未正确动作，运行主变严重过载且负载率在该主变允许过载倍数以上时，变电所值长应立即自行按最新的《宁波电网220kV主变N-1严重过负荷方式下的紧急限电序位表》排定顺序依次拉路限电，尽快将主变负载控制在允许范围内，一旦主变负载率下降到允许过载倍数以下即停止操作，并立即汇报地调及各相关县调，由地调负责在主变允许过载倍数规定的处理时间内进一步控制主变至额定负载以内。

（2）主变过载联切负荷装置正确动作后，如果主变仍然过载，但在该主变允许过载倍数以内，地调可通过让相关县调拉限电或转移负荷的方式来控制负荷，应参照《宁波电网220kV主变过载能力表》，在主变允许过载倍数规定的处理时间内控制主变至额定负载以内。如果控制效果不明显，则可按照最新的《宁波电网220kV主变N-1严重过负荷方式下的紧急限电序位表》排定顺序依次拉路限电。

（3）如果该变电所下并网机组没有全出力发电，可通知该变电所下并网机组全出力顶峰发电。如果有备用主变，可考虑投入（如果操作方便的话，可优先考虑）。

二、线路事故处理

（一）事故原因

输电线路因面广量大，容易受到各种自然环境和人为因素的影响，因而故障概率很高，输电线路跳闸事故是电网发生率最高的输变电事故。输电线路故障一般有单相接地、相间短路、两相接地短路等多种形态，其中以单相接地最为频繁，统计表明，该类故障占全部线路故障的85%以上，并且重合成功的概率较大。

输电线路故障产生的原因包括外力破坏、恶劣天气影响和其他原因三种。

1. 外力破坏

违章施工作业，盗窃、蓄意破坏电力设施，超高建筑、超高树木、交叉跨越公路危害电网安全，输电线路下焚烧农作物、山林失火及漂浮物导致线路跳闸。

2. 恶劣天气影响

大风造成线路风偏闪络，输电线路遭雷击跳闸，输电线路覆冰，输电线路闪污。

3. 其他原因

除上述人为和天气原因外，导致输电线路跳闸的原因还有绝缘材料老化、鸟害、小动物短路等。

（二）事故影响

（1）负荷线路跳闸将直接导致线路所带负荷失去。

（2）带发电机运行的线路跳闸将导致发电机解列。

（3）环网线路跳闸将导致相邻线路潮流加重甚至过载，或者使电网机构受到破坏，相关运行线路的稳定极限下降。

（4）系统联络线跳闸将导致两个电网解列。送端电网将功率过剩，频率升高；受端电网将出现缺额，频率降低。

（三）事故处理

1. 获取事故信息

线路事故跳闸后，值班调控员应重点关注以下几点：

（1）分析监控系统上传的信号，主要有线路保护动作、重合闸动作、故障录波器动作等信号，值班调控员应凭借这些信息对故障的类型与性质做出初步判断，考虑后续处理及方式调整方案。

（2）查看可能引起的下级变电站 BZT 动作和潮流越限信号，应密切关注负荷转移后相关主变或线路是否过载。

（3）若引起负荷损失，应优先考虑将失电的用户倒至其他电源供电。

（4）通知相关厂站运行人员迅速到现场查看。

运行值班员应在最短的时间内将事故的详细信息清楚、准确地向值班调控员汇报。汇报内容包括：

（1）事故发生的时间、相别，保护装置、重合闸装置、BZT 装置动作情况。

（2）故障录波器和保护装置故障测距信息。

（3）一、二次设备检查情况。

（4）频率、电压、潮流的变化。

值班调控员在获取事故详细信息后，即可许可线路队事故带电巡线工作，其中准确的故障测距信息和故障相别有助于巡线人员在最短的时间内查到故障点并加以排除，使故障线路尽早恢复供电，是线路事故处理中最重要的信息之一。

2. 相关设备检查

线路故障引起的强大短路电流会使设备损坏或引发异常。因此，线路跳闸后，运行值班人员应对故障线路间隔设备进行细致的外部检查，包括断路器、闸刀、流变、压变、避雷器等，并将检查结果迅速报告有关调度。

其中断路器的检查最为重要，检查内容主要包括：

（1）断路器外观是否正常，有无明显损伤。

（2）各项压力值是否正常，弹簧储能是否正常。

（3）分合闸线圈有无焦味、冒烟及烧伤现象，二次回路有无异常信号及光字。

（4）是否达到断路器允许切除故障次数。

3. 确认是否强送

线路跳闸后（包括重合不成功），为加速事故处理，值班调度员可以在不查明故障原因的情况下进行一次强送（除已确认永久性故障外）。由于强送存在线路设备再承受一次冲击的风险，因此运行值班人员必须检查跳闸线路开关状况和线路保护装置情况，确认开关和线路保护装置正常运行，且线路开关故障跳闸次数在允许范围内，请示领导后方可按调度指令对线路强送一次。

4. 强送后方式安排

若故障线路强送成功，则将电网恢复正常运行方式，待线路队报告事故巡线结果后，根据巡线结果再做相应处理。

若故障线路强送失败，则将故障线路各侧改为线路检修，通知线路队处理，并考虑相关厂站 BZT 装置和保护装置的调整。

5. 线路事故处理原则

线路跳闸后（包括重合不成功），为加速事故处理，值班调度员可以在不查明故障原因情况下进行一次强送电（除已确认永久性故障外），但在强送电前应考虑以下事项：

（1）正确选择强送端，使电网稳定不遭到破坏：

①强送电的开关要完好，并具有快速动作的继电保护；现场运行值班人员在强送前应检查开关状况，开关能否强送由现场值班员经检查和判断后确定；

②对中性点接地系统，强送端变压器的中性点应接地；

③对于连接两个以上电源的联络线跳闸，强送一般选择在装有无压检定重合闸的一端，并检查另一端的开关确在拉开位置；

④如系多级或越级跳闸，视情况可分段对线路进行强送；

⑤终端线路跳闸后，重合闸不动作，现场运行值班人员可以不经调度指令立即强送一次；如强送不成功，可根据值班调度员的命令再试送一次；

⑥重合闸停用的线路跳闸后，值班调度员在问清情况后方可强送；

⑦遇大雾、连续雷击，或者天气晴好时明显近距离故障等跳闸，视负荷情况可暂不考虑强送，待恶劣的气象条件转好或了解情况后再考虑强送。

（2）下列线路故障跳闸，无论有无重合，一般不予强送：

①双回路并列运行线路，其中一回线路两侧开关故障跳闸而另一回线路有正常输送能力；

②空充电线路或重合闸停用的电缆与架空线混合线路；

③全线为电缆线路，开关跳闸未经检查前；

④新投产线路，若对新投产线路跳闸后进行强送最终应得到启动总指挥的同意。

（3）有带电作业的线路故障跳闸后，强送有如下规定：

①工作单位未向值班调度员申请提出停用重合闸或故障跳闸后不得强送者，值班调度员按上述有关规定可以强送；

②工作单位已向值班调度员申请提出要求停用重合闸或故障跳闸后不得强送者，值班调度员只有在得到工作单位专职联系人的同意后才能强送；现场工作负责人一旦发现线路上无电，无论何种原因，均应报告地调和工作单位，并由工作单位专职联系人报告值班调度员，说明能否进行强送。

③带电作业的线路不得限电拉路。

A. 凡线路跳闸无论重合成功与否或单相接地，值班调度员应通知有关单位巡查事故原因，由值班调控员所通知的一切事故巡线，查线人员均应认为线路带电。如需处理必须向地调办理停役申请手续，并得到值班调度员许可方可进行检修。负责巡线检修的单位应将用户反映的事故现象及巡线情况及时报告值班调度员。

B. 值班调度员应将故障跳闸时间、故障相、故障测距等继电保护动作情况告诉巡线单位，尽可能根据故障录波器的测量数据提供故障的范围。运行维护单位应尽快安排落实巡线工作。

C. 对电网中由于断线引起铁磁谐振过电压，根据电压表计和出线负荷表计的反应，立即切除该线路。

三、母线事故处理

（一）事故原因

母线事故是指由于各种原因导致母线电压为零，而连接在该母线上正常运行的断路器全部或部分在分闸位置：

（1）母线及连接在母线上运行的设备（包括断路器、避雷器、隔离开关、支持绝缘子、引线、电压互感器等）发生故障。

（2）母线路故障时连接在母线上运行的断路器拒动，导致失灵保护或者主变后备保护动作使母线停电。

（3）母线上元件故障，其保护拒动时，依靠相邻元件的后备保护动作切除故障过程中导致母线停电。

（4）发电厂内部事故，使联络线跳闸导致全厂停电。

（5）母线及其引线的绝缘子闪络或击穿，或支持绝缘子断裂倾斜。

（6）直接通过隔离开关连接在母线上的电压互感器和避雷器发生故障。

（7）GIS 设备母线故障。当 GIS 母线 SF_6 气体泄漏严重时，会导致母线短路故障。

（二）事故影响

母线是电网中汇集、分配和交换电能的设备，一旦发生故障会对电网产生重大不利影响。

（1）母线故障时连接在母线上的所有断路器均断开，电网结构会发生重大变化，尤其是双母线同时故障甚至直接造成电网解列运行，电网潮流发生大范围转移，电网结构较故障前薄弱，抵制再次故障的能力大幅下降。

（2）母线故障时连接在母线上的负荷变压器、负荷线路停电会直接造成用户停电。

（3）对于只有一台变压器中性点接地的变电站，当该变压器所在的母线故障时，该变电站将失去中性点运行。

（4）采用 3/2 接线方式的变电站，当所有元件均在运行情况下发生单条母线故障时将不会造成线路或变压器停电。

（三）事故处理

1. 获取事故信息

母线事故失电后，由于涉及的设备范围较大，监控系统上传的事故及告警信号较多，值班调控员尽快过滤、筛选出判断故障的关键信息应成为事故处理的要点。

（1）分析监控系统上传的关键性保护动作信号，包括母差保护动作、失灵保护动作、主变后备保护动作等，初步判断母线事故的原因。

（2）查看可能引起的主变过载联切保护动作、下级变电站 BZT 动作、潮流越限等信号，应密切关注负荷转移后相关主变或线路是否过载。

（3）若是低压侧母线失电，可能会引起所用电失电，应密切关注所用电失电后蓄电池可维持供应的时间，优先考虑所用电恢复方案。

（4）注意母线事故后主变中性点情况。

（5）若引起负荷损失，优先考虑将失电的用户倒至其他电源供电。

（6）通知相关厂站人员迅速到现场查看。

运行值班员应在最短的时间内检查现场设备情况，做出相应处理，并将事故的详细信息清楚、准确地向值班调控员汇报。

（1）若有所用电失去的情况，运行值班员应自行将所用电切换至正常电源。若有主变中性点失去的情况，运行值班员自行切换主变中性点方式。

（2）事故发生的时间、保护装置、主变过载联切装置、BZT 装置等动作情况。

（3）一、二次设备检查情况。

（4）频率、电压、潮流的变化。

2. 相关设备检查

在母线故障引起相应保护动作跳闸后，运行值班员应确认该母线上的断路器全部跳开，并对故障母线及母线设备进行认真检查，寻找故障点并设法排除。若经检查发现母线失电是因本站断路器或保护拒动所致，则应自行将失电母线上的拒动断路器拉开，并报告值班调控员，值班调控员应充分考虑该断路器所属线路、设备故障而断路器或保护拒动造成越级跳闸的可能。

3. 确定是否试送

母线事故后切不可在故障点尚未查明的情况下进行试送，以防扩大故障。只有在故障点已经隔离并确认停电母线无故障后，方可对停电母线恢复送电。若找到故障点但无法隔离，应迅速对故障母线上的各间隔进行检查，确认无故障后，冷倒至运行母线并恢复送电。

对于故障母线，应尽量利用外来电源对其进行试送。若只能用本站电源试送，可以利用主变或母联（母分）断路器对故障母线进行试送。试送开关必须完好，并将该开关保护时间整定值改短后进行试送；有充电保护的尽可能用该保护。

4. 试送后方式安排

若故障母线试送成功，则将电网恢复正常运行方式，通知检修部门处理已隔离的故障部分。

若故障母线试送失败，则将故障母线改为检修，通知检修部门检查处理，并将故障母线上各间隔在检查确认无故障后冷倒至运行母线。

（四）事故处理原则

在母线发生故障停电后，现场运行值班人员应对停电的有关设备进行检查，再将检查情况详细报告值班调度员。值班调度员应按下列原则进行处理：

（1）找到故障点并能迅速隔离的，在隔离故障后对停电的母线恢复送电。

（2）找到故障点但不能迅速隔离的，若是双母线中的一组母线故障，应将故障母线上的各元件检查确无故障后倒至运行母线(冷倒)并恢复送电，对联络线要防止非同期合闸。

（3）若通过检查和测试不能找到故障点，尽量利用外来电源对故障母线进行试送电；对发电厂的母线故障，如电源允许，可对母线进行零起升压。

（4）若只能用本厂、站电源试送，试送开关必须完好，并将该开关保护时间整定值改小（具有快速保护）后进行试送；有充电保护的尽可能用该保护。

四、变电站全停处理

（一）事故原因

变电站全停事故是指发生电网事故造成变电站失去和系统之间的全部电源联络线，导致变电站的全部母线停电。

变电站全停的主要原因可以归结为：

（1）单电源进线变电站进线线路故障或本站设备故障越级使对侧（电源侧）跳闸。

（2）上级电源全停引起变电站全停。

（3）本站高压侧母线故障或越级故障导致高压母线失电。

（二）事故影响

变电站全停严重威胁电网的安全运行，主要危害如下：

（1）变电站全停导致所用电失电，影响断路器、隔离开关等设备的电动操作。

（2）枢纽变电站全停使系统失去多回重要联络线，极易引起系统稳定破坏及相关联络线过载等严重问题，进而引发大面积停电事故。

（3）末端变电站全停可能造成负荷损失，若停电时间较长会产生严重的社会影响。

（三）事故处理

1. 获取事故信息

变电站全停后，监控系统会有大量信号上传，此时值班调控员应保持沉着冷静，并重点关注以下几点：

（1）分类查看监控系统上传的信号，重点是事故信号和断路器变位信号。综合分析信号后，初步判断故障原因，并考虑后续处理及方式调整方案。

（2）查看下级变电站 BZT 动作和失电信号，应密切关注负荷转移后相关主变或线路是否过载，若有过载现象应立刻采取相应措施。

（3）通知相关厂站运行人员迅速到现场查看。

（4）通知相关领导和相关调度，安排所用电倒送或发电车接入方案，告知相关用户做好安保电源供应；变电站全停会引起通信中断，导致事故信号不能完全上传，此时可通过查看相应上级变电站潮流或下级变电站 BZT 动作及失电情况判断事故。

运行值班人员应立刻到达事故变电站，并首先做好以下几点：

（1）全面检查保护动作情况、断路器跳闸情况、所用电情况、仪表指示情况，汇总事故信息并报告值班调度。

（2）检查一、二次设备情况，自行拉开失电母线上间隔开关（除可能作为备用电源的开关）。

（3）加强监视直流母线电压，切除不重要的直流负荷，尽量延长蓄电池的供电时间。

（4）确认变电站内电话通信是否正常，若通信异常，应立即通过市话或移动电话与调度取得联系。

2. 相关设备检查

值班调度员根据保护动作和开关跳闸情况,确定故障范围,并告知运行值班人员重点检查的设备范围。若为越级事故,在隔离拒动断路器后,检查其余正常设备情况,若无异常,则可尽快考虑恢复方式。若站内设备均正常,站内无保护动作情况,经与上级调度联系,确为上级电源故障引起全停,可根据上级电源恢复情况,考虑变电站式调整方案。如中、低压侧有备用电源的,可优先考虑投入备用电源。

3. 确定是否试送

相关试送方法可根据故障类型参见本章前三节,本节中不展开。应注意优先恢复所用电,以保证后续操作能够顺利进行。

4. 方式恢复与调整

(1)若试送成功,值班调控员则逐级恢复送电,并通知检修或线路部门处理故障设备。

(2)若试送失败,值班调控员可以通过中、低压侧母线倒送电的方式恢复供电,注意转供线路和变电站的负荷情况及保护调整,并通知下级调度调整相关变电站的BZT装置,通知检修或线路部门处理故障设备。

(四)变电站全停注意事项

(1)利用中、低压侧倒送电恢复供电时,必须考虑其负荷能力和保护整定值的问题。必要时,可以只恢复所用电以及重要用户的供电。

(2)对于不同电源的倒送电线路,应注意同期合闸情况,防止非同期并列。

(3)全站失压事故,可能失去通信电源,失去与调度的联系,运行人员应按照现场规程规定,在自行处理的同时,积极设法与调度取得联系。

(4)利用中、低压侧母线上的备用电源恢复供电时,必须防止反充高压侧母线。

(5)保障综合自动化监控系统与集控站和调度自动化主站的信息通道顺畅,及时恢复其电源正常工作。

五、电网黑启动

(一)黑启动的概念

电网黑启动是指电网全部停电后(不排除孤立小电网仍维持运行),迅速恢复供电的方式。其主要包括电网内部分发电机组利用自身的动力资源(柴油机、水力资源等)或外来电源使发电机组启动达到额定转速和建立正常电压，有步骤地恢复电网运行和用户供电。

（二）黑启动的步骤

（1）迅速掌握故障后的系统情况，选择电网黑启动电源，制订启动计划。

（2）将系统划分为多个子系统，各子系统均进行检测和调整。

（3）各子系统同时启动本系统中具有自启动能力的机组，带动其他机组发电。

（4）将恢复后的子系统并列。

（5）恢复电网剩余负荷，最终恢复整个电网。

（三）黑启动的注意事项

1. 无功平衡

空载或轻载充电超高压输电线路会释放大量的无功功率，可能造成发电机组自励磁和电压升高失控，引起自励磁过电压限制器动作。因此，要求自启动机组具有吸收无功的能力，并将发电机置于厂用电允许的最低电压值同时将自动电压调节器投入运行。在线路送电前，将并联电抗器先接入电网，断开并联电容器，安排接入一定容量（最好是低功率因数）的负荷等。

2. 有功平衡

负荷的少量恢复将延长恢复时间。而过快恢复又使频率下降，导致发电机低频切机动作，造成电网减负荷。因此，增负荷的比例必须兼顾加快恢复时间和机组频率稳定，应首先恢复较小的馈供负荷，而后逐步带较大的馈供负荷和电网负荷。低频减载装置控制的负荷，只应在电网恢复的最后阶段才能予以恢复。一般认为，允许同时接入的最大负荷量，不应使系统频率较接入前下降0.5Hz。

3. 频率和电压控制

保持电网频率和电压稳定至关重要，每操作一步都需要监测电网频率和重要节点电压水平，否则极易导致黑启动失败。频率与系统有功即机组功率和负荷水平有关，控制频率涉及负荷的恢复速度、机组的调速器响应和二次调频。因此，恢复过程中必须考虑启动功率和重要负荷的分配比例，尽量减少损失，从而加快恢复速度。

4. 保护配置

若保护装置不正确动作，就可能中断或者延误恢复。因此，必须相应调整保护装置的配置及整定值，保证简单可靠。

附录 A 地区电网调度术语

1. 报数

幺、两、三、四、伍、陆、拐、八、九、洞。

一、二、三、四、五、六、七、八、九、零。

2. 调度管辖

电力系统运行和操作指挥权限划分。地调的调度管辖范围是地区电网，负责对地区电网的统一调度、运行指挥及专业管理。

3. 直调管辖

按照"统一调度，分级管理"的原则，由某级调度机构直接调度管理的发电厂、变电站设备总和，以及变电运维站（班）等单位和系统设备。

4. 直接调度设备

由某级调度机构直调管辖的发电厂、变电站的一、二次主设备为该调度机构的直接调度设备。一次设备主要包括线路、主变、母线等的开关、闸刀、电流互感器、电压互感器；二次设备主要包括直调一次设备的继电保护和安全自动装置。

5. 许可调度设备

某级调度机构对可能影响其直接调度设备和电网正常运行的部分设备作为其许可调度设备，不仅包括直接调度设备相关的辅助设施（包括测控装置）、回路、通道、网络和系统等三、四次设备，还包括部分由下级调度直接调度的重要设备，对它们的调度以"是否影响直接调度设备"为原则。

6. 调度许可

在改变电气设备状态和方式前，根据有关规定由有关人员提出操作项目，值班调度员许可后才能进行。

7. 调度指令

值班调度员对其管辖的设备发布有关运行和操作指令。

8. 调度同意

上级值班调度员对值班人员［下级值班调度员、发电厂值长、变电运维站（班）、变电站运维人员］提出的申请、要求等予以同意。

9. 调度告知

平级调度之间、同一调度机构内部的专业值班调度之间关于设备状态、电网方式的信息通告。

10. 直接调度

值班调度员直接向值班人员发布调度指令的调度方式。

11. 间接调度

值班调度员通过下级值班调度员向其他值班人员转达调度指令的方式。

12. 设备停役

在运行或备用中的设备经调度操作后，停止运行或备用，由生产单位进行检修、试验或其他工作。

13. 设备复役

生产单位将停役或检修的设备改变为具备可以投入运行条件的设备交给调度机构统一安排使用。

14. 设备备用

设备处于完好状态，随时可以投入运行。

15. 设备试运行

生产单位将停役检修完毕后设备及新设备交给调度机构启动并加入系统运行，其间须进行必要的试验和检查，遇异常情况设备随时可以停止运行。

16. 停役时间

线路及主变等电气设备从停役操作的开始时间算起，锅炉从关闭主汽门的时间算起，汽机从主油开关（发电机）拉开时算起，单元机组从开关断开时算起。

17. 复役时间

线路及主变等电气设备到复役操作的结束时间，锅炉指达到额定汽压汽温并炉供汽，汽机指发电机主油开关合上时，单元机组指机组并网时。

18. 增加或减少有功（无功）出力

在发电机原有功（或无功）出力的基础上增加或减少有功（或无功）出力。

19. 线路潮流

线路的电流，有功或无功功率。

附录 A 地区电网调度术语

20. 地区负荷

地区用电的有功或无功负荷，有直调口径（也叫统调口径）、网供口径、调度口径和全社会口径等多种统计口径。

21. 超负荷

机组的负荷超过制造厂或改造后规定的限定。

22. 频率

浙江电力系统工频为 50 Hz，单位是"赫"或"千赫"。

23. 提高频率或电压

在原有频率或电压的基础上，提高频率或电压值。

24. 降低频率或电压

在原有频率或电压的基础上，降低频率或电压值。

25. 系统解列期间由你厂负责调频

局部电网与主网解列单独运行时，由调度机构临时指定调频厂。

26. 系统解列期间由你所负责监控频率

局部电网与主网解列单独运行时，由上级调度机构指定单独运行电网中某一调度机构负责监视调整频率。该调度机构应实时监测孤网运行的系统频率，并与指定调频厂进行实时联系，在调频厂超出调频能力时对孤网内的用电负荷及时进行调整控制。

27. 锅炉热状态

锅炉从系统中解列后冷却时间较短或采取措施保持适当的汽温汽压。

28. 锅炉冷状态

锅炉已停止运行，但随时可以点火加入运行。

29. 锅炉检修状态

已采取开工检修措施。

30. 紧急备用

设备存在某些缺陷，只允许在紧急需要时，短时期运行，也可叫事故备用。

31. 发电机冷备用状态

发电机已停止运行，但随时可以启动加入运行。

32. 发电机旋转备用容量

全厂并网运行的发电机最大可调总容量超出调度（计划的或实时的）曲线的容量。

33. 发电改调相

发电机由发电改调相。一般用于水电机组。

34. 调相改发电

发电机由调相改发电。

35. 发电机无励磁运行

运行中的发电机失去励磁后,从系统中吸取无功运行。

36. 进相运行

发电机、调相机功率因数角超前运行。

37. 升压(指发电机)

调节磁场变阻器,升高发电机定子电压或直流机电压等。

38. 空载

发电机未并列,但已达到额定转速。

39. 满负荷

发电机并入系统后带至额定出力。

40. 调控中心集中监控

调控中心具有远方遥控、遥测、遥信、遥调、遥视等功能,对监控管辖范围内的变电站进行监视、控制和管理。

41. 变电运维站(班)

具有远方遥控、遥测、遥信、遥调、遥视等功能,管辖若干个变电站,负责所辖变电站的运维监视、紧急控制以及与调度机构的业务联系。

42. 设备调度命名

调度机构对直接调度设备的正式命名,是设备调度运行管理时的身份标识,每一设备的调度命名应具有唯一性。

43. 设备双重命名

设备的调度中文名称和统一调度编号的总和。例如瓶莫2238线、#1主变、220 kV正(副)母线、220 kV正(副)Ⅰ段等,在厂站范围内应具有唯一性。

44. 设备三重命名

设备所在厂站的调度名称、设备自身的调度名称和设备的统一调度编号三者的总和,在浙江电网范围内应具有唯一性。

45. ×点×分#×机组并列

×点×分#×(读作"×号")发电机用准同期方式并入电网。

46. ×点×分#×机组自同期并列

×点×分#×发电机用自同期方法并入电网。

附录 A 地区电网调度术语

47. ×点×分××保护动作 ××开关跳闸

×点×分××继电保护动作出口使××开关跳闸。

48. ×点×分××保护动作，×相开关跳闸重合成功

×点×分××保护动作，×相开关跳闸，重合成功。

49. ×点×分××保护动作，×相开关跳闸重合不成

×点×分××保护动作，×相开关跳后，自动重合，重合后开关三相再自动跳开。

50. ×点×分××线路强送成功

××线路跳闸后，在线路故障是否消除尚不清楚时，×点×分合上开关，对线路进行全电压送电，开关未再跳闸。

51. ×点×分××线路强送不成功

××线路跳闸后，在线路故障是否消除尚不清楚时，×点×分合上开关，对线路进行全电压送电，开关再次跳闸。

52. 直流接地

直流系统中某极对地绝缘降低或到零。

53. 直流接地消失

直流系统中某极对地绝缘恢复，接地消失。

54. ××开关非全相运行

××开关一相或两相合闸状态。

55. 开关拒动

设备故障后，其保护正确动作，但开关最终没有跳开。

56. 保护拒动

设备故障后，其保护该动未动。

57. 开关偷跳

设备正常运行时，开关在没有故障的情况下跳开。

58. 保护误动

保护本不该动作、实际却动作的不正常保护动作行为。

59. 停炉

锅炉与蒸汽母管隔绝后不保持汽温汽压。

60. 泄压

锅炉停止运行后按规定将压力泄去的过程。

61. 向空排汽

开启向空排汽门使蒸汽通过向空排汽门放向大气。

62. 水压试验

设备检修后进行水压试验以检查有否泄漏。

63. 锅炉熄火

锅炉运转过程中由于某种原因导致锅炉突然熄火。

64. 打焦

用工具清除四角火嘴、水冷壁、过热器管、防焦箱结焦。

65. 盘车

用电动机（或手动）带动发电机组转子缓慢转动的过程。

66. 低速暖机

汽轮机开机过程中的低速运行，使汽轮机的本体整个达到规定的均匀温度。

67. 升速

汽轮机转速按规定逐渐升高。

68. 惰走

汽轮机或其他转动机械在停止汽源或电源后继续保持转动。

69. 维持全速

发电机组与系统解列后，维持额定转速等待并列。

70. 滑参数启动（或停机）

在一机一炉单元并列条件下，使锅炉蒸汽参数以一定的速率随汽机负荷上升（或下降）的启动（或停机）方式。

71. 滑参数降出力

使锅炉蒸汽参数以一定的速率随汽机负荷下降。

72. 甩负荷

带负荷的发电机开关跳闸，所带负荷甩至零。一般有 50% 甩负荷和 100% 甩负荷两种试验。

73. 紧急降低出力

系统发生事故或出现异常时，将发电机出力紧急降低，但不解列。

74. 可调出力

机组实际可能达到的生产能力。

75. 单机最低技术出力

根据机组运行条件核定的最小生产能力。

76. 导水叶开度

运行中水轮发电机组在某水头和发电出力时相应水叶的角度。

77. 轮叶角度

运行中水轮发电机组在某种水头和发电出力时相应轮叶的角度。

78. 调停

由调度机构根据系统情况安排发电厂机组停机的一种方式。

79. 定期检修

按规程或厂家规定的检修周期进行的检修。

80. 计划检修

由调度提前计划性统一安排的检修。可分为年、季、月度检修。

81. 临时检修

计划外临时批准的检修。

82. 事故检修

因设备故障进行的检修。

83. ＃×发电机组紧急停机（或炉）

＃×发电机组设备发生异常情况，不能维持运行而紧急停止运行。

84. 拍机

直接将较高负荷运行的发电机从系统中解列的操作。

85. 系统振荡

电力系统并列运行的两部分或几部分间失去同期，系统电压、电流、有功和无功发生大幅度的有规律的摆动现象。

86. 电压波动

系统电压发生瞬间下降或上升后立即恢复正常。

87. 摆动

系统电压、电流产生有规律的小量摇摆现象。

88. 过负荷

线路、主变等电气设备的电流超过运行限额。

89. OMS

调度生产管理系统。

90. EMS

能量管理系统，即较高级的电网调度自动化系统。

91. CPS

控制性能标准。

92. ACE

区域控制偏差。

93. AGC

自动发电控制。

94. AVC

自动电压控制。

95. ERTU

电能量采集终端（安装在厂站）。

96. HUB

网络集线器。

97. GPS

全球定位系统（卫星时钟）。

98. SPD_NET

国家电力数据网。

99. MODEM

调制解调器。

100. SCADA

数据采集与监控系统。

101. RTU

远方数据采集终端（安装在厂站）。

102. DCS

集散控制系统。

103. UPS

不间断电源系统。

104. 二级网

大区级电力数据网。

105. 三级网

省级电力数据网。

106. 一次调频

发电机调速器反映系统频率变化，使有功功率重新达到平衡的过程。

107.OPGW

光纤复合架空地线。

108.ADSS

全介质自承式光缆。

109.SDH

数字同步系列。

110.DTS

调度员培训仿真系统。

111. 防全停措施

为防止发电厂或变电站全部停电而采取的措施。一般包括技术措施、组织和管理措施等。

112. 低谷消缺

利用负荷低谷时段将设备停役进行缺陷处理，并在高峰来临前恢复正常运行。

113. 失步

发电机（或系统）功率不断增大，其同步功率随时间振荡平均值几乎为零，而进入一种异常运行状态。

114. 空充线路

线路一侧运行，另一侧线路带电但开关不运行，且没有投入备自投。

115. 备用线路

线路一侧运行，另一侧开关热备用且备自投投入，线路作为备用线路。

附录 B　地区电网操作术语

1. 操作指令

值班调度员对所管辖的设备进行变更电气接线方式或事故处理而发布倒闸操作的指令。

2. 操作许可

电气设备在变更状态前，根据有关规定由现场运行值长或班长提出操作项目，值班调度员许可其操作。

3. 并列

发电机（或两个系统间）经检查同期后并列运行。

4. 解列

发电机（或某局部系统）与主系统解除并列运行。

5. 合环

有新的电流环路形成的开关操作。

6. 解环

操作后导致某原有电流环路解开的开关操作。

7. 开机

将发电机组启动待与系统并列。

8. 停机

将发电机组解列后停去。

9. 自同期并列

将发电机（调相机）用自同期法与系统并列运行。

10. 非同期并列

发电机（调相机）不经同期检查即与系统并列运行。

11. 合上

把开关或闸刀从断开位置改到接通位置。

附录 B　地区电网操作术语

12. 拉开

将开关或闸刀从接通位置改到断开位置。

13. 开启

将主汽门或阀门从闭路状态改到通路状态。

14. 关闭

将主汽门或阀门从通路状态改到闭路状态。

15. 开关跳闸

未经操作的开关由合闸状态转为分闸状态。

16. 倒排

线路、主变压器等设备由接在某一条母线改为接在另一条母线上。倒排操作指令未指明"冷倒"的均默认为"热倒"。

17. 冷倒

开关在热备用状态，拉开 × 母闸刀，再合上 × 母闸刀，而后合上开关。同时作为停电方式倒设备（包括负荷）的统称。

18. 热倒

开关在合上状态，合上 × 母闸刀，再拉开 × 母闸刀。同时作为不停电方式倒设备（包括负荷）的统称。

19. 充电

设备带标准电压但不接带负荷。

20. 送电

对设备充电并带负荷。

21. 停电

拉开开关使设备不带电。

22. 强送

设备因故障跳闸，未经检查即送电。

23. 试送

设备因故障跳闸，经初步检查后再送电。

24. 带电巡线

在线路带电情况下巡线。

25. 停电巡线

在线路停电并挂好地线情况下巡线。

26. 事故带电巡线

线路发生事故后，在线路带电情况下（或按照线路带电运行的工作标准）对线路进行巡视以查明故障原因。

27. 事故停电巡线

线路发生事故后，将线路停电并两侧改线路检修后对线路进行巡视以查明故障原因。

28. 事故快巡

线路发生事故后，利用快速交通工具和其他辅助巡视器具对线路走廊情况进行巡视，以便快速确认是否有外力破坏或倒杆、断线等明显线路损伤。

29. 事故抢修

将故障设备停役后，直接许可故障查找工作，故障明确后，可不经另外调度许可直接进行抢修处理。抢修结束后，将故障原因和处理情况一并向调度汇报。

30. 特巡

对带电线路在暴风雨、覆冰、雾、河流开冰、水灾、大负荷、地震等情况下的巡线。同时作为非事故后因特殊需要对线路组织巡视确认运行情况是否正常的统称（包括保供电前对重要线路进行巡检）。

31. 验电

用校验工具验明设备是否带电。

32. 放电

设备停电后，用工具将电荷放去。

33. 挂接地线

用临时接地线将设备与大地接通。

34. 拆接地线

拆除将设备与大地接通的临时接地线。

35. 合上接地闸刀

用接地闸刀将设备与大地接通。

36. 拉开接地闸刀

用接地闸刀将设备与大地断开。

37. 拆引线或接引线

将设备引线或架空线的跨接线拆断或接通。

38. 核相

用仪表工具核对两电源或环路相位是否相同。

39. 核对相序

用仪表或其他手段核对电源的相序是否正确。

40. 短接

用临时导线将开关或闸刀等设备跨越旁路。

41. 带电拆装

在设备带电状态下拆断或接通短线。

42. 零起升压

利用发电机将设备从零逐步升至额定电压。

43. 限电

限制用户用电。

44. 拉电

事故情况下（或超电网供电能力时）将供向用户用的电力线路切断停止送电。

45. 错峰

对部分负荷的用电时间进行变换，以减小用电高峰时的总体电力，但不影响用户的生产需求（保持用电量不变）。

46. 避峰

让部分用电高峰时段用户避开高峰时段用电，以减小用电高峰时的总体电力（总体用电量有所减少）。

47. 移峰

通过对用户采取错峰或避峰措施，使用电电力曲线得以改变，主要是使用电尖峰电力值下降。

48. 有序用电

电力部门通过各种措施将有限的电力及电量资源加以用电的计划性的有序安排。

49. 保安电力

保证人身和设备安全的电力。

50. 开关改非自动

将开关的操作直流回路解除。

51. 开关改自动

恢复开关的直流回路。

52. ××设备由××改为××

××设备（包括线路、母线、主变等一、第二次设备）由一种电气状态改到另一种电气状态。

53.××线第一（二）套线路保护

××线第一（二）套线路保护的总称，包括全线速动的第一（二）套纵联保护和由多段式距离、零序保护构成的第一（二）套微机保护。国网典设版保护还包括重合闸、启动失灵。

54.××线第一（二）套纵联保护

通过保护通道，××线两侧第一（二）套保护插件以一定的原理构成能全线速动的主保护。

55.××线第一（二）套微机保护

××线第一（二）套线路保护中除第一（二）套纵联保护以外的所有保护，一般由多段式距离和零序保护构成。国网典设版保护还包括重合闸、启动失灵。

56.××线断路器保护

针对××线开关配置的相对独立保护装置，主要包括重合闸和失灵判别功能。

57.××厂（站）220 kV母差保护

对××厂（站）220 kV母线保护的调度操作术语。

地区电网调控融合手册

第一章　调控融合的意义

一、当前面临的问题

（1）机构改组和业务调整，带来人员重组问题。调控融合后人员需要进行重组，大多数人员可能来自原先调度岗位，也有的来自运行或修试工区，此外，还包括新进的大学生，针对不同人员不同的工作背景进行调控业务培训上岗，会对班组的培训工作提出更高的要求。同时，之前来自不同班组的人员整合到一起，可能由于之前班组文化的差异带来心理隔阂，给调控班组的管理带来一定阻力。

（2）"大运行"深化和提升，产生人资效率问题。调控融合后，集中监控带来了人员工作效率的提升，调控员按照要求需要胜任调度和监控的业务，人员的素质提高了，需要学的业务知识范围也扩大了，但是，如果调控班组内部不能实行监控与调度的轮岗，反而会造成人力资源的浪费。因此，如何解决人力资源的高效利用和管理流程的简化问题，是此时管理人员需要考虑的。

（3）班组建设和内部管理，凸显心理归属问题。

（4）调控融合后，调控人员与工区的业务联系更加密切，原先属于变电站的监控业务归属调控中心后，由于在一些工作职责上的界限还不是很明确，业务上的协同性较差，部门之间很容易出现相互扯皮现象，从而影响计划工作或者临时消缺工作的正常开展。

（5）监控系统缺陷（或隐患）处理未能及时闭环，涉及监控系统的缺陷（或隐患）处理结束工区未能及时通知调控中心参与验收，调控中心无法掌控实际处理或整改情况。

二、调控融合的优势

调控岗位融合模式的最大优势主要有以下几点：

（1）业务深度整合、流程高效集约，可以实现定岗不定人的上班方式，使"调控一体"效益最大化。

（2）调控融合后进行集中监控能提升关键指标。由调控中心对无功电压进行集中控制调节，有效地提高了电压合格率及功率因数合格率，同时，监控系统为实现AVC自动控制提供了技术平台。

（3）遥控操作可提高供电可靠性。县级调控中心在超电网供电能力时的拉限电、接地试拉及紧急事故时通过调控中心直接对开关设备的遥控操作，可有效缩短电网异常及事故处理时间，提高供电可靠性。

（4）加快事故处理的速度。调控一体化后调度员可以在第一时间获取电网或设备异常、事故信息，为事故处理争取宝贵时间，并根据监控信息快速调整事故处理方案，保障安全调度。

（5）人员可以进行内部轮岗，互相熟悉业务，同时更好地实现人员的职业规划。

调控融合模式的优劣势如表1所示。

表1 调控融合模式的优劣势

序号	融合模式的优势	融合模式的劣势
1	一岗多能，节约人力资源	对人员素质要求较高
2	班组合一，心理认同感强，管理阻力小	融合过程较长，发挥效益较慢
3	人员可以进行内部轮岗，互相熟悉业务，工作流程顺畅	需要对人员进行大量培训
4	能够更好地实现人员职业规划	体制变革对人员的影响较大
5	集中监控有效地减少运行监视人员，提高工作效率	减员的同时，带来原先监控人员的岗位变动问题
6	统一对无功电压进行集中控制调节，提高了电压及功率因数合格率	由于集中监控的站比较多，当AVC存在问题时，监控人员的人工操作量比较大
7	紧急事故时可通过调控中心直接对开关设备进行遥控操作，加快了事故处理速度	要求厂站的自动化比较完善，相应地对监控人员的工作要求更高
8	调度员可以在第一时间获取电网信息，为事故处理争取宝贵时间	不准确的告警信号、事故信号会影响调控人员对于电网实际情况的判断

三、调控融合的意义

调控"1+1"模式的优势在于"大运行"体系建设初期,而调控融合模式的优势在于远期。若选准时间节点,对管理模式进行适时"变轨",将调控"1+1"模式和调控融合模式的优势对接,能进一步畅通"大运行"体系的深化发展之路。

第二章　调控融合的准备

一、分析人员结构

调控融合不能一刀切,要对当前人员结构有精准的分析,主要从以下四方面着手:

1. 年龄结构

可将调控员的年龄分为三档:青年员工(30岁以下)、中年员工(30～40岁)、中老年员工(40～55岁)。

2. 文化程度

调控员的文化程度可分为:高中、大学、硕士及以上。

3. 专业背景

调控员的专业背景可分为:新进员工、从监控员转岗的员工、从调度员转岗的员工。

4. 个性特点

个性特点可分为:主动型、被动型。

二、确定融合范围

1. 年龄的影响

年龄会影响一名员工对新知识的接受度、热情度。一般而言,年龄越大,人的记忆力越差,接受新知识的速度越慢,对于学习新知识的热情度也较年轻员工有所降低。

同时,年龄较大的员工承担的家庭职责较多,这会分散他们的精力。

2. 文化程度的影响

调控岗位是公司的核心岗位,对电气知识要求很高,但业务水平、学习能力与员工学历无必然联系。调研结果亦显示,调控组中有学历不高,但业务水平很高、学习能力很强的员工。目前,调控组本科及以上学历人数占到总人数的 90% 以上。所以,文化程度对调控融合的影响很小。

3. 专业背景的影响

对于新进员工,班组可系统性培训,先监控后调度,最终实现调控均掌握的目标。对于监控员转岗的员工,则着重培训其调度业务,对于调度员转岗的员工也是类似的原则。

需要注意的是,监控与调度两者对于电气基本知识的要求是相通的,因此,对于转岗员工的培训时间可相对缩短,对于新进员工的培训时间则需适当延长。总体而言,只要培训足够系统,专业背景对于调控融合的影响较小。

4. 员工个性的影响

主动型员工往往倾向于自学,对此班组可提供学习的 PPT、教材等培训资料,然后分阶段集中答疑、讲解。被动型员工更适应授课的学习形式,对此班组可按计划安排内训师对其进行系统性培训。

对于不同个性的员工,班组也可因个性化对待,只要员工能通过考核,掌握调控技能,班组不必拘泥于培训形式。因此,只要培训方式安排妥当,员工个性对调控融合的影响较小。

综上,员工年龄是影响调控融合的最主要因素。其余三个因素的影响均可采取相应措施予以减小。因此,可通过如下方法确定调控融合范围:

1.40 周岁以下员工

(1) 对于新入职员工,先从监控入手,待达到监控副职水平后,学习调度业务,最终实现调度、监控融会贯通的目标。

(2) 对于监控员转岗的员工,主要学习调度业务,最终实现调度、监控融会贯通的目标。

(3) 对于调度员转岗的员工,主要学习调度业务,最终实现调度、监控融会贯通的目标。

2.40 周岁以上员工

根据自愿原则,对于愿意学习新业务的员工,调控组应妥善安排;对于不愿意学习新业务的员工,班组原则上也不勉强。

三、疏导人员心理

对于调控融合，首先应保证不引发员工的失望情绪，避免激烈的对抗性行为，进而解决其他存在的问题。根据上面的心理问题分析，调控融合应坚持新老有别，按照年龄划定融合范围，既照顾到老同志的实际情况，又给新同志指明提升方向。对此，可以采取以下策略。

1. 文化认同

"大运行"体系下电网调度和变电监控业务原分属于电网调度员和变电站值班员两个工种。由于工作对象和业务特性不一样，从事电网调度和变电监控的人员在各自的工作领域自然形成了不同的岗位习惯、思维方式和处事准则。这些工作过程中价值取向的差异就是两种业务的岗位文化。不同部门的人员在一起上班，合作完成一项工作，首先必须尊重并认同各自原先的岗位文化。电网调度从业人员强调全局观念、风险意识和变通能力，对于各种问题总是置于整个电网系统看待；变电监控从业人员则着眼微观、突出细节、谨小慎微和固守程序，习惯深入挖掘单一设备内部状况。相通的岗位文化是电网调度和变电监控业务的黏合剂，文化的柔性能填满制度之间的缝隙，使得两种业务紧密联系在一起；同时，文化的弹性能缓冲制度执行中的惯性，使得两种刚性的制度实现无缝衔接。

2. 业务协同

"大运行"体系要求调度部门既要保障"大电网安全"，又要关注"变电设备健康状况"。电网调度和变电监控两种业务的紧密结合和有效协同，能充分保障"大运行"体系的运作目标。"调控一体"的内涵不是部门的简单合并和调整，而是电网调度和变电监控工作流程的深度整合和业务职责的重塑。要将调度和监控进行深度融合，就必须在业务上相互协同，做到你中有我，我中有你。如果把变电监控比作眼睛和手足，那么电网调度就是大脑；在监控接收的各类信息汇总到调度后，调度发布的指令又通过监控完成电网快速调整。良好的业务协同不仅是一个工作的平台，更能促使调度岗位人员和监控岗位人员建立相互的信任和了解，从而为调控岗位融合培育出统一的岗位文化。

3. 管理相同

在调控"1+1"模式中，造成调度岗位人员和监控岗位人员产生心理隔阂的重要原因是同一个部门存在两种管理模式。两种根植于不同岗位文化的管理模式，培养出了不同的职业素养，当他们对各自工作负责时，不对接的管理制度，要么造成管理真空，要么形成工作结节；而当业务开展不畅时，两种制度反过来又会成为维护各自工作行为的制度约束。

因此，相同的管理模式是实现岗位融合的根基，在此基础上才能形成文化认同和业务协同。同时，管理相同意味着调度和监控人员在工作中享有同等的权益，这包括岗级认定、职位晋升和岗位培优等各个方面。在坦诚、平等和互信的管理氛围下，调度和监控的融合，不仅不会产生隔阂，反而如"鲇鱼效应"般使班组管理焕发出新的生机。

第三章　调控融合的实施

一、设定目标

"大运行"建设初期应满足顺利实现机构成立和业务迁移，以平稳过渡为首要目标。待 1 年以后，在"1+1"模式运作进入平稳期后，内部进行有序的岗位交叉培训，由监控先向调度岗位过渡，待成熟后，调度再向监控岗位过渡。根据电网调度和设备监控业务的差异，结合以往经验，要培养一名合格的电网调度员通常需要 18~24 个月，而培养一名胜任岗位的监控员需要 3~6 个月，因此，地调调控中心首先应制订合理的人员培训计划。

通过进行基础知识交叉培训，1 年左右实现调控全体人员普及调度、监控两个专业的基本知识，同时通过人员换岗跟班培训，2 年左右培养出一批兼具调度与监控运行岗位资质的调控运行人才，并通过前期培训积累的经验，继续开展全员岗位融合，最终完成每个人都具备调度和监控职责，实现定岗不定人，满足大规模换岗制度的实施要求。

二、制订计划

第一阶段：各值安排监控正值开始着手学习调度业务，进行调度副值岗位实习，由相应调度值班长或正值调度员担任培训负责人，按副值调度员培养计划进行培训，在监护下履行调度职责。

第二阶段：经过第一阶段历时近半年的跟班实习，监控正值应已具备一定的调度运行能力，可对监控正值进行调度副值岗位考试，成熟一名使用一名。

第三阶段：在监控正值可胜任调度副值职责的条件下，各值安排调度副值着手学习监控业务，进行监控副值岗位实习，由相应正值监控员担任培训负责人，按副值监控员培养计划进行培训，在监护下履行监控职责。

第四阶段：调度副值监控业务培训时间宜定为 3 个月，在调度副值具备一定的监控运行能力后进行监控副值岗位考试，成熟一名使用一名。

第五阶段：监控副值学习调度业务，参考第一阶段换岗培训经验，进行调度副值岗位实习，在监护下履行调度职责。

第六阶段：对监控副值进行调度副值岗位考试，成熟一名使用一名。

第七阶段：调度正值着手学习监控业务，参考第三阶段换岗培训经验，进行监控副值岗位实习，在监护下履行监控职责。

第八阶段：对调度正值进行监控副值岗位考试，成熟一名使用一名。

第九阶段：完成全员岗位融合，每个人都是调控员，可以开展多项业务，实现定岗不定人。

三、有序推进

1. 风险控制

由于调度监控融合初期会出现人员配置紧张情况，不宜采取大范围换岗实习的方法，为保证值班安全和工作需要，融合前期拟采取全体人员交叉互学、少量人员跟班实习的方法：

（1）安排少量人员进行交叉学习和跟班实习。考虑到调度业务相对复杂、日常工作责任重大，优先进行监控员调度业务培训，再进行调度员监控业务培训，并且调度换岗人员首先考虑副值及实习调度员。

（2）培训采取以自学为主、集中授课为辅的方式，培训前提供完整的资料，制定考核要求，保证培训按时顺利完成。

（3）其余人员在完成各自岗位工作的前提下，进行值内交互学习调度、监控基本知识，鼓励同值调度、监控员相互请教专业问题，反映较普遍的问题可安排集中讲解。

（4）换岗跟班实习以保证调度、监控运行业务安全为前提，人员不足时不实施。

2. 制度激励

合理的激励机制是推动调控业务融合学习的有效手段。由于岗级的划分限制，岗位的融合未必会带来薪酬的实际增加，特别是已经任职正值及以上岗位的人员。班组应结合实际情况，对同时具备调度和监控职能的人员进行必要奖励，如优秀员工考评、提高绩效。对于正值员工来说，还可设置晋升调控长必须具备双职能的要求，以此提高人员对业务融合的积极性。同时定期安排业务考试，成绩记入个人培训档案，考试不合格者需补考。

3. 考核认定

应根据值班需要及班组实际情况确定各岗位的任职条件和考核标准，以下标准可作为参考：

（1）调度正值任职条件。

①具有大学本科及以上学历或具有中级职称。

②熟悉电网设备、接线及各种运行方式、经济调度、监控业务，并熟悉继电保护和安全自动装置及其整定原则。

③熟悉电力系统及其相关专业，并熟悉其应用。

④具有计算机在管理上的基本应用能力。

⑤具备良好的心理素质、分析判断及组织协调能力。

⑥原则上需从事调度专业工作二年以上，具备高度的工作责任感。

（2）调度副值任职条件。

①具有专科及以上学历或具有初级职称。

②获取省公司颁发的调度员上岗资格证书。

③熟悉电网设备、接线及各种运行方式、经济调度、监控业务，并熟悉继电保护和安全自动装置及其整定原则。

④熟悉电力系统及其相关专业，并熟悉其应用。

⑤具有计算机在管理上的基本应用能力。

⑥具备一定的心理素质、分析判断及组织协调能力。

⑦原则上需从事调度专业工作半年以上，具备高度的工作责任感。

（3）监控正值任职条件。

①具有专科及以上学历或者具有初级职称。

②熟悉电网设备、接线及各种运行方式、经济调度、监控业务，并熟悉继电保护和安全自动装置及其整定原则。

③熟悉电力系统及其相关专业，并熟悉其应用。

④具有计算机在管理上的基本应用能力。

⑤具备良好的心理素质、分析判断及组织协调能力。

⑥原则上需从事监控专业工作二年以上，具备高度的工作责任感。

（4）监控副值任职条件。

①具有专科及以上学历或者具有初级职称。

②熟悉宁波电网设备、接线及各种运行方式、监控业务，并熟悉继电保护和安全自动

装置及其整定原则。

③熟悉电力系统及其相关专业，并熟悉其应用。

④具有计算机在管理上的基本应用能力。

⑤具备一定的心理素质、分析判断能力。

⑥原则上需从事监控专业工作半年以上，具备高度的工作责任感。

4. 形成体制

经过几轮的换岗培训积累，地调调控中心人员配置基本满足轮岗要求，此时可适当扩大换岗人员范围，按照人员岗位和业务性质安排培训计划，加快调控融合制度实现：

（1）对于新进员工，按计划从第一阶段监控副值业务入手，先按照监控员目标培养，待具备监控员岗位资格后再纳入调控融合流程，最终培养成为合格的调控员。

（2）对于未具备双重职能的人员，按计划进行相应业务知识培训。

（3）对于后续补充人员，可根据基础业务水平，参加不同阶段的培训实习。

地区电网调控员岗位试题集

第一部分　公共基础

第一章　电网概述

一、填空题

1. 我国电力系统＿＿＿＿以上的额定电压等级有＿＿＿＿、＿＿＿＿和＿＿＿＿、＿＿＿＿、＿＿＿＿、＿＿＿＿、＿＿＿＿。

2. 发电厂厂用电源包括＿＿＿＿和＿＿＿＿，对单机容量在＿＿＿＿以上的发电厂，还应考虑设置＿＿＿＿和＿＿＿＿。

3. 依据一次能源的不同，发电厂可分为＿＿＿＿、＿＿＿＿、＿＿＿＿、＿＿＿＿等。

4. 按输出能源，火电厂可分为＿＿＿＿和＿＿＿＿。

5. 主接线中，母线的作用是＿＿＿＿；断路器的作用是正常时＿＿＿＿，故障时＿＿＿＿；架设旁路母线的作用是＿＿＿＿；隔离开关的主要作用是＿＿＿＿。

6. 电气一次设备有＿＿＿＿、＿＿＿＿、＿＿＿＿等。电气二次设备有＿＿＿＿、＿＿＿＿、＿＿＿＿等。

7. 内桥接线适用于＿＿＿＿的情况；外桥接线适用于＿＿＿＿的情况。

8. 根据变电所（站）在系统中的地位可将其分为＿＿＿＿、＿＿＿＿、＿＿＿＿和＿＿＿＿。

9. 厂用电备用电源的备用方式有＿＿＿＿和＿＿＿＿两种。当单机容量≥200MW时，需设置＿＿＿＿电源。

10. 两个回路通过三台断路器与两组母线相连是＿＿＿＿接线的特点。

二、选择题

1. 电力系统是由（　　）、配电和用电组成的整体。
A. 输电、变电
B. 发电、输电、变电
C. 发电、输电

2. 电力生产的特点是（　　）、集中性、适用性、先行性。
A. 同时性
B. 广泛性
C. 统一性

3. 对于电力系统来说，峰、谷负荷差越（　　），用电越趋于合理。
A. 大
B. 小
C. 稳定
D. 不稳定

4. 从技术和经济角度看，最适合担负系统调频任务的发电厂是（　　）。
A. 具有调整库容的大型水电厂
B. 核电厂
C. 火力发电厂
D. 径流式大型水力发电厂

5. 抽水蓄能电站在电网中的主要工作方式是（　　）。
A. 任何时段都当作水轮发电机发电
B. 任何时段都当作水泵抽水
C. 用电高峰时段当作水轮发电机发电，用电低谷时段当作水泵抽水蓄能
D. 用电高峰时段当作水泵抽水蓄能，用电低谷时段当作水轮发电机发电

6. 在火力发电厂中使高温高压蒸汽膨胀做功,将携带的热能转变为机械能的关键设备是（　　）。

　　A. 锅炉

　　B. 汽轮机

　　C. 发电机

　　D. 电动机

7. 一般抽水蓄能电厂所不具备的功能是（　　）。

　　A. 蓄水

　　B. 发电

　　C. 泄洪

　　D. 调频

8. 日调节式水电厂的水库调节性能特点为（　　）。

　　A. 无水库，基本上来多少水发多少电

　　B. 水库很小，水库的调节周期为一昼夜

　　C. 对一年内各月的天然径流进行优化分配、调节

　　D. 将不均匀的多年天然来水量进行优化分配调节

9. 以下不属于单、双母线或母线分段加旁路接线方式的缺点的是（　　）。

　　A. 投资增加，经济性稍差

　　B. 二次系统接线复杂

　　C. 运行不够灵活方便

　　D. 旁路断路器带路时，操作复杂，增加了误操作的机会

10. 以下母线接线方式可靠性最高的是（　　）。

　　A. 单母线

　　B. 双母线

　　C. 内桥接线

　　D. 3/2 接线

11. 任一母线故障或检修都不会造成停电的接线方式是（　　）。

A. 3/2 接线

B. 母带旁路

C. 母线接线

12. 大中型发电厂，特别是火力发电厂的厂用电备用方式，常利用（　　）方式。

A. 明备用

B. 备用

C. 系统相连的主变兼作备用

13. 在110kV及以上配电装置中，（　　）时可采用多角形接线。

A. 线不多且发展规模不明确

B. 出线不多但发展规模明确

C. 线多但发展规模不明确

D. 线多且发展规模明确

14. 当发电机电压与高压厂用母线为同一电压等级时，应由发电机电压母线经（　　）接到高压厂用母线。

A. 隔离开关和限流电抗器

B. 隔离开关和高压厂用变压器

C. 隔离开关、断路器和高压厂用变压器

D. 隔离开关、断路器和限流电抗器

15. 双母线接线采用双母线同时运行时，具有单母线分段接线的特点，（　　）。

A. 因此，双母线接线与单母线与单母线分段接线是等效的

B. 但单母线分段接线具有更大的运行灵活性

C. 并且两者的设备数量一样

D. 但双母线接线具有更大的运行灵活性

16. 单母线用断路器分段的接线方式的特征之一是（　　）。

A. 路器数大于回路数

B. 路器数等于回路数

C. 路器数小于回路数

D. 路器数小于或等于回路数

E. 路器数大于或等于回路数

17. 桥式接线的特征之一是（　　）。

A. 路器数大于回路数

B. 路器数等于回路数

C. 路器数小于回路数

D. 路器数小于或等于回路数

E. 路器数大于或等于回路数

18. 发电机—变压器单元接线的特征之一是（　　）。

A. 路器数大于回路数

B. 路器数等于回路数

C. 路器数小于回路数

D. 路器数小于或等于回路数

E. 路器数大于或等于回路数

19. 单母线带旁路母线的接线方式的特征之一是（　　）。

A. 路器数大于回路数

B. 路器数等于回路数

C. 路器数小于回路数

D. 路器数小于或等于回路数

E. 路器数大于或等于回路数

20. 直流系统绝缘监察装置的信号部分是用来监视（　　）。

A. 极同时接地

B. 极绝缘下降及一极接地

C. 回路

D. 极绝缘同等下降

三、判断题

1. 大型电力系统的优点之一是：可以提高运行的灵活性，减少系统的备用容量。
（   ）

2. 电力网是指由变压器和输配电线路组成的用于电能变换和输送分配的网络。
（   ）

3. 电力系统的额定电压等级是综合考虑电气设备制造和使用两方面因素确定的。
（   ）

4. 电机组低负荷运行对锅炉设备没有影响。（   ）

5. 火力发电厂的能量转化过程是化学能—热能—机械能—电能。（   ）

6. 星形接线设备中性点应视为不带电部分。（   ）

7. 电压互感器和电流互感器二次侧均需可靠接地，并安装额定电流为 6A 的熔断器。
（   ）

8. 3/2 接线在正常运行时，其两组母线同时工作，所有断路器均为闭合状态运行。
（   ）

9. 变压器的负荷能力是指变压器在某段时间内允许输出的容量，与变压器的额定容量相同。（   ）

10. 发电厂的厂用电采用明备用方式与暗备用方式相比，厂用工作变压器的容量较小。
（   ）

四、问答题

1. 什么是动力系统、电力系统、电力网？

2. 哪些设备属于一次设备？哪些设备属于二次设备？其功能是什么？

3. 主母线和旁路母线各起什么作用？设置专用旁路断路器和以母联断路器或分段断路器兼作旁路断路器，各有什么特点？检修处线路断路器时，如何操作？

4. 火力发电厂有哪些主要设备？

5. 常用母线接线方式有何特点？

第二章　设备基础

一、填空题

1. 隔离开关的作用是 _____ 、_____ 和 _____ 。
2. 断路器的额定开断电流是指 _____ 。
3. 冷备用状态是指 _____ 。
4. 检修状态是指 _____ 。
5. 断路器的作用是正常时 _____ ，故障时 _____ ，隔离开关的主要作用是 _____ ，保证安全，同一回路中串接的断路器和隔离开关操作时必须遵循以下原则，即送电时 _____ ，断电时 _____ 。
6. 变压器调压方式有 _____ 和 _____ 两种，前者较后者调压范围 _____ 。
7. 高压断路器按其灭弧介质可分为 _____ 、_____ 、_____ 和 _____ 等。
8. 电流互感器一次绕组 _____ 接在一次电路中，二次侧正常时接近 _____ 状态运行；电压互感器一次绕组 _____ 接在一次电路中，二次侧正常时接近 _____ 状态运行，严禁 _____ 运行。
9. 电气设备选择的一般条件是：按 _____ 选择；按 _____ 校验。

二、选择题

1. 变压器是一种（　　）的电气设备。
A. 旋转

B. 静止

C. 运动

2. 变压器是利用（　　）将一种电压等级的交流电能转变为另一种电压等级的交流电器。

　　A. 电磁感应原理

　　B. 电磁力定律

　　C. 电路定律

3. 如果要求在检修任一引出线的母线隔离开关时，不影响其他支路供电，则可采用（　　）。

　　A. 内桥接线

　　B. 单母线带旁路接线

　　C. 双母线接线

　　D. 单母线分段接线

4. 输电线路送电的正确操作顺序为（　　）。

　　A. 先合母线隔离开关，再合断路器，最后合线路隔离开关

　　B. 先合断路器，再合母线隔离开关，最后合线路隔离开关

　　C. 先合母线隔离开关，再合线路隔离开关，最后合断路器

　　D. 先合线路隔离开关，再合母线隔离开关，最后合断路器

5. 电流互感器相当于（　　）。

　　A. 电压源

　　B. 电流源

　　C. 受控源

　　D. 负载

6. 变电站母线上装设避雷器是为了（　　）。

　　A. 防止直击雷

　　B. 防止反击过电压

C. 防止雷电行波

D. 防止雷电流

7. 下列说法正确的是（　　）。

A. 运行中的 CT 二次侧不容许开路，运行中的 PT 二次侧不容许开路

B. 运行中的 CT 二次侧不容许开路，运行中的 PT 二次侧不容许短路

C. 运行中的 CT 二次侧不容许短路，运行中的 PT 二次侧不容许开路

D. 运行中的 CT 二次侧不容许短路，运行中的 PT 二次侧不容许短路

8. 变压器开关的遮断容量应根据（　　）选择。

A. 变压器容量

B. 运行中的最大负荷

C. 变压器内部故障可能出现的最大短路电流

D. 对应母线故障可能出现的最大短路电流

9. 运行中的变压器中性点接地隔离开关如需倒换，其操作顺序为（　　）。

A. 先合后拉

B. 先拉后合

C. 先合后拉和先拉后合皆可

D. 视系统运行方式而定

10. 以下高压开关故障中最严重的是（　　）。

A. 合闸闭锁

B. 开关打压频繁

C. 分闸闭锁

D. 开关压力降低

11. 下列操作中，不允许用刀闸直接进行的操作是（　　）。

A. 拉合空载变压器

B. 拉合电压互感器

C. 拉合避雷器

D. 拉合变压器中性点接地刀闸

12. 电网运行实行（　　），任何单位和个人不得非法干预电网调度（　　）。

   A. 统一调度，统一管理

   B. 联合调度，统一管理

   C. 联合调度，分级管理

   D. 统一调度，分级管理

13. 电力系统中的设备包括运行、热备用、冷备用和（　　）四种状态。

   A. 检修

   B. 停用

   C. 故障

   D. 启用

14. 变压器的接线组别表示的是：高、低压侧绕组的接线形式及同名（　　）间的相位关系。

   A. 线电压

   B. 相电压

   C. 线电流

   D. 相电流

15. 断路器的开断时间是指从接受分闸命令瞬间起到（　　）。

   A. 所有电弧触头均分离的瞬间为止

   B. 各极触头间电弧最终熄灭为止

   C. 首相触头电弧熄灭为止

   D. 主触头分离瞬间为止

16. 发生误操作隔离开关时应采取（　　）的处理措施。

   A. 立即拉开

   B. 立即合上

   C. 误合时不许再拉开，误拉时在弧光未断开前再合上

   D. 停止操作

17. 电流互感器二次绕组中如有不用的绕组应采取（   ）的处理。

A. 短接

B. 与其他绕组并联

C. 拆除

D. 与其他绕组串联

18. 不适宜频繁操作的断路器是（   ）。

A. 六氟化硫断路器

B. 真空断路器

C. 少油断路器

D. 弹簧储能断路器

19. 断路器采用多断口是为了（   ）。

A. 提高遮断灭弧能力

B. 用于绝缘

C. 提高分合闸速度

D. 使各断口均压

20. 变压器投切时会产生（   ）。

A. 操作过电压

B. 大气过电压

C. 雷击过电压

D. 系统过电压

三、判断题

1. 变压器是利用电磁感应原理将一种电压等级的直流电能转变为另一种电压等级的直流电能。（   ）

2. 当电力系统或用户变电站发生故障时，为保证重要设备的连续供电，允许变压器短时过负载的能力称为事故过负载能力。（   ）

3. 变压器理想并列运行的条件中，变压器的联结组标号必须相同。（   ）

4. 电网无接地故障时，用闸刀可以拉合电压互感器。（   ）

5. "开关冷备用"是指开关间隔内开关、闸刀（有旁路的，应包括线路旁路闸刀）都在断开位置，并取下线路压变次级熔丝及该线路开关的母差保护、失灵保护压板。

（   ）

6. 调度机构分为五级：国家调度机构，省、自治区、直辖市级调度机构，省辖地市级调度机构，配网调度机构，县级调度机构。（   ）

7. 两台电压互感器二次并列运行前，一次必须先并列。（   ）

8. 带负荷隔离开关时，即使合错，也不应将隔离开关再拉开。（   ）

9. 自耦变压器一次绕组匝数比普通变压器一次绕组匝数多。（   ）

10. 电压互感器二次回路通电试验时，为防止由二次侧向一次侧反充电，只需将二次回路断开。（   ）

四、问答题

1. 变压器并联运行的条件是什么？

2. 电压互感器和电流互感器在作用原理上有哪些区别？

3. 隔离开关能拉开哪些未设断路器的回路？

4. 运行中的CT二次侧为什么不容许开路？PT二次侧为什么不容许短路？如果发生开路或短路分别应如何处理？

5. 电力变压器的种类有哪些？主要部件有哪些？

第三章　调控管理

一、填空题

1. 正常的电网遥控操作实行监护制度，一般情况下由_____负责操作，_____或负责监护。

2. _____或_____的单一操作可以不填写操作票，但必须在运行日志中做好记录，其他遥控操作应填写操作票。

3. 省调操作预令由_____负责接收并转发。

4. 操作站值班员每天应至少对监控信息全面巡查_____，发现异常及时告知地调监控人员。

5. 变电站自动化信息对点实行_____原则，即由检修安装单位、变电运行工区、主站端共同完成对点任务。

6. 缺陷定性及填报由设备主人负责，即主站端设备缺陷由_____负责，厂站端设备缺陷由_____负责。

7. 在交接班过程中，如遇有系统事故或者重要的倒闸操作或者主任认为有必要推迟交接班等特殊情况，应立即停止交接班，由_____负责处理，_____应在交班调控长的指挥下协助处理。

8. 具备遥控条件的一次设备应经_____书面确认，具备遥控条件的二次设备应经_____书面确认。

9. 遥控操作是否成功以监控OPEN3000系统相关_____、_____同时发生相应变化为依据，不对现场设备进行实际检查。

10. 新投产或改扩建变电站在投入运行前必须完成全部_____并具备监控条件，在投入运行后纳入调控中心监控范围。

二、选择题

1. 因交班人员未交代或交代不清而发生问题，由（　　）负责。因接班人员未按规定检查或检查不到位而发生问题，由（　　）负责。

A. 交班人员，交班人员　　　　B. 交班人员，接班人员

C. 接班人员，交班人员　　　　D. 接班人员，接班人员

2. 我国的《电网调度管理条例》是由（　　）制定的行政法规。

A. 全国人民代表大会　　　　B. 全国人大常委会

C. 国务院　　　　　　　　　D. 国家主席

3. 在调度工作联系、发布指令、接受汇报时使用本规程所规定的统一（　　）。

A. 调度术语、操作术语和三重命名

B. 设备命名称

C. 编号（双重命名）

4. 操作对调度管辖范围以外设备和供电质量有较大影响时，应（　　）。

A. 不能操作　　　　　　　　B. 重新进行方式安排

C. 汇报领导　　　　　　　　D. 预先通知有关单位

5. 发生紧急报告类事件，省调（地调）值班调度员须在（　　）min 内向上级调控机构值班调度员进行紧急报告；省调值班调度员须在（　　）min 内向省调有关领导进行紧急报告。

A.60；60　　　　　B.60；30　　　　　C.30；30

6. 在交接班中，如遇有事故或重要倒闸操作，应立即（　　）交接班，接班调度员（监控员）应根据交班调度员（监控员）的要求协助处理。

A. 立即停止　　　B. 继续　　　C. 延迟　　　D. 稍后

7. 事故处理时，值班监控员应密切监视相关受控站信息，及时调整（　　），并将越限情况汇报值班调度员。

A. 电流　　　B. 频率　　　C. 电压　　　D. 有功

8. 事故发生后，值班监控员根据（　　）立即进行初步分析判断，及时汇报值班调度员，并通知运维人员进行现场检查。

A. 故障时间　　　B. 故障信号　　　C. 故障信息　　　D. 故障地点

9. 监控系统遥控操作、程序操作的设备必须满足有关（   ）。

A. 安全要求

B. 安全条件

C. 技术条件

D. 安全要求和安全条件

10. 各级调度在开展负荷需求侧管理工作时应遵循（   ）原则。

A. 先避峰、后错峰、再限电、最后拉路

B. 先错峰、后避峰、再限电、最后拉路

C. 先限电、后错峰、再避峰、最后拉路

D. 先错峰、后限电、再避峰、最后拉路

11. 遥控操作中遇有系统发生异常或故障，影响操作安全时，值班监控员应（   ）。

A. 继续操作，操作完毕后向调度汇报

B. 中止操作并通知现场进行操作

C. 中止操作并汇报发令调度

D. 通知运行人员到现场后继续操作

12. 对于厂站端自动化紧急缺陷，检修部门应在接到缺陷通知后（   ）h内赶赴现场处理。

A.2　　　　　　B.4　　　　　　C.8　　　　　　D.24

13. 电力调度应遵循（   ）原则。

A. 统一调度　分级管理

B. 统一调度　统一管理

C. 分级调度　统一管理

D. 分级调度　分级管理

14. 不属于省调规程中规定的每年的全面继电保护定值"三核对"的是（   ）。

A. 现场运行人员核对装置内部整定值与整定单一致

B. 地调继保部门与运行部门、检修部门核对定值单编号一致

C. 省调继保专业人员与省调调度人员核对定值单标号一致

D. 现场运行人员与省调调度人员核对定值单标号一致

15. 为了防止事故扩大，除（　　）情况操作外，可由现场自行处理并迅速向值班调度员作简要报告，事后再作详细汇报。

A. 将直接对人员生命安全有威胁的设备停电

B. 将可能来电但已损坏的设备隔离

C. 运行中设备受损伤已对电网安全构成威胁时，根据现场事故处理规程的规定将其停用或隔离

D. 其他在规程中规定，可不待值班调度员指令自行处理的操作

16. 监控员在操作中发生疑问或出现异常时，应（　　）。

A. 立即通知运维人员改由现场操作，并向发令人汇报

B. 继续操作，操作完毕后再通知运维人员检查

C. 立即停止操作并汇报，查明原因并采取措施，待发令人再行许可后方可继续操作

D. 立即停止操作并汇报，查明原因并采取措施，待现场异常情况处理完毕后继续操作

17. 事故调查中的"四不放过"是指：事故原因不清楚不放过，事故责任者和应受教育者没有受到教育不放过，（　　），事故责任者没有受到处罚不放过。

A. 没有学习不放过

B. 没有检查不放过

C. 没有采取防范措施不放过

D. 没有调研不放过

18. 监控接到运维/运检新设备监控职责纳入监控的申请通知后，运维/运检需将新设备的（　　）、调度范围划分、遗留缺陷、常亮光字、正常运行方式、典型操作票等资料移交给监控。

A. 试验报告　　　　　B. 运行规程

C. 出厂报告　　　　　D. 备件清单

三、判断题

1. 六级电网事件由省电力公司（国家电网公司直属公司）或其授权的单位组织调查，国家电网公司认为有必要时可以组织、派员参加或授权有关单位调查。（   ）

2. 值班调度员在当值期间，是管辖范围内的运行、操作指挥人，直接对有关县（市）调值班调度员、发电厂值长、变电站值班人员发布调度指令；上述值班当值人员在调度关系上受值班调度员的指挥。（   ）

3. 属地调调度管辖设备，需改变运行状态时，应得到地调值班调度员的指令才能进行（对人身与设备安全有威胁且按有关规定操作者除外，但事后应立即报告地调值班员）。
（   ）

4. 事故处理过程中，值班调度员、监控员应按照职责分工进行上报和相关通知工作；遇有重大事件时，应严格按照重大事件汇报制度执行。（   ）

5. 受控站内电网设备发生故障跳闸时，值班监控员应迅速收集、整理相关故障信息（包括事故发生时间、主要保护动作信息、开关跳闸情况及潮流、频率、电压的变化等），并根据故障信息进行初步分析判断，及时将有关信息向相关值班调度员汇报，同时通知变电运维人员进行现场检查、确认，并做好相关记录。（   ）

6. 值班监控员进行遥控操作时，可不填写操作票，但必须做好监护和记录。
（   ）

7. 事故调查中的"四不放过"是指事故原因不清楚不放过，事故责任者和应受教育者没有受到教育不放过，没有采取防范措施不放过，事故责任者没有受到处罚不放过。
（   ）

8. 非紧急情况下的故障隔离、方式调整可采用遥控操作。操作后值班监控员应通知变电运维人员立即前往现场检查，并与其核对当前设备运行方式和故障隔离情况。
（   ）

9. 一般缺陷应在一个检修预试周期内处理完毕；如无检修预试周期，应在1年内处理。
（   ）

10. 每周五的白班对本周检修计划进行梳理，根据调试牌挂牌原则在周检修计划表中填写每天需要挂牌、摘牌的内容。（   ）

四、问答题

1. 电网中的正常倒闸操作，应避免在何时进行？

2. 五级以上的事故即时报告简况至少应包括哪些内容？

3. 《浙江电力调度控制中心监控运行管理制度》规定哪些倒闸操作由监控人员进行？

4. 省公司调度监控管理规定中缺陷处理的流程是什么？

5. 哪些情况下设备需开展特殊监视？

第二部分　电网监控

第四章　监控系统

一、填空题

信息报文分为 _____、_____、_____、_____、_____、_____、_____、_____。

二、选择题

1. 遥控操作可分为（　　）三个步骤。
A. 性质、对象、执行
B. 对象、执行、性质
C. 对象、性质、执行
D. 选择、返校、执行（取消）

2. 变电站监控系统应采用下面（　　）定义，这样能较真实完整地发出事故报警信号。
A. 事故 =∑（开关分闸位置）and（与此开关相关的保护跳闸信号）
B. 事故 =∑（开关合闸位置）and（此开关对应重合闸动作信号）
C. 事故 =[∑（开关分闸位置）and（与此开关相关的保护跳闸信号）] or [∑（开关合闸位置）and（此开关对应重合闸动作信号）]
D. 事故 =[∑（开关分闸位置）or（与此开关相关的保护跳闸信号）] and [∑（开关合闸位置）or（此开关对应重合闸动作信号）]

3. 下面（　　）不是变电站监控系统的安全监视功能。
A. 事故及参数越限告警

B. 事故追忆

C. SOE 事件顺序记录

D. 断路器自动同期

4. SOE 事件顺序记录的时间以（　　）的 GPS 标准时间为基准。

A. 主站端

B. 厂站端

C. 集控站

D. 其他

5. 监控系统遥控操作、程序操作的设备必须满足有关（　　）。

A. 安全要求

B. 安全条件

C. 技术条件

D. 安全要求和安全条件

6. 下列（　　）功能不属于监控系统的功能。

A. 数据处理和画面显示

B. 记录打印和报警处理

C. 通信功能

D. 监控系统的自诊断和自恢复

三、判断题

1. SOE 站间分辨率的含义是在不同厂站两个相继发生事件且先后相差时间大于或等于分辨率时，调度端记录的两个事件前后顺序不应颠倒。（　　）

2. 监控系统中遥信信号采用越限传送，遥测信号采用变位传送。（　　）

3. 监控系统事件顺序记录必须在间隔层 I/O 测控单元中实现。（　　）

4. 变电站计算机监控系统遥信事件包括事件顺序记录（SOE）及事故追忆功能、变电站。（　　）

5. 自动化变电所的计算机监控系统电子接线图可作为倒闸操作的模拟图。（　　）

四、问答题

1. 如何进行告警查询？

2. 开关遥控操作的过程是怎样的？

3. 遥测封锁和遥测置数有哪些区别？

第五章　监控信号

一、填空题

1. PT 断线由保护根据判据计算得出，当 PT 断线后 _____ 和 _____ 退出，并退出静稳破坏启动元件。

2. 以 PSL603A 保护装置为例，CPU1 是 _____ 模块，CPU2 是 _____ 模块，每个模块都有独立的完全相同的保护启动元件。

3. 主变保护主保护为 _____ 和 _____ ，动作跳三侧。

4. 母差保护 _____ 是指母线上除了母联和分段开关之外的所有支路电流之和，_____ 是指连接在一段母线上（包括母线和分段）的所有支路电流之和。

5. 母线只要分列运行就自动将大的 _____ 降为小的值，保持大差的灵敏性。

6. 母联 CT 断线后，母差保护会延时 20ms 报 _____ 信号。

7. 主变保护定义 _____ 、 _____ 、 _____ 三种状态，调度不发主变保护的 _____ 令。

8. 当系统中出现有功功率缺额引起频率下降时，根据频率下降的程度，自动断开一部分不重要的用户，阻止频率下降，以使频率迅速恢复到正常值，这种装置叫作_____。

9. 重合闸启动方式有两种，一种是_____启动，另一种是_____启动。

10. OPEN3000 信息可分为_____、_____、_____、_____、_____、_____、_____、_____。

二、选择题

1. 时间继电器在继电保护装置中的作用是（   ）。

   A. 计算动作时间

   B. 建立动作延时

   C. 计算保护停电时间

   D. 计算断路器停电时间

2. 判别母线故障的依据是（   ）。

   A. 母线保护动作、断路器跳闸及由故障引起的声、光、信号等

   B. 该母线的电压表指示消失

   C. 该母线的各出线及变压器负荷消失

   D. 该母线所供厂用电或所用电失去

3. 在检定同期和检定无压重合闸装置中，线路一侧投入无压检定和同期检定继电器时，另一侧（   ）。

   A. 只投入同期检定继电器

   B. 投入无压检定和同期检定继电器

   C. 只投入无压检定继电器

   D. 投入不经检定的重合闸

4. 双母线接线的变电站，当线路故障开关拒动时，失灵保护动作（   ）。

   A. 先跳开母联开关，再跳开失灵开关所在母线的其他出线开关

   B. 先跳开失灵开关所在母线的其他出线开关，再跳开母联开关

   C. 同时跳开母联开关和失灵开关所在母线的其他出线开关

   D. 跳开该站所有出线开关

5. 线路自动重合闸宜采用（　　）原则来启动重合闸。

A. 控制开关位置与断路器位置对应

B. 控制开关位置与断路器位置不对应

C. 跳闸信号与断路器位置对应

D. 跳闸信号与断路器位置不对应

6. 线路继电保护装置在该线路发生故障时，能迅速将故障部分切除并（　　）。

A. 自动重合闸一次

B. 自动重合闸二次

C. 使完好部分继续运行

D. 发出信号

7. 电压互感器发生异常有可能发展成故障时，母差保护应（　　）。

A. 停用

B. 改接信号

C. 改为单母线方式

D. 仍启用

8. 线路接地距离 I 段按（　　）整定。

A. 60%ZL

B. 70%ZL

C. 80%ZL

D. 90%ZL

9. 110kV 及以下系统宜采用（　　）保护方式。

A. 近后备

B. 远后备

C. 以近后备为主，以远后备为辅

D. 以远后备为主，以近后备为辅

10. 在母线倒闸操作中，母联开关的（　　）应拉开。

A. 跳闸回路

B. 操作电源

C. 直流回路

D. 开关本体

11. 停用低周减载装置时应先停（　　）。

A. 电压回路

B. 电流回路

C. 直流回路

D. 交流回路

12. 变压器中性点零序过流保护和间隙过压保护若同时投入，则（　　）。

A. 保护形成配合

B. 保护失去选择性

C. 保护将误动

D. 保护将拒动

13. 在速断保护中受系统运行方式变化影响最大的是（　　）。

A. 电压速断

B. 电流速断

C. 电流闭锁电压速断

D. 反时限电压速断

14. 变压器停送电操作时，其中性点一定要接地是为了（　　）。

A. 减小励磁涌流

B. 主变零序保护需要

C. 主变间隙保护需要

D. 防止过电压损坏主变

15. 当母线差动保护启用时，应启用（　　）对空母线充电。

A. 母联开关的短充电保护

B. 母联开关的长充电保护

C. 母联开关电流保护

D. 母联非全相运行保护

16. 配置双母线完全电流差动保护的母线配出元件倒闸操作过程中，配出元件的两组隔离开关双跨两组母线时，母线差动保护选择元件（　　）的平衡被破坏。

A. 跳闸回路

B. 直流回路

C. 电压回路

D. 差流回路

17. 备自投不具有（　　）功能。

A. 手分闭锁

B. 有流闭锁

C. 主变保护闭锁

D. 开关拒分闭锁

18. 220kV 主变断路器的失灵保护，其启动条件是（　　）。

A. 主变保护动作，相电流元件返回，开关位置不对应

B. 主变保护动作，相电流元件不返回，开关位置不对应

C. 主变电气量保护动作，相电流元件动作，开关位置不对应

D. 主变瓦斯保护动作，相电流元件动作，开关位置不对应

19. 接地距离保护的特点是（　　）

A. 瞬时段的保护范围固定

B. 瞬时段的保护范围不固定

C. 不适合短线路的一段保护

D. 不适合短线路的二段保护

20. 220kV 主变的重瓦斯保护动作可能是由于（　　）造成的。

A. 主变两侧断路器跳闸

B. 220kV 套管闪络

C. 主变内部绕组严重匝间短路

D. 主变油枕着火

三、判断题

1. 采用母线电流相位比较式母线差动保护的厂站中，正常运行时母联断路器必须投入运行。（ ）

2. 变压器零序方向过流保护是在大电流接地系统中，防御变压器相邻元件（母线）接地时的零序电流保护，其方向是指向本侧母线。（ ）

3. 断路器失灵保护由故障元件的继电保护启动，手动跳开断路器时也可启动失灵保护。（ ）

4. 线路纵联保护是当线路发生故障时，使两侧开关同时快速跳闸的一种保护装置，是线路的主保护。它以线路两侧判别量的特定关系作为判据。（ ）

5. 为防止在三相合闸过程中三相触头不同期或单相重合过程的非全相运行状态中又产生振荡时零序电流保护误动作，常采用灵敏Ⅰ段和不灵敏Ⅰ段组成的四段式保护。（ ）

6. 纵联保护的信号只有两种：闭锁信号、跳闸信号。（ ）

7. 采用母线电流相位比较式母线差动保护的厂站中，只有一条母线有电源的情况下，有电源母线发生故障时，母线差动保护可以正确动作切除故障母线。（ ）

8. 高频闭锁纵联保护的220kV线路在母差保护动作后均应停发高频闭锁信号，以便开放对侧全线速动保护跳闸。（ ）

9. 固定连接式母线完全差动保护，当固定连接方式破坏时，该保护仍将有选择故障母线的能力。（ ）

10. 根据自动低频减负荷装置的整定原则，自动低频减负荷装置所切除的负荷不应被自动重合闸再次投入，并应与其他安全自动装置合理配合使用。（ ）

四、问答题

1. 如何阐述压变二次回路？

2. 如何阐述母差保护装置电压切换回路？

3. 如何阐述操作箱防跳功能回路？

4. 主变失灵和线路失灵有哪些区别？

5. 如何阐述 220kV 线路典型光字并释义？

第六章 监控操作

一、填空题

1. 电网电压调节的方法有 _____ 、_____ 和 _____ 。
2. 220kV 变电站母线电压大于 236kV 时，功率因数控制目标为 _____ 。
3. 地调对监控范围内且 _____ 的一、二次设备可进行遥控操作。
4. 信息联调范围包括 _____ 、_____ 、_____ 、_____ 的联调以及远动通道切换试验等。
5. 遥测封锁是指 _____ 。

二、选择题

1. 根据 VQC 动作策略图，区域 3 表示（　　）。

A. $\cos\Phi < \cos\Phi_L$，$U < U_L$，投入电容器，视情况调节分接头或不调分接头，使电压趋于正常

B. $\cos\varPhi$ 正常，$U>U_H$，调节分接头降压，至极限挡位后仍无法满足要求，强行切除电容器

C. $\cos\varPhi<\cos\varPhi_L$，$U>U_H$，调分接头降压，电压正常后，投入电容器，否则不投

D. $\cos\varPhi>\cos\varPhi_H$，$U$ 正常，切除电容器，视情况调节分接头或不调分接头，使电压恢复正常

5	4	3
6	9	2
7	8	1

U_H / U_L 行； $Q_L(\cos\varPhi)$ $Q_H(\cos\varPhi_L)$

2. 投入电容器可以引起（　　），U 为变电站母线电压，Q 为变电站从系统吸收的无功功率。

A. U 上升，Q 增加

B. U 上升，Q 减少

C. U 下降，Q 增加

D. U 下降，Q 减少

3. 降低主变分接头可以引起（　　），U 为变电站母线电压，Q 为变电站从系统吸收的无功功率。

A. U 上升，Q 增加

B. U 上升，Q 减少

C. U 下降，Q 增加

D. U 下降，Q 减少

4. 无功设备投切应保证（　　）主变高压侧不向系统倒送无功。

A. 500kV

B. 110kV

C. 220kV、110kV

D. 220kV

5. 110kV 电压监视点合格范围为（　　）kV。

A. 106.7~117.7

B. 110~115

C. 107.7~118.7

D. 105~115

6. 220kV 变电站的 35kV 电压监视点合格范围为（　　）kV，110kV 变电站的 35kV 电压监视点合格范围为（　　）kV。

A. 33.95~37.45

B. 33.5~38

C. 35~38.5

D. 34~38.5

7. 10kV 电压监视点合格范围为（　　）kV，20kV 电压监视点合格范围为（　　）kV。

A. 9.8~10.5

B. 10~10.7

C. 19.5~20.5

D. 20~21.4

8. 220kV 变电站母线电压水平 233kV ≥ U ≥ 223 kV，变电所高压侧功率因数范围应为（　　）。

A. $0.95 \geqslant \cos\varphi \geqslant 0.90$

B. $0.97 \geqslant \cos\varphi \geqslant 0.94$

C. $1.00 > \cos\varphi \geqslant 0.95$

D. $1.00 > \cos\varphi \geqslant 0.96$

9. 下列关于功率因数控制要求正确的是（　　）。

A. $233 \geqslant U \geqslant 223,\ 1.00 > \cos\varphi \geqslant 0.96$

B. $223 > U \geqslant 220,\ 1.00 > \cos\varphi \geqslant 0.96$

C. $236 \geqslant U > 233,\ 0.97 \geqslant \cos\varphi \geqslant 0.95$

D. $220 > U,\ 1.00 > \cos\varphi \geqslant 0.96$

10. 功率因数越上限或无功倒送时，按以下策略（　　）调节，直至功率因数满足考核要求：①切除本站电容器；②切除下级变电站电容器；③投入本站电抗器。

A. ①③②

B. ②①③

C. ③①②

D. ①②③

11. 当220kV变电站发生无功倒送时，优先操作（　　）。

A. 投电抗器

B. 投电容器

C. 切电容器

D. 调节主变挡位

12. 电抗器轮投周期为（　　），时间为（　　），并要求做好记录。

A. 半个月，每个月的15日和30日

B. 半个月，每个月的15日和最后一天

C. 1个月，每个月的15日

D. 1个月，每个月的最后一天

13. （　　）负责确认允许进行遥控操作的一次设备，并经各单位分管生产领导批准。

A. 调控中心

B. 运行工区

C. 设备厂家

D. 运维检修部

14. 正常情况下，值班调控员不进行的操作为（　　）。

A. 投切电容器

B. 计划检修工作的倒闸操作

C. 投切电抗器

D. 调节主变分接头

15. 倒闸操作可以通过（　　）完成。

A. 就地操作和遥控操作

B. 就地操作、遥控操作和程序操作

C. 就地操作和程序操作

D. 遥控操作和程序操作

16. 事故、故障等紧急情况下，可无须等运维人员到现场，而由值班调控员直接进行的遥控操作不包括（　　）。

A. 事故情况下紧急拉合开关的单一操作

B. 紧急拉限电操作

C. 拉合中变中性点接地闸刀

D. 对符合强送条件的故障跳闸线路进行强送

17. 按联调的信息范围，信息联调可以分为（　　）。

A. 全部联调

B. 部分联调

C. 遥信联调

D. 遥控联调

18. 信息联调"三方对点"的单位不包括（　　）。

A. 检修工区

B. 运行工区

C. 自动化主站端

D. 线路工区

19. 遥控联调前，由（　　）完成变电站内联调安全措施。

A. 运行人员

B. 检修人员

C. 监控人员

D. 自动化人员

20. 信息联调时，应设置（　　），仅将需联调的变电站放入该责任区内。

A. 联调责任区

B. 特殊责任区

C. 完全责任区

D. 遥控责任区

三、判断题

1. 电网电压调节只能通过 VQC/AVC 等自动装置实现。　　　　　　　　（　　）

2. 正常情况下，220kV 变电站严禁无功倒送。　　　　　　　　（　　）

3. 地调对监控范围内的所有设备可进行遥控操作。　　　　　　（　　）

4. 信息联调可直接在完全监控区进行，不必专门设置联调区。　（　　）

5. 不停电联调时，正常运行设备测控装置的遥控压板可以不退出。（　　）

6. 调度自动化系统遥控联调时，对于处于基建调试阶段的新建变电站，所有控制对象均切至"远方"操作状态进行信息联调。　　　　　　　　　　（　　）

7. 220kV 母线电压水平 233kV $\geqslant U \geqslant$ 223 kV，变电所高压侧功率因数范围应为 $1.00 > \cos\varphi \geqslant 0.95$。　　　　　　　　　　　　　　　　　　　（　　）

8. 对运行变电站进行遥控联调时，必须将不参与联调的间隔测控装置切至"就地"位置。
　　　　　　　　　　　　　　　　　　　　　　　　　　　　（　　）

四、问答题

1. 220kV 变电站功率因数控制目标有哪些？

2. 遥控操作的原则有哪些？

3. 事故、故障等紧急情况下，可无须等运维人员到现场，而由值班调控员直接进行的遥控操作有哪些？

4. 信息联调如何分类？每一类包括什么？

5. 信息联调的安全措施包括哪些？

第七章 监控处置

一、填空题

1. 厂站通信异常，无法监控时，可经 _____ 授权下放监控权限。

2. 监控员发现电网异常后，应遵循先 _____ 后 _____ 的次序。

3. 监控员发现 _____ 异常信号，应立即处理；发现 _____ 异常信号，应及时处理。

4. 通道灯 _____ 表示通道退出，通道内不上传数据。通道灯 _____ 表示通道故障。

5. 厂站遥测不刷新时，遥测值会显示 _____ ；厂站遥测失去时，遥测值底色会 _____ 。

6. 某一厂站主接线图内开关、闸刀位置失去，可判定该厂站 _____ 。

7. _____ 跳闸一般不会导致失电，但会降低供电可靠性，局部可能形成小系统。

8. 电容、电抗器跳闸后，应闭锁相关的 _____ 功能。

9. 空充线路跳闸，不会导致失电，但会降低 _____ 。

10. 主站端缺陷，由 _____ 上报缺陷，厂站端缺陷，由 _____ 上报缺陷。

11. 监控下放时，监控员应明确 _____ 、 _____ 和下放联系人。

二、选择题

1. 省调设备事故跳闸，监控员首先应该（ ）。

A. 初步分析，判断事故简况

B. 通知操作站去现场检查

C. 向省调初汇报

D. 告知地调当值

2. 监控 SCADA 发现的省调设备缺陷，应由（ ）通知检修部门。

A. 省调当值

B. 地调当值

C. 地调监控

D. 运行人员

3. 厂站缺陷定性由（　　）负责。

A. 检修单位

B. 地调当值

C. 地调监控

D. 运行人员

4. 监控权限移交时，监控员应与运行人员明确（　　）。

A. 下放时间

B. 下放范围

C. 下放联系人

D. 以上均是

5. 因 SCADA 系统异常，需大面积下放监控权限时，可经（　　）授权下放部分或全部监控权限。

A. 调控长或专业工程师

B. 调控组组长

C. 调控中心主任

D. 分管局长

6. 遥控异常的厂站，监控员应（　　）。

A. 下放该厂站监控权限

B. 下放电容、电抗器及主变分接头的监控权限

C. 告知运行人员现场调压

D. 告知运行人员加强监视

7. 事故处理过程中，（　　）不是监控员的职责。

A. 分析事故简况

B. 调整电网运行方式

C. 填写监控日志

D. 通知相关人员

8. 主变跳闸，（　　）信息不需监控人员收集。

A. 失电情况

B. 保护动作信息

C. 重合闸信息

D. 过载情况

9. （　　）可能导致全所失电。

A. 主变跳闸

B. 空充线路跳闸

C. 联络线跳闸

D. 电容器跳闸

10. （　　）不会导致运行设备过载。

A. 主变跳闸

B. 空充线路跳闸

C. 负荷线路跳闸

D. 母线跳闸

11. （　　）不属于厂站通信中断。

A. 所有通道通信中断

B. 整站遥信失去

C. 整站遥测不变化

D. 整站遥控失败

12. 某变电所 AVC 不动作，可能是由（　　）导致的。

A. 现场测控切至"就地"位置

B. AVC 被闭锁

C. 动作条件不满足

D. 以上均是

13. ( ) 不需要下放监控权限。

A. 间隔通信中断信号上报

B. 间隔测控异常信号上报

C. 间隔遥测不刷新

D. 间隔遥信不刷新

14. 监控端突然出现大量厂站通信中断，可能是由（ ）引起的。

A. 主站前置故障

B. 监控终端故障

C. 厂站前置故障

D. 监控系统扰动

15. 某厂站通信中断，现场检查当地后台通信也中断，可能是由（ ）引起的。

A. 主站前置故障

B. 厂站前置故障

C. 厂站远动故障

D. 通道故障

16. 小电流接地系统单相接地试拉由（ ）执行。

A. 监控员

B. 运行人员

C. 县配调

D. 电脑程序

17. 监控员发现县调设备异常，不需要（ ）。

A. 通知操作站去现场查看设备

B. 运行人员对缺陷定性后，监控员进行确认

C. 告知地调当值

D. 告知县调当值

18.（　　）不属于跳闸信息。

A. 保护动作信息

B. BZT 动作信息

C. 重合闸信息

D. 控制回路断线

19.（　　）不需要检查运行设备是否过载。

A. 双回供电线路一回线跳闸

B. 空充线路

C. 2 台主变变电所，1 台主变跳闸

D. 负荷线路跳闸

20. 监控员发现某段运行母线上开关全部跳开，可能是由于（　　）。

A. 母差保护动作

B. 主变后备保护动作

C. 出线开关拒动

D. 以上均是

三、判断题

1. 省调设备故障，监控员需尽快将现场的详细故障信息汇总，第一时间向省调汇报。（　　）

2. 状态变更的停役设备，监控员应挂牌。（　　）

3. 因恶劣天气或大面积电网事故，导致监控困难，需下放监控权限时，可逐级向领导汇报，经调控中心主任同意后，下放监控权限。（　　）

4. 除电容、电抗及主变分接头以外的间隔，监控员需先填写遥控操作卡，然后在监护下执行遥控操作。（　　）

5. 除电容、电抗及主变分接头以外的间隔，监控员只有在接到调度正令的前提下，才能在监护下执行遥控操作。（　　）

6. 监控员可独立操作电容、电抗器，以确保母线电压合格。（　　）

7. 监控 SCADA 异常时，监控员应立即启动调度 SCADA 系统辅助监控。（　　）

8. 2台主变变电所，1台主变故障跳闸不会导致失电。　　　　　　（　　）
9. 母线故障跳闸，会跳开该母线上所有开关，可能导致下级大面积停电。（　　）
10. 监控员发现致损性异常信号动作且等待 5 min 未自动复归的，应及时向相关调度汇报并通知操作站。　　　　　　　　　　　　　　　　　　　（　　）

四、问答题

1. 省调设备事故跳闸与省调设备异常处理流程是怎样的？

2. 监控员发现致损性异常信号动作后的处理步骤有哪些？

3. 厂站通信异常时，监控员处理步骤有哪些？

4. 母线跳闸后，监控员处理步骤有哪些？

5. 主变跳闸后，监控员处理步骤有哪些？

第三部分 电网调度

第八章 电网调控

一、填空题

1. 按发电原料类型，发电厂可分为 _____ 、_____ 、_____ 、_____ 、太阳能电厂、生物质能电厂等。

2. 电厂出力调整手段包括一次调频、调峰、自动发电控制 _____ 。

3. 电厂出力不足，会导致 _____ 下降；系统无功不足，会导致 _____ 下降。

4. 无功补偿的原则是 _____ 。

5. 电压中枢点的调压方式包括 _____ 、_____ 、_____ 。

6. 电压调整手段包括改变发电机端电压调压 _____ 、_____ 以及紧急情况下调整用电负荷或限电的方法。

7. 负荷曲线是指 _____ 。

8. _____ 是电力调度的主要目标。

9. 负荷调整时应遵循先 _____ ，后 _____ ，再限电，最后拉电的原则。

10. 负荷功率随电力系统频率改变而变化的规律，称为负荷的 _____ 。

11. 火电厂的能量转化过程为：_____ →热能→机械能→ _____ 。

二、选择题

1. 以下不属于可再生能源的是（   ）。

A. 风能

B. 水能

C. 地热能

D. 核能

2. 以下不属于火电厂特点的是（   ）。

A. 布局灵活

B. 一次性建设投资大

C. 原料消耗量大

D. 对环境有一定污染

3. 核电机组一般承担电力系统中（   ）的作用。

A. 调峰

B. 调频

C. 基本负荷

D. 事故备用

4. 抽水蓄能机组的调峰能力接近（   ）。

A. 50%

B. 100%

C. 150%

D. 200%

5. 电压中枢点不包括（   ）。

A. 城区变电所的低压母线

B. 区域性水、火电厂的高压母线

C. 枢纽变电所的高压母线

D. 有大量地方负荷的发电厂母线

6. 重要通信枢纽用电属于（   ）。

A. 一级负荷

B. 二级负荷

C. 三级负荷

D. 四级负荷

7. 反映负荷点电压或电力系统频率的变化达到稳态后负荷功率与电压或频率的关系，称为负荷的（　　）。

　　A. 动态特性

　　B. 静态特性

　　C. 电压频率特性

　　D. 时间特性

8. 负荷调整的目的在于（　　）。

　　A. 节约国家对电力工业的基建投资

　　B. 增加电力系统运行的安全性、稳定性、可靠性

　　C. 有利于电力设备的计划检修工作

　　D. 以上均是

9. 由调度直接发令电力客户（专线用户）压减用电负荷或通过负荷控制装置（压减）切除用电负荷，达到控制用电负荷的方式，称为（　　）。

　　A. 错峰

　　B. 避峰

　　C. 限电

　　D. 拉电

10. 无功分区就地平衡的重点是（　　）配电系统的平衡。

　　A.220kV

　　B.110kV

　　C.220kV 及以下

　　D.110kV 及以下

11. 电压中枢点允许电压偏差在（　　）以内。

　　A.5%

　　B.10%

　　C.15%

　　D.20%

12. （　　）属于三相不平衡负荷。

A. 照明负荷

B. 电动机

C. 电气化铁路

D. 炼钢厂

13. 负荷调整的原则是（　　）。

A. 保证电网安全

B. 统筹兼顾

C. 保住重点

D. 以上均是

14. （　　）不属于经济调度范畴。

A. 拉停空载主变

B. 拉停空充线路

C. 利用轻载线路传输无功

D. 合理调节电压

15. 对地调调度员而言，日常最经常关注（　　）指标。

A. 统调负荷

B. 全社会负荷

C. 地方电厂出力

D. 昨日负荷

16. 影响风电厂出力的因素不包括（　　）。

A. 机组不稳定

B. 风力资源不稳定

C. 并网条件苛刻

D. 机组无法长时间连续运行

17. 发电机组在允许范围内，跟踪电力调度机构下发的指令，实时调整出力，使满足电力系统频率和联络线功率控制要求的功能，称为（   ）。

   A. 调峰

   B. 调频

   C. 自动发电控制

   D. 备用容量

18. 燃煤机组减负荷、少蒸汽运行、滑参数三种运行状态，调峰能力分别是（   ）。

   A. 100% 50% 40%

   B. 50% 100% 40%

   C. 40% 50% 100%

   D. 40% 100% 50%

19. 电力系统中，为建立交变磁场和感应磁通而需要的电功率，称为（   ）。

   A. 有功功率

   B. 无功功率

   C. 视在功率

   D. 以上均不是

20. 出线线路不太长，负荷变化不大的电压中枢点，适合采用（   ）。

   A. 恒调压

   B. 顺调压

   C. 逆调压

   D. 以上均可

三、判断题

1. 目前我国能源结构中，以水力发电为主。   （   ）
2. 大型燃煤火电厂一般承担电力系统中调峰调频的任务。   （   ）
3. 风能发电是我国开发利用新能源的重点。   （   ）
4. 一次调频是指当电力系统频率发生偏移时，发电机调速系统自动反应，调整有功出

力的无差调整。（   ）

5. 系统中容性无功不足时，可以切除电容器；感性无功不足时，可以切除电抗器。（   ）

6. 逆调压是指在最大负荷时适当降低中枢点电压，但不低于 2.5% 倍额定电压，最小负荷时适当加大中枢点电压的电压调整方式。（   ）

7. 电力负荷由用电负荷、线损（网损）、厂用电负荷三部分组成。（   ）

8. 负荷曲线是指电力系统中各类电力负荷随时间变化的曲线，是调度电力系统的电力和进行电力系统规划的依据。（   ）

9. 一般情况下，抽水蓄能电站的调峰能力可以达到 100%。（   ）

10. 电力负荷可分为三级，在正常与事故情况下，均应优先保证一、二级负荷及厂用电的正常供电。（   ）

四、问答题

1. 风电厂与水电厂有哪些优缺点？

2. 经济调度包括哪些手段？

3. 负荷预测的影响因素有哪些？

4. 核电站的特点有哪些？

5. 负荷调整的方法有哪些？

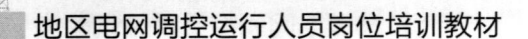

第九章　电网操作

一、填空题

1. 送电时应先送＿＿＿＿＿＿＿开关，再送＿＿＿＿＿＿＿开关；停电时应先断＿＿＿＿＿＿＿开关，再断＿＿＿＿＿＿＿开关。对有多侧电源变压器，送电时应根据差动保护的灵敏度选择充电开关。
2. 接地线应使用专用的线夹固定在导体上，禁止用＿＿＿＿＿＿＿的方法进行接地或短路。
3. 调度指令一般可分为：＿＿＿＿＿＿＿和＿＿＿＿＿＿＿。
4. 变压器并列运行的三个条件是：＿＿＿＿＿＿＿；＿＿＿＿＿＿＿；＿＿＿＿＿＿＿。
5. 500kV 线路＿＿＿＿＿＿＿投停操作必须在线路冷备用或检修状态下进行。
6. 变压器向母线充电时，＿＿＿＿＿＿＿必须直接接地。
7. 用母联断路器向空母线充电发生谐振，应立即拉开＿＿＿＿＿＿＿，以消除谐振。
8. 电网解列操作前，应将解列点有功潮流调整到＿＿＿＿＿＿＿，电流调整到＿＿＿＿＿＿＿。
9. 电网并列条件为相序＿＿＿＿＿＿＿，相角差小于＿＿＿＿＿＿＿。
10. 用隔离开关进行经试验许可的拉开母线环流或 T 接短线操作时，需＿＿＿＿＿＿＿操作。

二、选择题

1. 发电机准同期并列的条件是（　　　）。

A. 频率相同，电压大小相同，相序、相位相同

B. 相角相同，速度相同，旋转方向一致

C. 电压相角相同，频率相同，相序相同

2. 变压器并列运行时若变比不等将在变压器绕组闭合回路中产生均衡电流，该均衡电流为（　　　）。

A. 有功电流

B. 无功电流

C. 有功电流和无功电流的合成电流

3. 在操作过程中，如有疑问应（　　）。

A. 尽快操作完毕并汇报值班调度员

B. 停止操作等待调度命令

C. 停止操作并及时汇报值班调度员

D. 停止操作并返回原状态

4. 双回线中任一回线停送电操作，通常先将受端电压调整至（　　）再拉开受端开关，调整至（　　）再合上受端开关。

A. 上限值　上限值

B. 上限值　下限值

C. 下限值　上限值

D. 下限值　下限值

5. "线路冷备用"时，（　　）。

A. 接在线路上的电压互感器高低压熔丝不取下，其高压闸不拉开

B. 接在线路上的电压互感器高低压熔丝取下，其高压闸拉开

C. 接在线路上的电压互感器高低压熔丝取下，其高压闸不拉开

D. 接在线路上的电压互感器高低压熔丝不取下，其高压闸拉开

6. 对线路零起加压，当逐渐增大励磁电流时，（　　）说明线路无故障。

A. 三相电流增加而电压不升高

B. 三相电压升高而电流不增加

C. 三相电压和电流都均衡增加

D. 三相电流电压不平衡

7. 判别母线故障的依据是（　　）。

A. 母线保护动作、断路器跳闸及有故障引起的声、光、信号等

B. 该母线的电压表指示消失

C. 该母线的各出线及变压器负荷消失

D. 该母线所供厂用电或所用电失去

8. 在母线倒闸操作中，母联开关的（ ）应拉开。

A. 跳闸回路

B. 操作电源

C. 直流回路

D. 开关本体

9. （ ）必须填写操作票。

A. 合上全站仅有的一把接地闸刀

B. 拉、合开关的单一操作

C. 投、切电容器的单一操作

D. 拉、合电抗器的单一操作

10. 设备运行维护单位应保证新设备的相位与系统一致。有可能形成环路时，启动过程中必须核对（ ）；不可能形成环路时，启动过程中可以只核对（ ）。厂、站内设备相位的正确性由设备运行维护单位负责。

A. 相序　相位

B. 相位　相序

C. 相位　相位

D. 相序　相序

11. 新变压器投入运行需带电冲击（ ）次。

A.3

B.4

C.5

D.6

12. 在中性点不接地系统中，当系统发生单相接地时，应禁止（ ）。

A. 用闸刀隔离接地故障设备

B. 用闸刀解环

C. 用闸刀合环

D. 拉合开关

13. 停电拉闸操作必须按照（ ）顺序依次操作。

A. 负荷侧闸刀、开关、母线侧闸刀

B. 开关、负荷侧闸刀、母线侧闸刀

C. 母线侧闸刀、开关、负荷侧闸刀

14. 在中性点不接地系统中，当系统发生单相接地时，禁止（ ）。

A. 用闸刀隔离接地故障设备

B. 用闸刀解环

C. 用闸刀合环

D. 拉合开关

15. 操作对调度管辖范围以外设备和供电质量有较大影响时，应（ ）。

A. 暂停操作

B. 重新进行方式安排

C. 汇报领导

D. 预先通知有关单位

16. 断路器的遮断容量应根据（ ）选择。

A. 变压器容量

B. 运行中的最大负荷

C. 安装地点出现的最大短路电流

D. 断路器两侧隔离开关的型号

17. 短路电流的冲击值用来检验电器设备的（ ）。

A. 绝缘性能

B. 使用寿命

C. 抗冲击能力

D. 动稳定

18. 变压器并联运行时负荷电流与其短路阻抗（ ）。

A. 成正比

B. 成反比

C. 没有关系

D. 成平方比

三、判断题

1. 事故处理时，可不使用操作票。   （   ）

2. 变压器空载合闸时，由于励磁涌流的影响可能使得变压器零序保护发生误动，因此充电时应先退出零序保护。   （   ）

3. 电网故障于重大操作时，不应启动故障动态记录设备。   （   ）

4. 母线充电保护只在母线充电时投入运行，在充电结束后，应及时停用。（   ）

5. 在主接线为一个半断路器接线方式下一定要配置短引线保护，而且正常运行时需要投入运行。   （   ）

6. 为防止在三相合闸过程中三相触头不同期或单相重合过程的非全相运行状态中又产生振荡时零序电流保护误动作，常采用灵敏Ⅰ段和不灵敏Ⅰ段组成的四段式保护。
                                                              （   ）

7. 经批准接入系统的新设备，须由现场值班人员向值班调度员（或现场调度）提出新设备可以加入系统的意见，然后由值班调度员（或现场调度）发布命令。（   ）

8. 带负荷合刀闸时，发现合错，应立即将刀闸拉开。   （   ）

9. 线路停送电操作至线路空载时末端电压将降低。   （   ）

10. 在任何情况下，都允许用刀闸带电拉、合电压互感器及避雷器。   （   ）

四、问答题

1. 电力系统值班调度员在事故处理操作前要考虑哪些问题？

2. 双母接线单母联进行倒母线操作时，应注意哪些事项？

3. 220kV新投产变压器启动原则是什么？

4. 进行线路停电作业前，应断开哪些设备？

5. 电气设备操作后的位置检查，若无法看到实际位置，怎样确认该设备已操作到位？

第十章　调度应用

一、填空题

1. 根据我国颁发的 GB/T 15945—1995《电力系统频率允许偏差》的规定：电网容量在 3000MW 及以上者，偏差不超过 _____，电网容量在 3000MW 以下者，偏差不超过 _____。

2. 发生电网解列事故后，送电端电网由于发电出力高于有功负荷，因此会导致频率 _____，而受电端电网由于发电出力低于有功负荷电网频率会 _____。

3. 电网的调频方式分为 _____ 和 _____。为了使负荷得到经济合理分配，实现运行成本最小目标，电力系统还进行 _____。

4. 根据 2011 年颁布的《国家电网公司安全事故调查规程》的规定，电压监视控制点电压低于调度机构规定的电压曲线值 _____ 并且持续 _____ 以上，或者导致周边电压监视控制点电压低于调度机构规定的电压曲线值 _____ 并且持续 _____ 以上的，属较大电网事故（三级电网事件）。

5. 当电压异常时可以采取调整 _____ 的方式改变电网无功潮流分布。

6. 电力线路按其结构可分为 _____ 和 _____。

7. 当小电流接地系统发生单相接地故障时，其他两相对地电压升高为相电压的 _____ 倍。

8. 变压器按冷却介质可分为 _____、_____、_____ 等。

9. 当变压器电压升高或系统频率下降时就会出现变压器铁芯的工作磁通密度增加，若超过一定数值，会导致变压器铁芯饱和，这种现象叫作变压器的 _____。

10. 断路器按灭弧介质可分为_____断路器、_____断路器、_____断路器、_____断路器等类型。

二、选择题

1. 中性点有效接地系统中发生单相接地时，（　　）负序电压最高。
A. 故障点
B. 变压器中性点接地处
C. 系统电源处
D. 变压器中性点间隙接地处

2. 当电力系统的发供平衡被破坏时，电网频率将产生波动；当电力系统发生有功功率缺额时，系统频率将（　　）。
A. 没有变化
B. 忽高忽低地波动
C. 低于额定频率
D. 高于额定频率

3. 一个对称向量 A、B、C 按逆时针方向排列，彼此相差 120°，称为（　　）。
A. 零序
B. 逆序
C. 负序
D. 正序

4. 发电机的进相运行是指（　　）。
A. 发电机吸收有功，发出无功
B. 发电机发出有功，吸收无功
C. 发电机发出有功，发出无功
D. 发电机吸收有功，吸收无功

5. 发电机的进相运行是指（　　）。
A. 发电机不发有功，发出无功

B. 发电机发出有功，吸收无功

C. 发电机发出有功，发出无功

D. 发电机吸收有功，吸收无功

6. 对系统低频率事故，不正确的处理方法是（　　）。

A. 调出旋转备用

B. 火电机组停机备用

C. 联网系统的事故支援

D. 必要时切除负荷

7. 系统解列时，应先将解列点（　　），使解列后的两个系统频率、电压均在允许的范围内。

A. 无功功率调整至零，电流调至最小

B. 有功功率调整至零，电流调至最小

C. 有功功率调整至零，电压调至最小

D. 无功功率调整至零，电流调至最小

8. 各级调度在开展负荷需求侧管理工作时的原则是（　　）。

A. 先避峰、后错峰、再限电、最后拉闸

B. 先错峰、后避峰、再限电、最后拉闸

C. 先限电、后错峰、再避峰、最后拉闸

D. 先错峰、后限电、再避峰、最后拉闸

9. 开关采用多断口是为了（　　）。

A. 提高遮断灭弧能力

B. 绝缘

C. 提高分合闸速度

D. 使各断口均压

10. 母线三相电压同时升高，相间电压仍为额定，PT 开口三角端有较大的电压，这是（　　）现象。

A. 单相接地

B. 断线

C. 工频谐振

D. 压变熔丝熔断

11. 变压器停送电操作时，其中性点一定要接地是为了（　　）。

A. 减小励磁涌流

B. 主变零序保护需要

C. 主变间隙保护需要

D. 防止过电压损坏主变

12. 当电网发生罕见的多重故障（包括单一故障同时继电保护动作不正确）时，对电力系统稳定性的要求是（　　）。

A. 电力系统应当保持稳定运行，同时保持对用户的正常供电

B. 电力系统应当保持稳定运行，但允许损失部分负荷

C. 系统若不能保持稳定运行，必须采取措施以尽可能缩小故障影响范围和缩短影响时间

D. 在自动调节器和控制装置的作用下，系统维持长过程的稳定运行

13. 变压器电压超过额定电压的10%，将使变压器铁芯饱和，导致（　　）。

A. 铜损增大

B. 铁损减少

C. 涡流损耗增加

D. 涡流损耗减少

14. 变压器负载逐渐增加时，变压器一次侧电流将（　　）。

A. 不变

B. 减小

C. 增加

D. 变化方向不定

15. 断路器发生非全相运行时，（　　）是错误的。

A. 一相断路器合上其他两相断路器在断开状态时，应立即合上在断开状态的两相断路器

B. 一相断路器断开其他两相断路器在合上状态时，应将断开状态的一相断路器再合一次

C. 应立即降低通过非全相运行断路器的潮流

D. 发电机组（厂）经 220 kV 单线并网发生非全相运行时，立将发电机组（厂）解列

16. 受端系统在正常检修方式下突然失去某一元件时，系统稳定要求是（　　）。

A. 不得使其他元件超过事故过负荷的限额

B. 其他元件超过事故过负荷的限额时，值班调度员应立即采取必要措施降低超限额元件的负荷

C. 系统短时失去同步，在安全自动装置的作用下可恢复同步运行

D. 系统能维持稳定的异步运行

17. 下列不允许用闸刀进行的操作是（　　）。

A. 拉、合无故障的电压互感器

B. 拉、合 220 kV 及以下母线充电电流

C. 拉、合 500 kV 运行中的线路高抗

D. 拉、合运行中的 500 kV 母线环流

18. 变压器并列运行时，功率按（　　）分配。

A. 容量正比

B. 容量反比

C. 短路电压正比

D. 短路电压反比

19. 当系统备用容量充足时，（　　）能实现无差调频。

A. 一次调频

B. 二次调频

C. 三次调频

D. 四次调频

20. 在小电流接地系统中，某处发生单相接地，母线电压互感器开口三角的电压为（　　）。

A. 故障点距离母线越近，电压越高

B. 故障点距离母线越近，电压越低

C. 不管距离远近，基本上电压一样

D. 电压高低不定

三、判断题

1. 发电机的频率特性，是反映频率变化而引起发电机出力变化的关系。（   ）

2. 增加发电机的励磁电流，可增大发电机的无功输出。（   ）

3. 电网频率过高对汽轮机运行没有影响，过低则有较大影响。（   ）

4. 不同组别的变压器不允许并列运行。（   ）

5. 自耦变压器体积小，重量轻，造价低，便于运输。（   ）

6. 变压器分接头在中性点侧要求变压器抽头的绝缘水平高。（   ）

7. 隔离开关在运行时发生烧红、异响等情况，可采用合另一把母线隔离开关的措施降低通过该隔离开关的潮流。（   ）

8. 电压互感器二次回路通电试验时，为防止由二次侧向一次侧反充电，只需将二次回路断开。（   ）

9. 少油开关只需要通过观察窗看见有油就能运行。（   ）

10. 母线电压互感器更换后，应安排核相。（   ）

四、问答题

1. 频率异常有哪些原因？其应对策略有哪些？

2. 小电流接地系统单相接地有哪些特点？

3. 典型接线 110kV 变电站主变停役操作有哪些要求？

4. 断路器的常见异常有哪些？

5. 西门子断路器的 SF_6 压力值是如何表达的？

第十一章 调度处置

一、填空题

1. 输电线路故障的原因可以分为 _____、_____ 和 _____。
2. 对停电母线进行试送，应使用 _____。
3. 发生三相对称短路时，短路电流中包含有 _____ 分量。
4. 断路器的遮断容量应根据 _____ 选择。
5. 线路跳闸后（包括重合不成功），为加速事故处理，值班调度员可以在 _____ 情况下进行一次强送电（除已确认永久性故障外）。
6. 强送跳闸线路的开关要完好，并应具有快速动作的 _____。
7. 母线故障后，通过检查和测试不能找到故障点时，尽量利用 _____ 对故障母线进行试送电。
8. 运行主变严重过载且负载率在该主变允许过载倍数以上时，变电所值长应立即自行按最新的 _____ 排定顺序依次拉路限电。
9. 变压器的瓦斯、差动保护同时动作开关跳闸，在未查明原因和消除故障以前，_____ 进行强送。
10. 主变发生事故跳闸后，首先要关注的是 _____。

二、选择题

1. 电力系统安全稳定运行的基础是（　　）。
   A. 继电保护的正确动作
   B. 重合闸的正确动作
   C. 开关的正确动作
   D. 合理的电网结构

2. 主变瓦斯保护动作可能是由于（　　）造成的。

A. 主变两侧断路器跳闸

B. 220 kV 套管两相闪络

C. 主变内部绕组严重匝间短路

D. 主变大盖着火

3. 以下故障类型中，（　　）对系统暂态稳定最不利。

A. 单相短路

B. 两相短路

C. 两相短路接地

D. 三相短路

4. 电网发生单相短路时，（　　）对系统暂态稳定有利。

A. 变压器中性点经小电阻接地

B. 变压器中性点经小电抗接地

C. 重合闸重合于永久性短路

D. 水轮机快关水门

5. 在事故后经调整的运行方式下，电力系统应有规定的静态稳定储备，并满足再次发生单一元件故障后的（　　）和其他元件不超过规定事故过负荷能力的要求。

A. 静态稳定

B. 暂态稳定

C. 动态稳定

D. 整体稳定

6. （　　）是实现电网黑启动的关键。

A. 黑启动路径

B. 黑启动电源

C. 电网并列措施

D. 保重要用户措施

7. 强送是指设备因故障跳闸后,(   )。

A. 未经检查即送电

B. 经初步检查后再送电

C. 检修结束后再送电

D. 检修结束后零起升压

8. 对线路零起加压,当逐渐增大励磁电流时,以下现象中,(   )说明线路无故障。

A. 三相电流增加而电压不升高

B. 三相电压升高而电流不增加

C. 三相电压和电流都均衡增加

D. 三相电流电压不平衡

9. 判别母线故障的依据是(   )。

A. 母线保护动作、断路器跳闸及有故障引起的声、光、信号等

B. 该母线的电压表指示消失

C. 该母线的各出线及变压器负荷消失

D. 该母线所供厂用电或所用电失去

10. 对系统低频率事故,不正确的处理方法是(   )。

A. 调出旋转备用

B. 火电机组停机备用

C. 联网系统的事故支援

D. 必要时切除负荷

11. 线路继电保护装置在该线路发生故障时,能迅速将故障部分切除并(   )。

A. 自动重合闸一次

B. 自动重合闸二次

C. 使完好部分继续运行

D. 发出信号

12. 当电网发生性质较严重但概率较低的单一故障时,对电力系统稳定性的要求是(   )。

A. 系统不能保持稳定运行时,必须有预定的措施以尽可能缩小故障影响范围和缩短影响时间

B. 在自动调节器和控制装置的作用下，系统维持长过程的稳定运行

C. 电力系统应当保持稳定运行，同时保持对用户的正常供电

D. 电力系统应当保持稳定运行，但允许损失部分负荷

13. 下列（　　）不是断路器检查内容。

A. 断路器外观是否正常，有无明显损伤

B. 各项压力值是否正常，弹簧储能是否正常

C. 断路器除潮加热装置无异常

D. 是否达到断路器允许切除故障次数

14. 事故频率时，超过 50 ± 1.0 Hz，总持续时间不得超过（　　）。

A. 10 min

B. 15 min

C. 30 min

D. 45 min

15. 有带电作业的线路断路器跳闸，应（　　）。

A. 立即强送一次

B. 与带电人员联系后，可强送一次

C. 不允许强送

D. 直接将线路改检修

16. 采用三相重合闸的线路，当线路发生永久性单相接地故障时，保护及重合闸的动作顺序是（　　）。

A. 三相跳闸不重合

B. 选跳故障相，延时重合单相，后加速跳三相

C. 三相跳闸，延时重合三相，后加速跳三相

D. 选跳故障相，延时重合单相，后加速再跳故障相

17. （　　）可以强送。

A. 电缆线路

B. 线路开关有缺陷或遮断容量不足的线路停机解列

C. 已掌握有严重缺陷的线路

D. 刚正式投运不久的架空线路

18. 线路故障跳闸后，线路处于热备用状态，此时应发布（　　）命令。

A. 带电巡线

B. 停电查线

C. 事故查线

D. 运行查线

19. 变压器差动保护动作跳闸，经外部检查无明显故障，且变压器跳闸时系统无冲击，有条件者可用发电机零起升压。在系统急需时，经请示主管局领导后可试送（　　）次。

A. 一

B. 二

C. 三

D. 无限制

三、判断题

1. 母线事故停电后，经过检查不能找到故障点时，不得对停电母线进行试送。（　　）

2. 对停电母线试送的断路器必须完好，并有完备的继电保护装置。（　　）

3. 强送跳闸线路前，可以不检查强送开关的完好性。（　　）

4. 变压器后备过流保护动作跳闸，一般可对变压器试送一次。（　　）

5. 黑启动方案应包括系统全停后组织措施、技术措施、恢复步骤、恢复过程中应注意的问题。（　　）

6. 瓦斯保护能反映变压器油箱内的任何电气故障，差动保护却不能。（　　）

7. 在事故处理过程中，可以不用填写操作票。（　　）

8. 对线路零起加压时线路继电保护及重合闸装置应正常投入。（　　）

9. 事故处理过程中，为尽快恢复对停电用户的供电，可以采用未装设保护装置的线路断路器对其进行转供，暂由上一级线路后备保护来实现该线路的保护，但应尽快汇报有关人员，尽快调整事故方式。（　　）

10. 消弧线圈发生接地故障时，可用隔离开关将其与系统断开。（　　）

四、问答题

1. 事故处理的一般原则是什么？

2. 事故发生后，运行值班人员需立即向调度汇报哪些内容？

3. 哪些情况下线路跳闸后不宜立刻试送电？

4. 变压器事故跳闸的处理原则是什么？

5. 断路器检查内容包括哪些？

参考答案

第一部分 公共基础

第一章 电网概述

一、填空题

1. 6kV、10kV、35kV、60kV、110kV、220kV、330kV、500kV、750kV

2. 工作电源、备用电源、200MW、启动电源、事故保安电源

3. 火力发电厂、水力发电厂、核电厂、风力发电厂

4. 热电厂、凝汽式电厂

5. 汇集与分配电能、控制作用、保护作用、检修出线或电源回路断路器时不中断该回路供电、隔离电压

6. 发电机、断路器、电抗器、仪用互感器、测量表计、保护装置

7. 线路较长和变压器不需要经常切换、线路较短和变压器需要经常切换

8. 枢纽变电所、中间变电所、地区变电所、终端变电所

9. 明备用、暗备用、厂用启动

10. 一台半断路器

二、选择题

1.B 2.A 3.B 4.A 5.C 6.B 7.C 8.B 9.C 10.D 11.A 12.A 13.B 14.D 15.D 16.A 17.C 18.C 19.A 20.B

三、判断题

1.√ 2.√ 3.√ 4.× 5.√ 6.× 7.× 8.√ 9.× 10.√

四、问答题

1. 答：通常把发电企业的动力设施、设备和发电、输电、变电、配电、用电设备及相应的辅助系统组成的电能热能生产、输送、分配、使用的统一整体称为动力系统。把由发电、输电、变电、配电、用电设备及相应的辅助系统组成的电能生产、输送、分配、使用的统一整体称为电力系统。把由输电、变电、配电设备及相应的辅助系统组成的联系发电与用电的统一整体称为电力网。

2. 答：通常把生产、变换、分配和使用电能的设备，如发电机、变压器和断路器等称为一次设备。其中对一次设备和系统运行状态进行测量、监视和保护的设备称为二次设备，如仪用互感器、测量表计、继电保护及自动装置等。其主要功能是起停机组，调整负荷，切换设备和线路，监视主要设备的运行状态。

3. 答：主母线主要用来汇集电能和分配电能。旁路母线主要用于配电装置检修断路器时不致中断回路。设置旁路短路断路器极大地提高了可靠性。而分段断路器兼旁路断路器的连接和母联断路器兼旁路断路器的接线，可以减少设备，节省投资。当出线的断路器需要检修时，先合上旁路断路器，检查旁路母线是否完好，如果旁路母线有故障，旁路断路器再合上，就不会断开，合上出线的旁路隔离开关，然后断开出线的断路器，再断开两侧的隔离开关，有旁路断路器代替断路器工作，便可对断路器进行检修。

4. 答：火力发电厂的主要设备有锅炉、汽轮机和发电机。锅炉是将燃料（煤、石油或其制品、天然气等）进行燃烧并利用燃烧放出的热能将经过软化处理的水变为高温高压蒸汽送到汽轮机。高温高压蒸汽在汽轮机内膨胀做功，将携带的热能转化为推动汽轮机高速旋转的机械能，高温高压蒸汽在做功之后被冷却成凝结水又送回锅炉，完成热力循环的全过程。发电机被汽轮机带动旋转，将汽轮机的机械能转变为电能。

5. 答：单母线接线：单母线接线具有简单清晰、设备少、投资小、运行操作方便且有利于扩建等优点，但可靠性和灵活性较差。当母线或母线隔离开关发生故障或检修时，必须断开母线的全部电源。双母线接线：双母线接线具有供电可靠、检修方便、调度灵活或便于扩建等优点。但这种接线所用设备多（特别是隔离开关），配电装置复杂，经济性较差；在运行中隔离开关作为操作电器，容易发生误操作，且对实现自动化不便；尤其当母线系统发生故障时，须短时切除较多电源和线路，这对特别重要的大型发电厂和变电所是不允许的。单、双母线或母线分段加旁路：其供电可靠性高，运行灵活方便，但投资有所增加，经济性稍差。特别是用旁路断路器带路时，操作复杂，增加了误操作的机会。同时，由于加装旁路断路器，使相应的保护及自动化系统复杂化。3/2及4/3接线：具有较强的供电可靠性和运行灵活性。任一母线故障或检修，均不致停电；除联络断路器故障时与其相连的两回线路短时停电外，其他任何断路器故障或检修都不会中断供电；甚至在两组母线同时发生故障（或一组检修时另一组故障）的极端情况下，功率仍能继续输送。但此接线使用设备较多，特别是断路器和电流互感器，投资较大，二次控制接线和继电保护都比较复杂。母线—变压器—发电机组单元接线：具有接线简单，开关设备少，操作简便，宜于扩建，以及因为不设发电机出口电压母线，发电机和主变压器低压侧短路电流有所减小等特点。

第二章　设备基础

一、填空题

1. 隔离电压、倒闸操作、分合小电流

2. 在额定电压下断路器能可靠开断的最大短路电流

3. 开关、刀闸均在断开位，设备停运的状态

4. 设备的开关、刀闸都在断开位，并接有临时地线或合上接地刀闸，设好遮拦，悬挂好标识牌，设备处于检修状态

5. 开断负荷电流；切断故障电流；隔离有电和无电部分，形成明显断开点；先合上电源侧隔离开关，再合上负荷侧隔离开关，最后合上断路器；先断开断路器，再拉开负荷侧隔离开关，最后拉开电源侧隔离开关

6. 有载、无载、大

7. 空气断路器、油断路器、SF_6断路器、真空断路器

8. 串联、短路、并联、空载、短路

9. 正常工作条件、短路情况

二、选择题

1.B　2.A　3.C　4.C　5.B　6.C　7.B　8.D　9.A　10.C　11.A　12.D　13.A　14.A　15.B　16.C　17.A　18.C　19.A　20.A

三、判断题

1. × 2. √ 3. √ 4. √ 5. × 6. × 7. √ 8. √ 9. × 10. ×

四、问答题

1. 答：变压器并联运行必须满足以下三个条件：

（1）所有并联运行的变压器变比相等。

（2）所有并联运行的变压器短路电压相等。

（3）所有并联运行的变压器绕组接线组别相同。

2. 答：电压互感器主要用于测量电压，电流互感器主要用于测量电流。

（1）电流互感器二次侧可以短路，但不能开路；电压互感器二次侧可以开路，但不能短路。

（2）相对于二次侧的负载来说，电压互感器的一次内阻抗较小，以至可以忽略，可以认为电压互感器是一个电压源；而电流互感器的一次内阻很大，以至认为是一个内阻无穷大的电流源。

（3）电压互感器正常工作时的磁通密度接近饱和值，系统故障时电压下降；磁通密度下降，电流互感器正常工作时磁通密度很低，而系统发生短路时一次侧电流增大，使磁通密度大大增加，有时甚至远远超过饱和值，会造成二次输出电流的误差增加。因此，尽量选用不易饱和的电流互感器。

3. 答：

（1）当回路中未装开关时，可使用闸刀进行如下操作（设备如果长期停用，未经试验前不得用闸刀进行充电）。

（2）无雷击时拉、合避雷器。

（3）在电网无接地时拉、合电压互感器（禁止用闸刀或熔断器拉开有故障的电压互感器）。

（4）拉、合母线和直接连接在母线上设备的电容电流（现场规程另有规定者除外）。

（5）拉、合变压器中性点的接地闸刀，但当中性点接有消弧线圈时，只有在系统没有接地故障时才允许进行。

（6）与开关并联的旁路闸刀，当开关在合闸位置时，可拉、合开关的旁路电流。

（7）拉、合励磁电流不超过2A的空载变压器和电容电流不超过5A的空载线路。

4.答：CT 开路将造成二次感应出过电压（峰值几千伏），威胁人身安全和仪表、保护装置运行，造成二次绝缘击穿，并使 CT 磁路过饱和，铁芯发热，烧坏 CT。处理时，可将二次负荷减小为零，停用有关保护和自动装置。

PT 二次侧如果短路将造成 PT 电流急剧增大过负荷而损坏，并且绝缘击穿使高压串至二次侧，影响人身安全和设备安全。处理时，应先将二次负荷尽快切除和隔离。

5.答：随着电力系统的发展，对电力变压器需求越来越高，种类繁多。按相数分，有单相和三相的；按绕组和铁芯的位置分有内铁芯式和外铁芯式；按冷却方式分，有干式自冷、风冷、强迫油循环风冷和水冷等；按中性点绝缘水平分，有全绝缘和半绝缘；按绕组材料分，有 A、E、B、F、H 五级绝缘；按调压方式可分为有载调压和无载调压。

电力变压器的主要部件有：铁芯、绕组、套管、油箱、油枕、散热器及其附属设备。

第三章　调控管理

一、填空题

1. 监控副值、监控正值、调控长

2. 拉合开关、调节主变分接头

3. 监控正值

4. 一次

5. "三方对点"

6. 地调二次运行科、操作站

7. 交班人员、接班人员

8. 运维检修部、电力调控中心

9. 遥测、遥信

10. 自动化对点工作

二、选择题

1.B　2.C　3.A　4.D　5.C　6.A　7.C　8.C　9.C　10.D　11.B　12.C　13.B　14.A　15.D　16.B　17.C　18.C

三、判断题

1. √ 2. √ 3. √ 4. √ 5. √ 6. √ 7. √ 8. × 9. √ 10. ×

四、问答题

1. 答：电网中的正常倒闸操作，应尽可能避免在下列时间进行：

（1）值班人员交接班时。

（2）电网接线极不正常时。

（3）电网高峰负荷时。

（4）雷雨、大风等恶劣天气时。

（5）联络线输送功率超过稳定限额时。

（6）电网发生事故时。

（7）地区有特殊要求时等。

2. 答：五级以上的事故即时报告简况至少应包括以下内容：

（1）事故发生的时间、地点、单位。

（2）事故发生的简要经过、伤亡人数、直接经济损失的初步估计。

（3）电网停电影响、设备损坏、应用系统故障和网络故障的初步情况。

（4）事故发生原因的初步判断。

3. 答：计划检修操作原则上不采用值班监控员遥控操作方式。不需要变电运维人员到现场的单一操作可由值班监控员进行遥控操作，项目包括：

（1）拉合开关单一操作（主要在事故处理及拉限电时）。

（2）远方投切电容器、电抗器的操作。

（3）调节有载调压主变分接开关。

（4）远方投切具备遥控条件的继电保护及安全自动装置软压板。

4. 答：省公司调度监控管理规定中缺陷处理的流程如下：

（1）值班监控员发现告警信号时，初步判断是否为监控（调控）系统问题，并通知变电运维班（站）或调度二次运行组检查。对于影响电网及设备安全运行的重要异常信号应及时向相关调度汇报。

（2）值班监控员与变电站现场进行信号核实，厂站设备缺陷由变电运维人员负责填报，按变电设备缺陷流程处理；如厂站设备无异常，则由自动化负责填报缺陷，按自动化设备缺陷流程处理；影响正常监控工作的缺陷，监控值班员有权将缺陷等级提高。

（3）现场发现的异常、缺陷由现场运维单位汇报当值调度并告知监控值班员，同时填报缺陷，按流程处理。

（4）缺陷消除后，对于重要及以上缺陷或现场无法确认消缺结果的缺陷，现场变电运维人员应及时汇报值班监控员消缺情况，方可进行缺陷流程闭环操作。

5. 答：特殊监视是指某些特殊情况下，监控员对变电站设备采取的加强监视措施，并做好事故预想及各项应急准备工作。

遇到下列情况，应对变电站相关区域或设备开展特殊监视：

（1）设备有严重或危急缺陷，需加强监视。

（2）新设备试运行期间。

（3）设备重载或接近稳定限额运行。

（4）遇特殊恶劣天气。

（5）重点时期及有重要保电任务。

（6）电网处于特殊运行方式。

（7）其他有特殊监视要求。

第二部分 电网监控

第四章 监控系统

一、填空题

实时信息、事故信息、告警信息、越限信息、操作信息、告知信息、保护信息、系统运行

二、选择题

1.D 2.C 3.D 4.B 5.C 6.C

三、判断题

1.√ 2.× 3.√ 4.√ 5.√

四、问答题

1.答：打开告警查询窗口→在窗口左侧告警查询条件模板中选择"22"→右侧选择需要查询的时间段→右下侧打钩选择"厂站ID"（选择需要查询的变电所）和"内容"（键入需要查询的内容，可按照"等于""包含""以……开头"的方式键入内容）→点击窗口中的"告警查询"即可。

2.答：进入要操作开关的单间隔图→右键点击要操作的开关选择"遥控"（有同期、无压之分的开关进行同期合闸时则选择"同期合"，进行无压合闸时则选择"无压合"，进行开关分闸时均选择"遥控"）→在弹出的遥控操作窗口中输入操作员口令后按回车键→输入遥信名后按回车键→点击"发送"。

在监护人窗口中同样输入监护人口令及开关遥信名后点击"确认"→选择"遥控预置"→预置成功后，点击"遥控执行"，则完成了开关的遥控操作。

3.答：遥测封锁：不接受前置送来的信号，将遥测值固定为某一数值不变；遥测置数：将当前遥测值改为设置的值，但当前置上送下一个数据后，数据将被刷新。

第五章　监控信号

一、填空题

1. 纵联保护、距离保护

2. 电流差动保护、距离零序保护

3. 差动、重瓦斯

4. 大差、小差

5. 比率制动系数

6. 互联

7. 跳闸、信号、停用、停用

8. 自动低频减载装置

9. 保护、位置不对应

10. 实时信息、事故信息、告警信息、越限信息、告知信息、保护信息、SOE 信息、系统运行信息

二、选择题

1.B　2.A　3.A　4.A　5.B　6.D　7.D　8.B　9.B　10.B　11.C　12.C　13.B　14.D　15.A　16.D　17.D　18.C　19.A　20.C

三、判断题

1.√　2.√　3.×　4.√　5.√　6.×　7.×　8.×　9.×　10.√

四、问答题

1. 答：220 kV 电压并列及重动回路图如下所示：

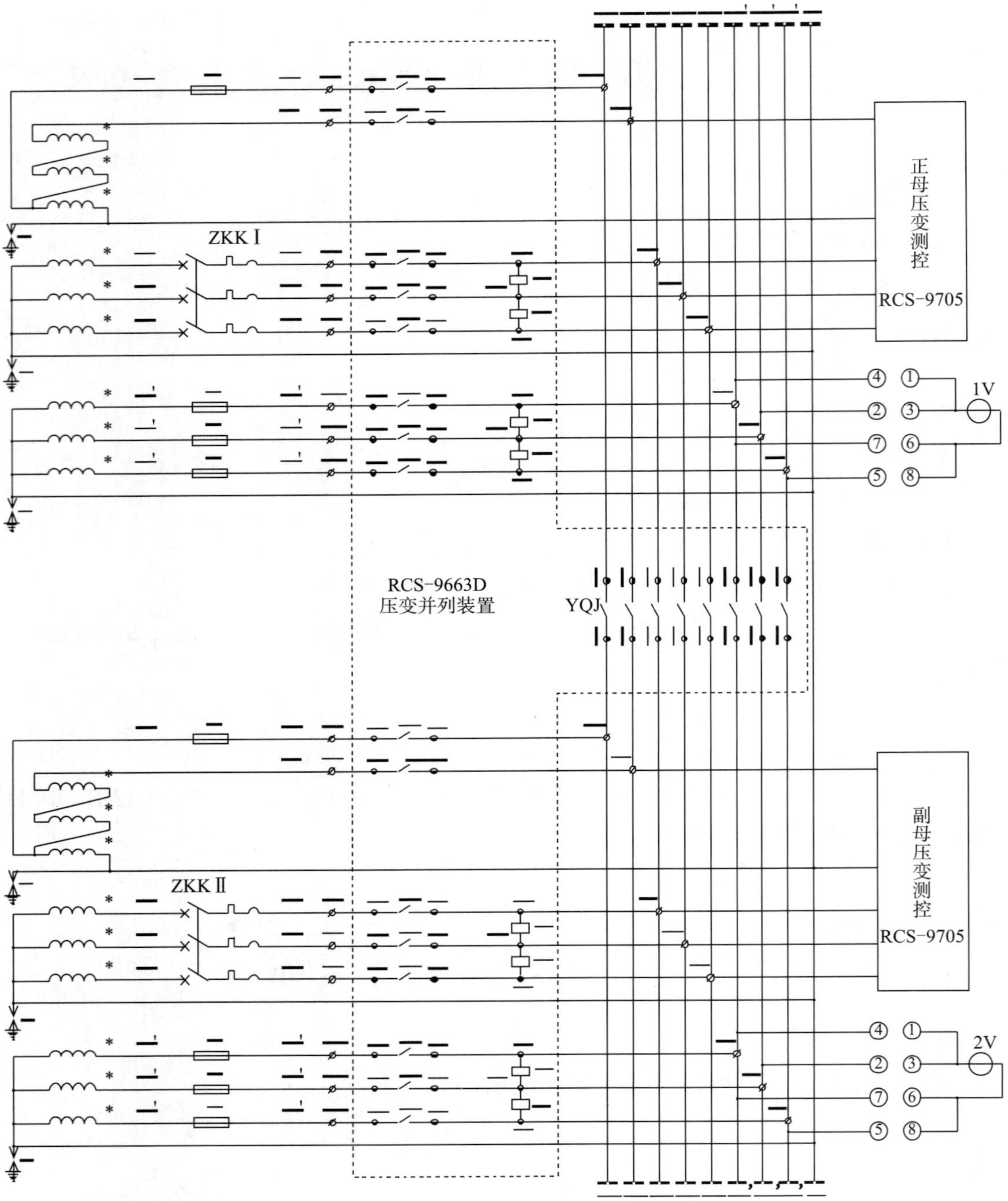
ZKK Ⅰ
正母压变测控
RCS-9705
1V
RCS-9663D
压变并列装置
YQJ
ZKK Ⅱ
副母压变测控
RCS-9705
2V

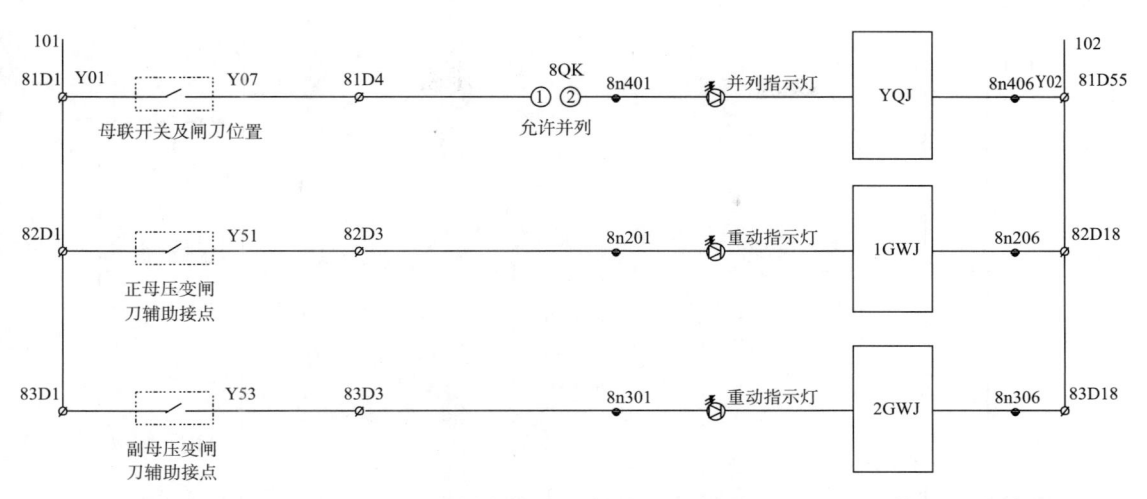

2. 答：双母接线的变电所中，线路等间隔都有两组母线闸刀，这样每个间隔都可以根据需要灵活安排运行方式，或是连接正母线或是连接副母线。电压切换回路的存在意义其实是为了配合一次的运行方式。因为，根据"二次方式必须适应一次方式"的原则，在正母上运行就必须取正母的电压，在副母上运行就必须取副母的电压，借助电压切换回路就实现了这种功能如下图所示。

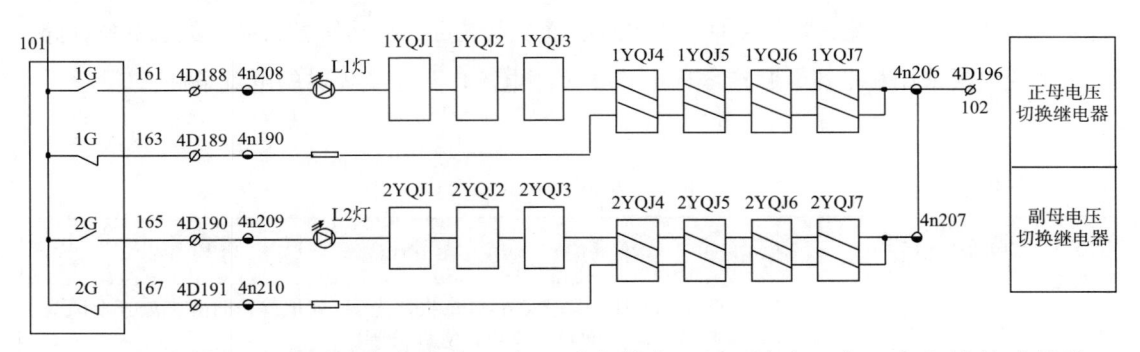

3. 答：支持开关跳跃现象存在有三点：手合接点 1SHJ 粘连、合于永久性故障线路、保护正确动作。

当 A 相跳闸回路沟通时，11TBIJa、12TBIJa 防跳跃闭锁继电器电流线圈会励磁动作，12TBIJa 的常开接点接在合闸回路中导通了 1TBUJa 线圈，其常闭接点就会切断合闸回路，即使合闸接点粘连也不会再次合闸。同时，1TBUJa 线圈的常开接点导通 2TBUJa 线圈，并由其自身的常开接点实现自保持，而常闭接点去切断合闸回路，这样，随着跳闸命令返回后，依然能将合闸回路切断，直到 1SHJ 接点断开为止。简言之，操作箱防跳跃闭锁回路是由跳闸回路的防跳跃闭锁继电器电流线圈启动，而由合闸回路的防跳跃闭锁继电器电压线圈自保持，如下图所示。

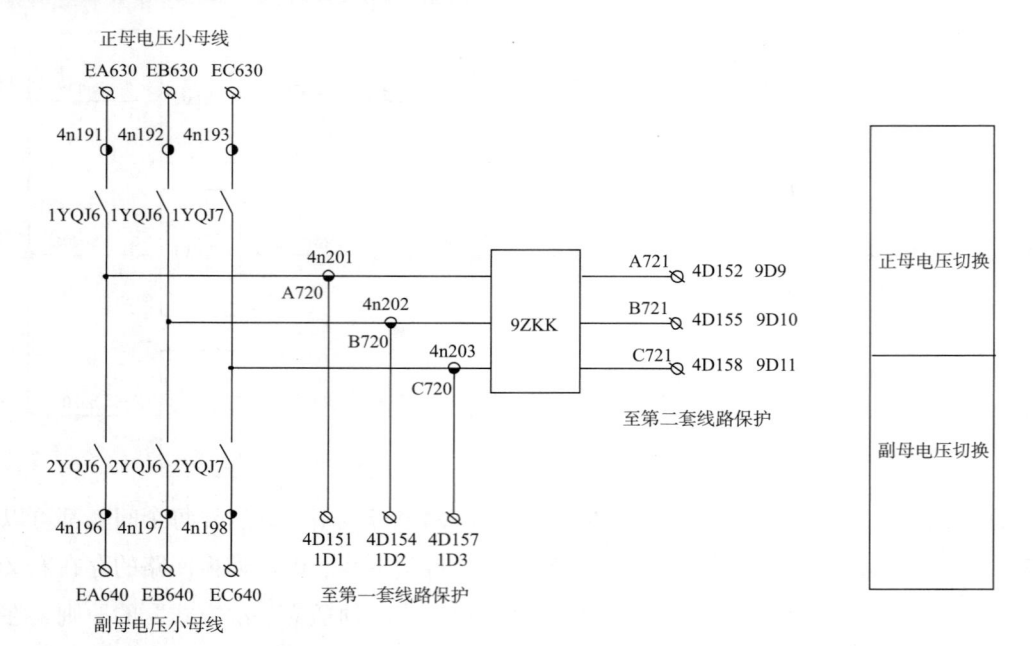

正母电压小母线
EA630 EB630 EC630

4n191 4n192 4n193

1YQJ6 1YQJ6 1YQJ7

4n201
A720
4n202   9ZKK   A721 4D152 9D9
B720   B721 4D155 9D10
4n203   C721 4D158 9D11
C720
至第二套线路保护

正母电压切换

副母电压切换

2YQJ6 2YQJ6 2YQJ7

4n196 4n197 4n198

4D151 4D154 4D157
1D1   1D2   1D3
至第一套线路保护

EA640 EB640 EC640
副母电压小母线

4.答：主变失灵和线路失灵的区别主要有三点：一是主变失灵启动后还要解除母差复压闭锁，线路不用（原因见最后题）；二是由于主变非电气量动作后即使开关拒动也不满足失灵电流条件，因此，主变保护在动作时设置了电气量保护动作去启动失灵装置的回路；三是主变失灵采用相电流、自产零序电流、负序电流作为主变失灵的电流条件。

5.答：

光字牌信号	光字牌含义
开关 SF_6 泄漏	20℃时 SF_6 压力降至0.64MPa报该光字，就地检查时务必处于上风头，必要时戴上防毒面具，宜申请立即分闸
开关 N_2 泄漏	当开关压力打至32MPa后，打压接点K9会延时3s打开，若在这3s内压力迅速窜至35.5MPa就认为 N_2 泄漏，立即闭锁合闸。就地检查密封线圈是否有漏气声，在3h内可以分闸，宜请求停役，3h后闭锁分合闸
开关电动机失电	开关电机电源空开F1跳开，该信号通过空开辅助接点报送，合上空开，若再跳开，说明有短路或空开故障
开关就地控制	开关机构箱内"远方/就地"控制钥匙置于就地位置
开关相间不同期跳闸	开关三相不同期跳闸，经三相强迫动作延时2.5s跳闸，检查开关三相是否三相都已跳开，到保护装置读取出口报告，判断是机构卡滞，还是保护出口不正确（也叫机构三相不一致动作）
开关加热器故障	加热器空开F3跳开，该信号通过空开辅助接点报送，试合空开一次，若再跳开，说明回路有短路故障或空开有故障

续表

光字牌信号	光字牌含义
开关 SF$_6$/N$_2$ 总闭锁	SF$_6$ 压力已在泄漏信号以下 0.02MPa，20℃为 0.62MPa，或 N$_2$ 泄漏已达到 3 h，开关不能分合，停电隔离
开关油压合闸闭锁/总闭锁	一种情况是开关油压已低至 27.3MPa，闭锁合闸；另一情况是油压已低至 25.3MPa，已闭锁分合闸，申请停电隔离
开关分闸总闭锁	N$_2$、Oil 或 SF$_6$ 任一压力降至闭锁值报该光字，必定还有其他光字，如 SF$_6$/N$_2$ 总闭锁等，现场检查，综合判定，属严重的开关故障，停电隔离。开关改为检修控制电源拉开时也会报该信号，但不属于故障范畴
PSL603A 保护装置电源异常	保护装置的直流电源空开 1DK 跳开或电源模块（POWER）出现问题，闭锁保护
PSL603A 保护装置告警	自检发现严重错误时该光字牌亮，立即闭锁出口继电器负电源。检查面板信号，详见保护说明书《告警事件一览表》
PSL603A 保护动作	PSL603A 保护跳闸开出信号
PSL603A 保护通道告警	现场检查面板信息，传送数据中出错的帧数大于一定值报通道失效；丢失帧数大于给定值报通道中断。将闭锁纵差保护，一旦通信恢复，自动恢复保护
PSL603A 保护远跳 A	对侧母差保护远跳本侧开关
PSL603A 保护装置 CT 断线	CT 断线，根据控制字的选择来决定是否闭锁零序差动保护，检查面板信号确定哪相断线
PSL631C 保护装置告警	自检发现严重错误时该光字牌亮，立即闭锁出口继电器负电源。检查面板信号，详见保护说明书《告警事件一览表》
PSL631C 保护动作	PSL631C 保护跳闸开出信号（只用失灵启动及重合闸，实际未投有关保护，因此不会动作）
PSL631C 保护失灵重跳	失灵保护启动后重跳本断路器一次，经操作箱第一组跳闸回路驱动第一组跳圈（未投）
PSL603A/PSL631C 保护装置 PT 告警	装置满足断线判据，可能是 PT 不对称断线或是 PT 三相失压，对 603A 来说，断线会使纵差和距离保护退出，零序方向元件退出；对 631C 来说只是无法进行同期判定
220kV 天下 4483 线测控装置闭锁信号	当 CPU 检测到本身装置硬件故障时，发出装置故障报警信号，同时闭锁相应的出口。硬件故障包括：RAM、E2PROM、A/D 转换、出口故障
PSL631C 保护重合闸动作	重合闸动作出口时开出该信号并保持
PSL631C 保护装置电源异常	输入保护装置的直流电源空开 15DK 跳开或电源模块（POWER）出现问题，闭锁保护
RCS931A 保护动作	RCS931A 保护跳闸开出信号
RCS931A 装置闭锁	装置失电，内部故障等使装置退出运行报该信号。此时装置无法完成保护功能。现场检查面板信号

光字牌信号	光字牌含义
RCS931A 装置异常	当 TV 断线、CT 断线、TWJ 异常等仍有保护在运行开出该信号,现场检查面板信号
CZX-12R 控制回路断线	TWJ 和 11HWJ 或 TWJ 和 12HWJ 均失电返回,结合电源断线光字判定是断线还是直流消失
CZX-12 一组/二组电源断线	第一组或第二组或两组控制电源都未引入操作箱,检查屏后空开 4K1、4K2。任意跳开一组不影响保护出口,第一组控制电源失去将不能合闸,若两组都跳开将影响保护出口。此时还伴有"CZX-12R 控制回路断线"信号
CZX-12 压力降低闭锁重合闸	开关油压低至 30.8MPa 不允许重合闸
CZX-12 第一组出口跳	在保护出口后经操作箱第一组跳闸回路驱动开关第一组跳圈,可以监视出口回路的完好性,三相并信号
CZX-12 第二组出口跳	在保护出口后经操作箱第二组跳闸回路驱动开关第二组跳圈,可以监视出口回路的完好性,三相并信号
PSL603A 装置 ZKK 断开	装置二次交流电压空开跳开,常闭接点闭合发此信号,检查屏后空开,可以试合,若再跳开可能回路有短路或空开坏,此时纵差和距离保护被闭锁,零序方向元件退出
切换继电器同时动作	正副母电压切换继电器 1YQJ、2YQJ 同时动作,表现为一次热倒时
线路压变空开跳开	线路压变空气开关跳开,常闭接点闭合报此信号,可以试合,若再跳开可能二次回路短路或者空开坏
正母闸刀就地操作	正母闸刀机构操作箱内操作方式在就地位置
副母闸刀电机空开跳开	副母闸刀机构操作箱内操作电源空开在跳开位置
线路闸刀就地操作	线路闸刀机构操作箱内操作方式在就地位置
保护交流电压消失	开关合位时,闸刀辅助触点未切换好,导致一次电压不能引入保护装置,检查闸刀辅助触点
遥信失电	当所有遥控板的遥信电源监视输入接收不到遥信正电,就报遥信失电。遥信失电会导致虚遥信。查看遥信直流电源空开

第六章 监控操作

一、填空题

1. 投切电容器、电抗器、调节主变分接头

2. $0.95 \geqslant \cos\Phi \geqslant 0.90$

3. 具备遥控条件

4. 遥测、遥信、遥控、遥调

5. 不接受前置送来的信号，将遥测值固定为某一数值不变

二、选择题

1.C　2.B　3.A　4.D　5.A　6.A、C　7.B、D　8.C　9.B　10.D　11.C　12.A　13.D　14.B　15.B　16.C　17.A、B　18.D　19.A　20.A

三、判断题

1.×　2.√　3.×　4.×　5.×　6.√　7.√　8.√

四、问答题

1. 答：

母线电压	功率因数控制目标
$U>236$	$0.95 \geqslant \cos \varPhi \geqslant 0.90$
$236 \geqslant U>233$	$0.97 \geqslant \cos \varPhi \geqslant 0.94$
$233 \geqslant U \geqslant 223$	$1.00>\cos \varPhi \geqslant 0.95$
$223>U \geqslant 220$	$1.00>\cos \varPhi \geqslant 0.96$
$220>U$	$1.00>\cos \varPhi \geqslant 0.97$

2. 答：

（1）地调对监控范围内且具备遥控条件的一、二次设备可进行遥控操作。

（2）严禁对遥控范围外的设备进行遥控操作。

（3）运维检修部（安全运检部）负责确认允许进行遥控操作的一次设备，并经各单位分管生产领导批准。

（4）调控中心负责确认允许进行遥控操作的二次设备，并经各单位分管生产领导批准。

3. 答：

（1）事故情况下紧急拉合开关的单一操作。

（2）紧急拉限电操作。

（3）对事故失电用户紧急恢复用电。

（4）对符合强送条件的故障跳闸线路进行强送。

（5）小电流系统发生单相接地时寻找接地故障点的接地试拉操作。

值班调控员在进行上述紧急遥控操作后，及时通知运维站到现场查看。

4. 答：按联调的信息范围，信息联调可分为：全部联调和部分联调。

按联调的设备状态，信息联调可分为停电联调和不停电联调。

5. 答：

（1）调度自动化系统遥控联调时要根据现场实际情况重点危险点预控、应急预案等工作，避免继电保护误动、拒动和一次设备无保护运行。

（2）主站系统设置联调责任区，仅将需进行联调的变电站放入责任区，主站端调试人员登录联调责任区进行联调。

（3）调度自动化系统遥控联调时，对于处于基建调试阶段的新建变电站，所有控制对象均切至"远方"操作状态进行信息联调；对于运行变电站，除需联调验证的测控装置（包括保护测控一体化装置，以下同）切至"远方"操作状态外，其他测控装置均切至"就地"操作状态，所有闸刀操作机构均切至"就地"操作状态。

（4）不停电联调时，应退出联调变电站内所有测控装置开关、闸刀的遥控出口压板，应退出闸刀电动机构操作电源和控制电源，并将闸刀操作机构切至"就地"操作状态。

第七章　监控处置

一、填空题

1. 调控长或专业工程师

2. 通知、处理

3. 致损性、提示性

4. 变红、变黄

5. 粉红色、变白

6. 不具备监控条件

7. 联络线

8. AVC 自动投切

9. 供电可靠性

10. 监控员、运行/现场人员

11. 下放时间、下放范围

二、选择题

1.A　2.C　3.D　4.D　5.A　6.C　7.B　8.C　9.A　10.B　11.D　12.D　13.D　14.A　15.B　16.B　17.D　18.D　19.B　20.A

三、判断题

1.×　2.√　3.×　4.×　5.√　6.×　7.√　8.×　9.√　10.×

四、问答题

1. 答：省调设备事故跳闸处理流程：

（1）初步分析、判断事情简况。

（2）通知操作站去现场查看设备。

（3）向省调进行初汇报，由运行人员向省调进行详细汇报。

（4）告知地调调度员。

（5）状态变更的停役设备，进行挂牌。

（6）记入监控日志。

省调设备异常处理流程：

（1）通知操作站去现场查看设备。

（2）向省调进行初汇报，由运行人员向省调进行详细汇报。

（3）运行人员对缺陷定性后，监控员进行确认。

（4）告知地调调度员。

（5）告知检修部门。

（6）记入监控日志。

2. 答：监控员发现厂站设备异常信号无法复归后，应按以下步骤处理：

（1）通知运行人员到现场检查设备。

（2）将情况告知相关调度。

（3）通知相关消缺单位。

（4）考虑该信号对设备的影响。

（5）考虑该信号可能导致的后果。

3. 答：厂站通信异常时，监控员应按以下步骤处理：

（1）不具备监控条件的厂站经授权移交监控权限。

（2）通知运行人员到现场查看。

（3）通知自动化查找原因，必要时通知检修配合查找。

（4）若为主站端缺陷，则监控员上报缺陷；若为厂站端缺陷，由运行人员上报。

（5）向调控长汇报相关情况。

（6）告知消缺单位。

（7）闭锁相应厂站的 AVC 功能。

4. 答：母线跳闸后，监控员应按以下步骤处理：

（1）查看失电情况、运行设备是否过载。

（2）将监控 SCADA 上与跳闸相关的信息收集完整，包括保护动作信息、下级变电所 BZT 动作情况等。

（3）将跳闸信息、过载情况告知操作站，通知运行人员去现场查看。

（4）将跳闸信息、失电情况、过载情况告知相关调度。

5. 答：单主变变电所主变跳闸后，监控员应按以下步骤处理：

（1）查看失电情况、运行设备是否过载。

（2）将监控 SCADA 上跳闸信息收集完整，包括保护动作信息、BZT 动作信息等。

（3）将跳闸信息、过载情况告知操作站，通知运行人员去现场查看。

（4）将跳闸信息、失电情况、过载情况告知相关调度。

2 台及以上主变变电所主变跳闸后，监控员应按以下步骤处理：

（1）查看失电情况、运行设备是否过载。

（2）将监控 SCADA 上跳闸信息收集完整，包括保护动作信息、BZT 动作信息、过载联切负荷装置动作情况等。

（3）将跳闸信息、过载情况告知操作站，通知运行人员去现场查看。

（4）将跳闸信息、失电情况、过载情况告知相关调度。

第三部分 电网调度

第八章 电网调控

一、填空题

1. 火电厂、水电厂、核电厂、风电厂

2. 备用容量

3. 频率、电压

4. 分层分区，就地平衡

5. 恒调压、顺调压、逆调压

6. 改变变压器变比调压、无功补偿设备调压

7. 电力系统中各类电力负荷随时间变化的曲线

8. 安全、优质、经济

9. 错峰、避峰

10. 频率特性

11. 化学能、电能

二、选择题

1.A   2.C   3.D   4.D   5.A   6.C   7.B   8.C   9.A   10.B   11.D   12.D   13.D   14.A   15.B   16.B   17.D   18.D   19.B   20.A

三．判断题

1.×   2.×   3.√   4.×   5.×   6.×   7.√   8.√   9.×   10.√

四、问答题

1.答：水电厂优点：

（1）可综合利用水力资源。

（2）发电成本低。

（3）运行灵活。

（4）水能可储存和调节。

水电厂缺点：

（1）建设投资大，工期较长。

（2）生产受水文气象条件制约。

（3）水库的兴建可能带来移民、淹没土地、破坏生态平衡等问题。

风电厂优点：

（1）风能资源蕴量巨大，可以再生，分布广泛，没有污染。

（2）无原料成本。

风电厂缺点：

（1）风能密度低、不稳定、地区差异大。

（2）并网发电要求高。

2. 答：经济调度包括如下手段：

（1）精心编制运行方式。

（2）实现无功就地平衡。

（3）合理调节运行电压。

（4）科学调整负荷曲线。

3. 答：负荷预测包括如下影响因素：

（1）工业负荷波动大。

（2）风电机组影响增大。

（3）气象信息不准确。

4. 答：核电站有如下特点：

（1）建设费用高。

（2）燃料所占费用便宜。

（3）需在接近额定功率的工况下连续运行。

（4）承担电力系统中的基本负荷，不参与调峰、调频和备用。

5. 答：负荷调整包括如下方法：

政策性调整：

（1）通过电价手段调整，例如"峰谷电价"。

（2）其他政策性手段，例如免费安装、折扣制度、借贷租赁优惠等。

技术性调整：

（1）错峰。

（2）避峰。

（3）限电。

（4）拉电。

第九章　电网操作

一、填空题

1. 电源侧、负荷侧、负荷侧、电源侧

2. 缠绕

3. 逐项操作令、综合操作令

4. 接线组别相同、短路电压相、变比相同

5. 高抗

6. 中性点

7. 断路器开关

8. 最小、最小

9. 相同、20°

10. 就地

二、选择题

1.A　2.C　3.C　4.C　5.B　6.C　7.A　8.B　9.A　10.A　11.C　12.A　13.B　14.A　15.C　16.D　17.A　18.C

三、判断题

1.√　2.×　3.×　4.×　5.√　6.√　7.√　8.×　9.√　10.×

四、问答题

1. 答：电力系统值班调度员在事故处理操作前要考虑如下问题：

（1）尽快限制事故发展，消除事故的根源并解除对人身和设备安全的威胁。

（2）根据系统条件尽可能保持设备继续运行，以保证对用户的正常供电。

（3）尽快对已停电的用户恢复供电，对重要用户应优先恢复供电。

（4）调整电力系统的运行方式，使其恢复正常。

2. 答：双母接线单母联进行倒母线操作时，应注意以下事项：

（1）母联断路器应改非自动。

（2）母差保护不得停用并应做好相应调整。

（3）各组母线上电源与负荷分布的合理性。

（4）一次结线与压变二次负载是否对应。

（5）一次结线与保护二次交直流回路是否对应。

（6）双母线中停用一组母线，在倒母线后，应先拉开空出母线上压变次级开关，后拉开母联断路器，再拉开空出母线上压变一次隔离开关（现场规程有要求者，必须事先书面向省电力公司生产运行部报批，并向安全监察部和省调办理备案手续）。

3. 答：220kV 新投产变压器启动应遵循以下原则：

（1）有条件时应采用发电机零起升压，正常后用高压侧电源对新变压器冲击五次，冲击侧应有可靠的保护。

（2）无零起升压条件时，用中压侧（三绕组变压器）或低压侧（两绕组变压器）电源对新变压器冲击四次，冲击侧应有可靠的保护。冲击正常后用高压侧电源对新变压器冲击一次，冲击侧应有可靠的保护。

（3）因条件限制，必须用高压侧电源对新变压器直接冲击五次时，冲击侧电源宜选用外来电源，采用二只断路器串供，冲击侧应有可靠的保护。

（4）冲击过程中，新变压器各侧中性点均应直接接地，所有保护均启用，方向元件短接退出。

（5）冲击新变压器时，保护定值应考虑变压器励磁涌流的影响。

（6）冲击正常后，新变压器中低压侧必须核相，变压器保护及母差保护需做带负荷试验。

4.答：进行线路停电作业前，应断开以下设备：

（1）发电厂、变电站、换流站、开闭所、配电站（所）（包括用户设备）等线路断路器（开关）和隔离开关（刀闸）。

（2）线路上需要操作的各端（含分支）断路器（开关）、隔离开关（刀闸）和熔断器。

（3）危及线路停电作业，且不能采取相应安全措施的交叉跨越、平行和同杆架设线路（包括用户线路）的断路器（开关）、隔离开关（刀闸）和熔断器。

（4）有可能返回低压电源的断路器（开关）、隔离开关（刀闸）和熔断器。

5.答：可通过设备机械位置指示、电气指示、仪表及各种遥测、遥信信号的变化，至少有两个及以上指示且所有指示均已同时发生对应变化，才能确认该设备已操作到位。

第十章　调度应用

一、填空题

1.50Hz±0.2Hz、50Hz±0.5Hz

2.升高、降低

3.一次调频、二次调频、三次调频

4.20%、30 min、10%、1 h

5.变压器分接头

6.架空线路、电缆线路

7.$\sqrt{3}$

8.自然冷式、风冷式、强迫油循环风冷式

9.过励磁

10.油、压缩空气、SF_6、真空

二、选择题

1.A　2.C　3.C　4.B　5.B　6.B　7.B　8.B　9.A　10.C　11.D　12.C　13.C　14.C　15.A　16.A　17.C　18.D　19.B　20.C

三、判断题

1. √ 2. √ 3. × 4. √ 5. √ 6. × 7. × 8. × 9. × 10. √

四、问答题

1. 答：频率异常的原因主要有两个：

（1）电网事故造成的频率异常。

（2）负荷特性造成的频率异常。

防止电网频率异常的措施如下：

（1）电网应配置足够的、分布合理的旋转备用容量和事故备用容量。

（2）电网应装设并投入能预防频率异常及频率崩溃的低频减载和高频切机装置。

（3）制定系统事故拉路序列表，在需要时紧急手动切除部分负荷。

（4）制定保发电厂厂用电及重要负荷措施。

2. 答：当小电流接地系统发生单相接地故障时，不构成短路回路，接地电流不大，所以允许短时运行而不需要立即切除故障，从而提高了供电可靠性。但此时其他两相对地电压升高为相电压的$\sqrt{3}$倍，这种过电压对系统运行造成很大威胁，因此调控值班人员应尽快查找故障点，并可靠隔离。

3. 答：

（1）线变组接线。若负荷情况允许，可将全部负荷转到其他运行主变，然后停役故障主变，若可能造成主变过载，相关调度应转移负荷，待其他运行主变带全站负荷允许时，再停役该故障主变。

（2）内桥接线。一般采用全并列或低压侧分列运行，处理方法如下：若负荷情况允许，可将全部负荷转到其他运行主变，然后停役故障主变。若可能造成主变过载，则相关调度转移负荷，当其他运行主变带全站负荷允许时，再停役故障主变。停役主变时需注意操作顺序。如果需停役主供线路侧主变，则需先将此线路改为备用。停役故障主变后，110kV母线可以恢复正常方式。

（3）单母、单母分段、双母接线。若负荷情况允许，可将全部负荷转到其他运行主变，然后停役故障主变，若可能造成主变过载，则相关调度转移负荷，当其他运行主变带全站负荷允许时，再停役故障主变。

4. 答：

（1）断路器拒分闸。断路器拒分闸是指合闸运行的断路器无法正常分闸，断路器拒分闸主要有电气和机械两方面原因。电气方面的原因主要有保护装置故障（保护拒动）、开关控制回路断线故障、开关分闸回路故障灯；机械方面的原因主要有断路器本体液压油或 SF_6 气体发生泄漏、断路器操动机构故障、断路器传动部分故障灯。

（2）断路器拒合闸。断路器拒合闸也有电气和机械两方面原因，同上所述。

（3）断路器非全相运行。分相操作的断路器可能发生非全相合闸，此时将造成线路、变压器和发电机的非全相运行。非全相运行会对系统元件造成危害，尤其对发电机造成损害，此时应尽快隔离处理。

（4）断路器 SF_6 压力异常。密封不严，可能造成 SF_6 气体泄漏。

5. 答：

开关型号	适用电压等级	SF_6 额定压力	SF_6 泄漏气压	SF_6 总闭锁气压	机械操作所需 SF_6 最小压力
杭州西门子：3AP1FG	110kV	6.0bar/0.6MPa	5.2bar/0.52MPa	5.0bar/0.5MPa	3.0bar/0.3MPa
杭州西门子：3AQ1EE、3AQ1EG	220kV	7.0bar/0.7MPa	6.4bar/0.64MPa	6.2bar/0.62MPa	3.0bar/0.3MPa

注：以上均为 20℃ 压力值。

第十一章　调度处置

一、填空题

1. 外力破坏、恶劣天气、其他原因

2. 外来电源

3. 正序

4. 安装地点出现的最大短路电流

5. 不查明故障原因

6. 继电保护

7. 外来电源

8. 《220kV 主变 N-1 严重过负荷方式下的紧急限电序位表》

9. 不得

10. 是否有过载

二、选择题

1.D 2.B 3.D 4.A 5.B 6.B 7.A 8.C 9.A 10.B 11.D 12.D 13.C 14.B 15.C 16.C 17.D 18.D 19.A

三、判断题

1.× 2.√ 3.× 4.× 5.√ 6.√ 7.√ 8.× 9.√ 10.×

四、问答题

1. 答：事故处理的一般原则如下：

（1）迅速限制事故的发展，消除事故的根源，解除对人身和设备安全的威胁。

（2）用一切可能的方法保持正常设备的运行和对重要用户及厂用电的正常供电。

（3）电网解列后要尽快恢复并列运行。

（4）尽快恢复对已停电地区或用户的供电。

（5）调整并恢复正常电网运行方式。

2. 答：系统发生事故后，事故发生单位及有关单位应立即准确地向上级值班调度员报告概况。汇报内容包括事故发生的时间及现象、断路器变位情况、继电保护和自动装置动作情况和频率、电压、潮流的变化、设备状况及天气情况等。待情况查明后，再迅速详细汇报故障测距及电压、潮流变化等，必要时还应向上级调度机构传送录波图及现场照片等材料。

3. 答：

（1）双回路并列运行线路，当其中一回线路两侧开关故障跳闸，另一回线路有正常输送能力时。

（2）空充电线路或重合闸停用的电缆与架空线混合线路。

（3）全线为电缆线路，开关跳闸未经检查前。

（4）新投产线路，若要对新投产线路跳闸后进行强送最终应得到启动总指挥的同意。

4. 答：变压器事故跳闸的处理原则如下：

（1）变压器的瓦斯、差动保护同时动作开关跳闸，在未查明原因和消除故障之前，不得进行强送。

（2）变压器差动保护动作跳闸，经外部检查无明显故障，且变压器跳闸时电网无冲击，经请示局主管领导后可试送一次。对于 110 kV 及以上电压等级的变压器（特别是高压线圈中间进线的变压器）重瓦斯保护动作跳闸后，即使经外部和气体性质检查，无明显故障亦不允许强送。除非已找到确切依据证明重瓦斯保护误动，方可强送。如找不到确切原因，则应测量变压器线圈直流电阻、进行色谱分析等试验，证明无问题，才可强送。

（3）变压器后备保护动作跳闸，运行值班人员应检查主变及母线等所有一次设备有无明显故障，检查出线开关保护有否动作。经检查属于出线故障开关拒动引起，应拉开拒动开关后，对变压器试送一次。

（4）变压器过负荷及异常情况时，按变压器运行规程或现场规程处理（有特殊或临时规定的则按该规定处理）。

5. 答：断路器检查包括以下内容：

（1）断路器外观是否正常，有无明显损伤。

（2）各项压力值是否正常，弹簧储能是否正常。

（3）分合闸线圈有无焦味、冒烟及烧伤现象，二次回路有无异常信号及光字。

（4）是否达到断路器允许切除故障次数。